高职高专电梯专业系列教材

电梯结构与原理

贺德明　肖伟平　黄英　编著

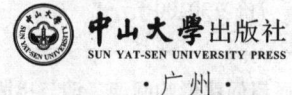
中山大学出版社
·广州·

版权所有　翻印必究

图书在版编目（CIP）数据

电梯结构与原理/贺德明，肖伟平，黄英编著. —广州：中山大学出版社，2009.8（2016.7 修订）

（高职高专电梯专业系列教材）

ISBN 978 - 7 - 306 - 03341 - 3

Ⅰ. 电… Ⅱ. ①贺… ②肖… ③黄… Ⅲ. 电梯—基本知识　Ⅳ. TU857

中国版本图书馆 CIP 数据核字（2009）第 082805 号

出 版 人：	徐　劲
策划编辑：	周建华　李海东
责任编辑：	李海东
封面设计：	贾　萌
责任校对：	李海东
责任技编：	何雅涛
出版发行：	中山大学出版社
电　　话：	编辑部 020 - 84111996，84113349
	发行部 020 - 84111998，84111981，84111160
地　　址：	广州市新港西路 135 号
邮　　编：	510275　　传　真：020 - 84036565
网　　址：	http://www.zsup.com.cn　E-mail：zdcbs@ mail.sysu.edu.cn
印 刷 者：	佛山市浩文彩色印刷有限公司
规　　格：	787mm×960mm　1/16　14.75 印张　310 千字
版次印次：	2009 年 8 月第 1 版　2016 年 7 月修订　2022 年 6 月第 15 次印刷
印　　数：	35001 - 37500 册　　定　价：30.00 元

本书如发现因印装质量问题影响阅读，请与出版社发行部联系调换

第二次修订说明

《电梯结构与原理》是电梯工程技术类专业高职高专系列教材之一，对从事电梯安装与调试、电梯维护与管理等作业人员的专业知识与能力培养具有重要作用。本书于2009年首次出版，立即得到了国内多家职业院校和电梯企业的认可和肯定，发行业绩良好。随着近年来电梯产品技术的飞速发展，新产品新技术不断采用，加之国内电梯安装维护和使用管理要求日益严格规范，为保持本教材的先进性与科学性，我们在2012年进行了第一次修订，现又从2015年底开始对其进行第二次修订。

第二次修订采用学校与企业合作方式进行，我们邀请了广东菱电电梯有限公司技术部黄英经理参与编著。本次修订主要是重新编写了原教材第二章"电梯基础知识"，并对书中存在的一些疏漏进行订正或补充完善。修订后的教材既保留了原教材的合理部分，又依据国家最新技术标准和规范增加了相应内容。本次修订部分涉及电梯主要参数、电梯安全及性能要求、电梯常用名词术语、电梯相关标准法规等多项内容。

本次修订是在总结多年教学实践经验，参阅国内外多家企业技术培训资料，充分听取兄弟院校在教材使用过程中提出的意见和建议的基础上进行的，使教材质量得到了进一步的完善和提高。在修订过程中，得到了中国电梯协会、中国建筑科学院建筑机械化分院、多家电梯生产制造与安装维保企业、兄弟院校专家学者的鼎力支持，在此向他们致以衷心的感谢。

尽管我们在教材修订过程中付出了许多努力，但鉴于编者水平所限，加之编写时间较为仓促，教材中仍可能存有缺漏和不足之处，恳请各兄弟院校、企业和读者批评指正。

作者

2016年6月

修 订 说 明

《电梯结构与原理》是电梯安装维护、管理类专业高职学历教学系列教材中的重要组成。本书自 2009 年出版发行以来，由于其素材内容多采用电梯主流技术，且来自国内外知名电梯企业，具备典型性和先进性的特点，受到多所高职院校和电梯行业从业人员的认可，纷纷选择其作为教材或用作业务能力提升所用，销量节节攀升。

随着电梯产品与人们日常生活的联系日益紧密，电梯技术和产品的飞速发展，人们对其安全与性能要求不断提高。相应的教材也必须紧跟形势，保持足够的先进性。2011年，国家修订颁发了 GB 16899—2011《自动扶梯和自动人行道的制造与安装安全规范》，代替了 1997 年版本。新版本对自动扶梯和自动人行道产品提出了更高的安全要求，进一步严格了自动扶梯和自动人行道的技术要求。《电梯结构与原理》是电梯专业学习系列教材，我们及时地对它作出相关修订和调整，将新标准的内容和要求宣贯给学生。

此次修订，根据新标准的要求，重新编写了教材"第八章 自动扶梯与自动人行道"。新教材保留了原教材合理部分，修订了部分部件和结构（如速度、输送能力等）的术语与定义，提出重大危险清单概念，重新定义梯级、踏板强度和刚度检测要求，修改了自动人行道宽度限值，增加了被监测项目和要求，重申和强化了自动扶梯和自动人行道超速和非操纵逆转保护条件和要求，明确了指令标志和禁止标志的使用条件等多项内容。

本次修订是对教材的进一步完善和提高，在修订过程中，得到了中国电梯协会、中国建筑科学研究院建筑机械化研究分院、多家自动扶梯生产安装企业、兄弟院校等专家学者鼎力支持协助。在此，向他们致以衷心的感谢。

GB 16899—2011《自动扶梯和自动人行道的制造与安装安全规范》颁布不久，存在一个学习领会的过程，加之编者本身知识所限，教材中的遗漏和不足在所难免，敬请业内专家和读者批评指正。

作者

2012 年 4 月

总 序

随着中国电梯产业的发展，国际电梯行业巨头都已经进入中国大陆投资设厂，中国大陆的电梯整机产量已跃居世界第一，并且形成了世界最大的电梯使用市场。电梯产业的快速发展需要更多高层次的从事制造、安装维保、管理使用的人才，但当前国内电梯行业技术人才的紧缺已经严重制约了电梯行业的发展。

中山职业技术学院根据电梯行业的人才需求状况，依托国内首个省级电梯产业基地"广东省火炬计划——中山电梯特色产业基地"，联合中国建筑科学研究院建筑机械化研究分院，于2007年率先在国内组建了高职高专类电梯制造与维护专业，并于当年开始招生，开展电梯专业高职高专类学生的培养工作，到目前已经形成了400余名在校生的规模。

电梯制造与维护专业属国内首创高职类专业，所有教学用教材、课件、指导文件等均属空白。高职高专教材建设工作是整个教学工作中的重要组成部分。中山职业技术学院联合中国建筑科学研究院建筑机械化研究分院，组织了一批具有较长电梯行业工作经历、有丰富教学经验的教师，借助建筑机械化研究分院在技术、信息、科研和行业归口管理等方面的优势，利用较短的时间，开发编写出一套适合高职教育特点、以职业能力培养为中心目标、突出人才创新素质和创新能力培养的科学、实用的教材。同时，该套教材既能够覆盖在用电梯的技术知识，又具有较强的新产品新技术前瞻性，以实用技能培养为主，兼顾必须掌握的基础理论知识。此套系列教材由《电梯结构与原理》、《电梯安装工程》、《电梯控制原理》、《电梯标准与检测》等构成，随着教学过程的开展，后续还会编写电梯专业英语类、轿厢装饰类及电梯智能管理监控类等教材，同时制作教材配套用电子课件、题库等。

上述教材通过在中山职业技术学院试用，并经过多次的修订补充，教学效果良好，初步得到了学生、任课教师及合作企业专家的认可和好评，适用于高职高专教育要求，部分教材已经具备了正式出版发行的条件。

本系列教材在编写过程中，对当前电梯主流技术和多家企业、多种类型产品作了大量详尽深入的调查和收集信息，注重实用知识的讲解和工作原理解析，结合GB 7588—2003的新要求，具有深入浅出、循序渐进、内容全面、图文并茂的特点。本系列教材不仅适用于高职高专院校电梯专业教学使用，也适合电梯从业人员岗前培训使用，对电梯从业人员快速熟练掌握电梯技术，参与指导电梯生产制造、安装维修、管理使用等作用较好。

　　本系列教材在编著过程中，广泛参阅了国内外多种电梯结构与原理方面的著作和行业标准法规，并从多家电梯企业、研究单位收集了众多的技术资料，在此向所有相关单位和人士表示衷心感谢。

　　本系列教材的面世是中国电梯行业人才培训方面的一大幸事，填补了电梯行业通用型高端人才培训教材的空白，感谢中山大学出版社独具慧眼，为中国电梯行业的发展作出了贡献。

《中国电梯》杂志主编

2009 年 7 月于河北廊坊

前　言

随着我国高层建筑的日渐增多及对楼宇自动化、智能化要求的提高，人们对电梯产品从性能质量和数量等方面提出了更高的要求。同时，电梯市场的迅猛发展，推动了电梯研发生产、维保服务等相关行业的快速扩大。据不完全统计，目前我国在用电梯共91.7万台，2007年全国电梯产量为21.6万台。按照世界上经济发达国家每千人拥有1台电梯计算，我国电梯市场尚有近100万台的空间。

电梯产业要健康快速地发展，必须配备技术素质高、数量充足的从业人员作为保障。近年来，电梯专业人才需求缺口问题已经严重影响到了电梯行业的发展。据最新统计，我国已经取得电梯生产资质企业为498家，取得电梯安装维保资质企业5411家，共有从业人数37.6万人。但按照世界上平均水平测算，我国目前电梯行业从业人员缺口达到45万人以上。所以我们努力提高电梯从业人员的专业技能，培养大批合格专业人员，努力普及推广电梯使用知识，不仅非常有必要，并且意义深远。

电梯是典型的机电技术高度结合、安全要求极高的设备，尤其是近年来电梯自动化和智能化水平的提高，技术更加密集，要求更加严格，未接受专业技能培训的普通人员已绝对无法胜任电梯制造、维保服务工作；加之电梯的安全可靠运行直接关系到乘客的生命和财产安全，与千家万户的生活息息相关，对社会和谐稳定具有特殊作用。国家劳动安全监察部门从2000年起，已将电梯划入特种设备类别，针对电梯及相关产品的开发设计、制造安装、维修使用和定期审验核准、从业人员培训等各个环节，出台了严格的法规标准，制订出细致的技术要求和操作规范，并要求电梯行业各相关部门严格执行并接受监检。

为配合电梯行业的发展，满足电梯从业人员学习培训的需求，我们在对当前主流技术和发展前景广阔的电梯结构、工作原理、维保使用等做了大量详尽深入的调查，收集了充分的信息，编写了此教材。本书注重实用知识的讲解和工作原理解析，结合GB 7588—2003的新要求，具有深入浅出、循序渐进、内容全面、图文并茂的特点。本书不仅可作为大专院校电梯专业教材，也适合电梯从业人员岗前培训使用，对电梯从业人员熟练快速掌握电梯结构和原理，参与指导电梯生产制造、安装维修、管理使用等作用巨大。

本书由具较长电梯企业工作经历，现中山职业技术学院电梯专业教师贺德明、肖伟

平编著，其中第一章、第二章由肖伟平执笔完成，第三章至第八章由贺德明执笔完成。本书在编著过程中，广泛参阅了国内外多种电梯结构与原理方面的著作和行业标准法规，并从多家电梯企业、研究单位收集了众多的技术资料，并得到中山职业技术学院有关部门和同事的大力支持协助。《中国电梯》杂志主编李增健先生为本系列教材作总序。在此向所有相关单位和人士表示衷心感谢。

由于编者本身知识所限、对技术掌握不够详细，加之当代电梯技术发展日新月异，书中错误不足在所难免，敬请业内专家和广大读者批评指正。

作　者

2009年1月

第一章　概　述 / 1
　一、电梯历史与发展 / 1
　二、我国电梯历史与发展 / 3
　三、电梯技术发展方向 / 4
　复习思考题 / 5

第二章　电梯基础知识 / 6
　一、电梯的基本结构 / 6
　　（一）电梯的定义 / 6
　　（二）电梯整体结构 / 6
　　（三）电梯的组成及占用的四个空间 / 8
　　（四）电梯从功能上划分的八个系统 / 8
　二、电梯主要参数 / 9
　三、电梯分类 / 10
　　（一）按电梯用途分类 / 10
　　（二）按电梯运行速度分类 / 12
　　（三）按拖动方式分类 / 13
　　（四）按操控方式分类 / 13
　　（五）按有无电梯机房分类 / 15
　　（六）按曳引机结构型式分类 / 15
　　（七）其他特殊类型电梯 / 16
　四、电梯型号的编制方法 / 16
　　（一）电梯型号编制方法的规定 / 16
　　（二）电梯产品型号示例 / 17
　　（三）有关其他电梯型号的表示 / 17
　五、电梯的性能要求 / 18
　　（一）安全性 / 18
　　（二）可靠性 / 18
　　（三）平层准确度 / 18
　　（四）舒适性 / 19
　六、电梯常用名词术语 / 20

（一）一般术语 / 20
  （二）电梯功能术语 / 23
  （三）电梯零部件术语 / 24
  （四）控制方式术语 / 31
  （五）液压电梯 / 32
  （六）自动扶梯和自动人行道 / 33
 七、电梯与建筑物的关系 / 35
  （一）电梯对建筑物的一般要求 / 35
  （二）电梯主参数、轿厢与井道、机房型式 / 37
  （三）电梯选型与配置 / 42
 八、电梯相关标准法规 / 47
 复习思考题 / 48

第三章　电梯工作原理与运动分析 / 49

 一、提升原理 / 49
  （一）曳引式提升原理 / 49
  （二）曳引传动关系 / 50
  （三）曳引系统受力分析 / 51
 二、电梯的曳引能力 / 53
  （一）曳引系数 / 53
  （二）曳引轮绳槽与曳引力的关系 / 54
  （三）包角对曳引力的影响 / 55
  （四）电梯的曳引条件 / 55
  （五）电梯的最大曳引能力 / 57
  （六）允许轿厢最小自重 / 57
 三、对重匹配分析 / 58
 四、曳引传动型式 / 59
  （一）常见电梯的曳引型式及特点 / 59
  （二）曳引比 / 60
 五、电梯运行的舒适性要求 / 61
  （一）电梯运行的基本要求 / 61

（二）电梯运行速度曲线与人的生理感受
　　　　适应状态／61
　复习思考题／62

第四章　曳引系统主要设备与装置／64

　一、曳引机／64
　　（一）曳引机的分类／64
　　（二）有齿轮曳引机／65
　　（三）无齿轮曳引机／67
　　（四）永磁同步无齿轮曳引机与传统曳引机的
　　　　比较／69
　　（五）曳引机型号标示方法／70
　　（六）关于曳引机速度及功率的计算／71
　二、制动器／73
　　（一）制动器的作用／73
　　（二）制动器工作特点／73
　　（三）制动器安装位置与结构特点／73
　　（四）制动器结构与原理／74
　　（五）制动器的选用原则／76
　三、减速器／76
　　（一）减速器的种类与特点／76
　　（二）减速器的使用要点／78
　四、联轴器／79
　五、曳引轮／80
　六、曳引钢丝绳／81
　　（一）曳引钢丝绳的结构、材料要求／81
　　（二）曳引钢丝绳的性能参数／83
　　（三）曳引钢丝绳的端接装置（绳头组合）／87
　　（四）钢丝绳张力调整／90
　复习思考题／90

第五章 轿厢与门系统 / 91

一、轿厢结构及要求 / 91
    （一）轿厢整体结构 / 91
    （二）轿厢架 / 92
    （三）轿厢 / 93
    （四）轿厢整体安装要求 / 95
    （五）轿厢与曳引钢丝绳的连接方式 / 95

二、轿厢特点与尺寸要求 / 96
    （一）客梯轿厢 / 96
    （二）货梯轿厢 / 98
    （三）病床电梯轿厢 / 99
    （四）杂物梯轿厢 / 99
    （五）观光梯轿厢 / 100
    （六）汽车梯轿厢 / 100

三、轿厢内操纵箱 / 101

四、轿厢外操纵箱 / 102

五、轿厢超载控制装置 / 102
    （一）机械式称重装置 / 103
    （二）橡胶块式称重装置 / 104
    （三）压力传感器式称重装置 / 105

六、电梯门系统作用与要求 / 105
    （一）电梯门系统的作用 / 105
    （二）层门、轿门的使用要求 / 106

七、层门、轿门的型式与结构 / 107
    （一）层门的型式 / 107
    （二）层门的结构特点 / 109
    （三）轿门的型式和结构特点 / 110

八、开关门机构 / 111
    （一）手动开关门机构 / 111
    （二）自动开关门机构 / 111
    （三）双折式开关门机构（适用于旁开门）/ 114

九、层门门锁及联动机构 / 114
　　　　（一）单门刀式门锁 / 115
　　　　（二）双门刀式门锁 / 118
　　　　（三）层门联动机构 / 119
　　　　（四）层门应急开锁与自闭装置 / 122
　　复习思考题 / 123

第六章　导向与重量平衡系统 / 124

　　一、导向与重量平衡系统概述 / 124
　　　　（一）导向系统功能 / 124
　　　　（二）导向系统的组成及其位置 / 124
　　　　（三）重量平衡系统 / 125
　　二、导轨 / 125
　　　　（一）导轨的作用 / 125
　　　　（二）导轨的种类和标识 / 125
　　　　（三）导轨的技术性能要求 / 127
　　　　（四）导轨的安装技术要求 / 129
　　三、导靴 / 132
　　　　（一）导靴概述 / 132
　　　　（二）导靴与导轨受力分析 / 132
　　　　（三）导靴的种类 / 133
　　　　（四）导靴的使用要求 / 137
　　四、导轨架 / 138
　　五、重量平衡系统 / 140
　　　　（一）重量平衡系统的功能及其组成 / 140
　　　　（二）对重装置 / 141
　　　　（三）重量补偿装置 / 143
　　　　（四）随行电缆与中间接线箱 / 146
　　复习思考题 / 147

第七章　安全保护系统 / 148

　　一、安全保护系统概述 / 148

  （一）电梯可能发生的事故和故障 / 148
  （二）电梯安全保护系统的组成 / 149
  （三）电梯安全保护装置的动作关联关系 / 149
二、限速器 / 150
  （一）摆锤式限速器及工作原理 / 153
  （二）甩块式限速器及工作原理 / 154
  （三）双向限速器及工作原理 / 157
  （四）限速器张紧装置 / 160
  （五）限速器使用技术要求 / 162
三、安全钳 / 163
  （一）安全钳装置组成与安装位置 / 163
  （二）安全钳种类与结构特点 / 164
  （三）安全钳使用条件 / 170
四、夹绳器 / 170
五、缓冲器 / 173
  （一）缓冲器的类型 / 173
  （二）缓冲器的数量 / 176
  （三）缓冲器行程和缓冲减速度的确定 / 176
六、终端限位保护装置 / 177
  （一）强迫减速开关 / 178
  （二）终端限位开关 / 178
  （三）终端极限开关 / 179
七、其他安全防护装置 / 179
  （一）轿厢顶部安全窗 / 179
  （二）轿顶护栏 / 180
  （三）底坑对重侧防护栅 / 180
  （四）轿厢护脚板 / 180
  （五）制动器扳手与盘车手轮 / 181
  （六）电梯急停开关 / 181
  （七）可切断电梯电源的主开关 / 181
复习思考题 / 182

第八章　自动扶梯与自动人行道 / 183

一、自动扶梯与自动人行道的基本参数 / 183
二、自动扶梯的基本构造 / 185
　（一）自动扶梯的类型 / 185
　（二）自动扶梯结构概述 / 185
　（三）自动扶梯驱动装置 / 193
　（四）自动扶梯制动器 / 196
　（五）扶手带装置 / 199
　（六）自动扶梯安全装置 / 204
　（七）附属装置 / 209
　（八）自动扶梯常见布置方式 / 213
　（九）多级驱动自动扶梯简介 / 214
三、自动人行道简介 / 215
复习思考题 / 217

参考文献 / 218

第一章 概　述

一、电梯历史与发展

很久以前，人们就已经开始使用原始的升降工具来运送人和货物，并大多采用人力或畜力作为驱动力。到19世纪初，随着工业革命的进程发展，蒸汽机成为了重要的原动机，在欧美开始用蒸汽机作为升降工具的动力，并不断地进行创新和改进。到1852年，世界第一台被工业界普遍认可的安全升降机得以诞生。

我国是世界四大文明古国之一，有着悠久的文明和科技发展历史。在公元前1100年周朝时期就出现了提水用的辘轳（图1-1），即由木制的支架、卷筒、曲柄和绳索等组成的卷筒式卷扬机。公元前236年古希腊科学家阿基米德制成了一种人力驱动的卷筒式卷扬机，用于将货物提升到很高的地方。

图1-1　我国古代使用的提水工具——辘轳

电梯结构与原理

1765 年英国人瓦特发明了蒸汽机，人类开始使用机械动力来完成繁重的体力活动。1835 年英国出现了蒸汽机驱动的升降机，它通过皮带传动和蜗轮蜗杆减速装置驱动，主要用于垂直运送货物。1845 年，英国人汤姆逊制成了世界上第一台液压升降机。当时由于升降机功能不够完善，难以保障安全，故较少用于载人。

1852 年，美国纽约杨可斯（Yonkers）的机械工程师奥的斯（Elisha Graves Otis）在一次展览会上，向公众展示了他的发明，从此宣告了电梯的诞生，也打消了人们长期以来对升降机安全性的质疑。随后奥的斯组建成立了奥的斯电梯公司。

1857 年，奥的斯公司在纽约安装了世界第一台客运升降机；1889 年奥的斯公司制成使用了世界上第一台以直流电动机驱动的升降机，此时电梯就名副其实了；1899 年第一台梯阶式（梯阶水平，踏板由硬木制成，有活动扶手和梳齿板）扶梯试制成功。

1900 年交流感应电动机问世，并被用于电梯驱动，进一步简化了电梯传动机构，随着交流单速电动机发展到交流双速、多速电动机，电梯运行速度和舒适性得到了很大提高；同年法国人布瑞在纽约安装了第一台无齿轮减速装置的电梯；1903 年，奥的斯公司采用曳引驱动方式代替卷筒驱动，提高了电梯传动系统的通用性；同时也成功制造出有齿轮减速曳引式高速电梯，使电梯传动设备重量和体积大幅度地缩小，增强了安全性，并成为沿用至今的电梯曳引式传动的基本型式。

奥的斯公司在 1892 年开始用按钮操纵代替以往在轿厢内拉动绳索的操纵方式；1915 年制造出微调节自动平层的电梯；1924 年安装了第一台信号控制系统，使电梯司机操纵大大简化；1928 年开发并安装了集选控制电梯；1946 年在电梯上使用群控方式，并在 1949 年使用于纽约联合国大厦；特别值得一提的是奥的斯公司在 1967 年为美国纽约世界贸易中心大楼安装了 208 台电梯和 49 台自动扶梯，每天要完成 13 万人次的运输任务，遗憾的是该大楼于 2001 年 9 月 11 日因恐怖袭击而倒塌。

1976 年日本富士达公司开发了速度为 10 m/s 的直流无齿轮曳引电梯；1977 年，日本三菱电机公司开发了可控硅控制的无齿轮曳引电梯；1979 年奥的斯公司开发了第一台基于微机的电梯控制系统，使电梯控制进入了一个崭新的发展时期；1983 年日本三菱电机公司开发了世界上第一台变频变压调速电机，并于 1990 年将此变频调速系统用于液压电梯驱动；1996 年芬兰通力电梯公司发布了最新设计的无机房电梯 MonoSpace，由 Ecodisk 扁平的永磁同步电动机变压变频调速驱动，电机固定在井道顶部侧面，由曳引钢丝绳传动牵引轿厢；1996 年日本三菱电机公司开发了采用永磁同步无齿轮曳引机和双盘式制动系统的双层轿厢高速电梯，安装在上海 Mori 大厦；1997 年迅达电梯公司展示了 Mobile 无机房电梯，该电梯无需曳引绳和承载井道，自驱动轿厢在自支撑的铝制导轨上垂直运行；1997 年通力电梯公司在芬兰建造了行程为 350 m 的地下电梯试验井道，电梯实际提升高度 330 m，理论上可测试 17 m/s 速度的电梯。

随着现代建筑物楼层不断升高，电梯的运行速度、载重量也在提高。世界上最高电梯速度已经达到 16 m/s，但从人体对加速度的适应能力、气压变化的承受能力和实际使用电梯停层的考虑，一般将电梯的速度限制在 10 m/s 以下。

1982 年法国、德国、日本三国共同研制出直线电机电梯，并于 1989 年在日本安装试用成功。这种电梯在结构上基本融直线电动机与电梯对重为一体，并装以盘式制动器，电力拖动方面采用微机进行变频变压调速系统。在不久的将来还可能研制出沿着垂直－曲线复合路径运行的无绳电梯。

目前，为了降低建筑物造价，提高建筑面积的有效利用率，无机房电梯已经被大量使用。它无须建造普通意义上的机房，对井道顶层楼板及井道没有特殊要求，这样既节约了机房建造费用，又提高了井道的利用率。此种电梯曳引机是将电动机、曳引轮、制动器等合为一体，安装在井道上方的导轨上，或采用行星齿轮减速器，是一种长寿命的曳引机。

二、我国电梯历史与发展

我国电梯事业起步较晚，电梯在中国的发展主要经历了以下三个阶段：首先是对进口电梯的销售、安装、维保阶段（1900—1949 年），这一阶段我国电梯的拥有量约为 1100 台；其次是独立开发研制、自行生产阶段（1950—1979 年），这一阶段我国共生产安装电梯约 1 万台；再后是成立"三资"企业，电梯行业快速发展阶段（1980 年至今），目前我国已经成为世界上最大的电梯使用市场和电梯生产国。

1952 年起，我国先后在上海、天津、沈阳建立了 3 家电梯厂，并相继设立了有关科研单位，独立自主制造各类电梯产品，如交流客、货梯、直流快速、高速梯等。1951 年冬，党中央提出在天安门城楼上安装一台我国自行制造的电梯的政治任务，天津（私营）从生电机厂历时 4 个多月圆满完成该任务。当时上海交通大学设置了起重运输机械制造专业，并开设了电梯课程。1956 年底，公私合营上海电梯厂（由上海华恺记电梯水电铁工厂几经重组发展而成）试制成功自动平层、自动开门的交流双速信号控制电梯。1959 年我国第一批（4 台）自行设计制造的自动扶梯由公私合营上海电梯厂与上海交通大学共同完成，在北京火车站安装使用。到 1978 年，我国电梯行业的政府管理部门由第一机械工业部划转到国家建设委员会。

1980 年，中国建筑机械总公司、瑞士迅达有限公司、香港怡和迅达（远东）有限公司三方合资组建中国迅达电梯有限公司，这是我国改革开放以来机械行业第一家合资企业，该企业包括上海电梯厂和北京电梯厂；1982 年天津市电梯厂等联合组建成立天津市电梯公司，并建立了高达 114.7 m，具有 5 个试验井道的我国最早的电梯试验塔；1983 年建设部确定中国建筑科学院机械化研究所为我国电梯、自动扶梯、自动人行道行业技术归口单位；1984年天津市电梯公司和美国奥的斯电梯公司等合资组建天津奥的斯电梯有限公司；1985年我国正式加入国际标准化组织"电梯、自动扶梯和自动人行道技术委员会（ISO/TC178）"，成为该组织成员国，国家标准局确定中国建筑科学研究院建筑机械化研究所为国内归口管理单位；1989年国家电梯质量监督检验中心正式成立，该中心采用先进方法进行电梯的型式试验并签发证书，目的是保障在国内使用的电梯安全性能；2003年6月1日，国务院颁布的《特种设备安全监察条例》正式施行，更加严格了电梯等特种设备从生产制造、安装调试、维护保养、使用管理、从业人员资质等方面的控制和管理。

我国现有电梯整机生产企业近500家，美国奥的斯、瑞士迅达、芬兰通力、德国蒂森和日本三菱、日立、东芝、富士达等世界最大的电梯公司均在国内建立了合资或独资企业；本土企业主要有山东百思特、浙江巨人、上海华立、苏州申龙、苏州东南液压电梯、宁波宏大等；电梯配件行业有德国威特、西班牙塞维拉等建立的合资企业，还有宁波欣达、宁波申菱、上海新时达、上海贝斯特、常熟曳引机、河北东方等企业。

三、电梯技术发展方向

电梯从问世到今天已经有100多年了，它给人们的日常生活带来了无尽的便利与享受，以至于成为了人们生活中不可缺少的一部分。电梯由最早的简陋不安全、不舒适的升降机发展到今天，经历了无数的改进提高，其技术发展是永无止境的。

综观电梯产品的发展历程，今后还将在以下几个方面有更大的改进和突破：

（1）超高速电梯。21世纪，随着人口数量与可利用土地面积之间的矛盾进一步激化，将会大力发展多用途、全功能的高层塔式建筑，超高速电梯继续成为研究方向。除采用曳引式电梯之外，直线电机驱动电梯也会有极大的发展空间。未来电梯如何保证其安全性、舒适性和便捷性也成为了一个研究的方向。

（2）电梯智能群控系统。电梯智能群控系统将基于强大的计算机软硬件资源支持，能适应电梯交通的不确定性、控制目标的多样化、非线性表现等动态特性。随着智能建筑的发展，电梯的智能群控系统与大楼所有自动化服务设施结合成整体智能系统，也是电梯技术的发展方向。

（3）蓝牙技术应用。蓝牙（blue tooth）技术是一种全球开放的、短距离无线通讯技术规范，它通过短距离无线通讯，把电梯各种电子设备连接起来，取代纵横交错、繁复凌乱的线路，实现无线成网，将极有效地提高电梯产品的先进性和可靠性。

（4）电梯发展更加环保、绿色。要求电梯更加节能环保，减少噪音污染、油污染和电磁辐射污染，兼容性强，寿命长，电梯中使用的各种原材料（包括装潢材料）均为绿色环保型,与建筑物及自然环境搭配协调,人性化程度高,并尽量使用太阳能和风能等绿色能源,减少对环境的破坏。

(5) 电梯产业将网络化、信息化。电梯控制系统将与网络技术紧密地结合在一起,用网络把相互分离的在用电梯连接起来,对其运行情况作即时采集并进行统一监管,统一纳入维保管理系统,快速有效地对故障进行维修;通过电梯网站进行网上交易,既能够实现电梯采购、配置、招投标等,也可在网上申请电梯定期检验等工作。

复习思考题

1-1 就你搭乘电梯的经历,你认为电梯性能方面还有哪些不能使你满意,你心目中电梯应该是怎样的?请举例说明。

1-2 从汽车和电梯这两种运输工具比较,两者之间有哪些相同与不同处(从运行区域、操作方便性及自动化程度、工作特点等方面考虑)?

第二章 电梯基础知识

一、电梯的基本结构

电梯是机电技术高度结合,用来完成垂直方向运输任务的特种设备,其中的机械部分相当于人的躯体,电气部分相当于人的神经,两者不可分割,关系紧密。机电技术的高度统一协调,使电梯成为具备多种现代科技的综合产品,同时因其对使用者人身和财产安全关系重大,所以对电梯的运行的安全可靠性要求非常高。

(一) 电梯的定义

国家标准 GB/T 7024—2008《电梯、自动扶梯、自动人行道术语》规定的电梯定义为:电梯,Lift,Elevator,服务于建筑物内若干特定的楼层,其轿厢运行在至少两列垂直于水平面或与铅垂线倾斜角小于 15°的刚性导轨之间的永久运输设备。

根据上述定义,我们平时在商场、车站见到的自动扶梯和自动人行道虽然也是永久运输设备,但其不满足倾斜角要求且不具备轿厢等装置,就不能被称为电梯,它们只是实现垂直运输设备的一个分支或扩充。

(二) 电梯整体结构

图 2-1 是电梯整体结构图,其中各部分装置与结构如图所示。

不同规格型号的电梯,实现的功能和技术要求不同,配置与组成也有所差异,我们仅以日常最典型的曳引式电梯为例作介绍。

图 2-2 是典型电梯的结构组成框图,是根据使用中电梯所占据的四个空间,对电梯结构作了划分。由图 2-1、图 2-2 不难看出一部完整电梯组成的大致情况。

第二章 电梯基础知识

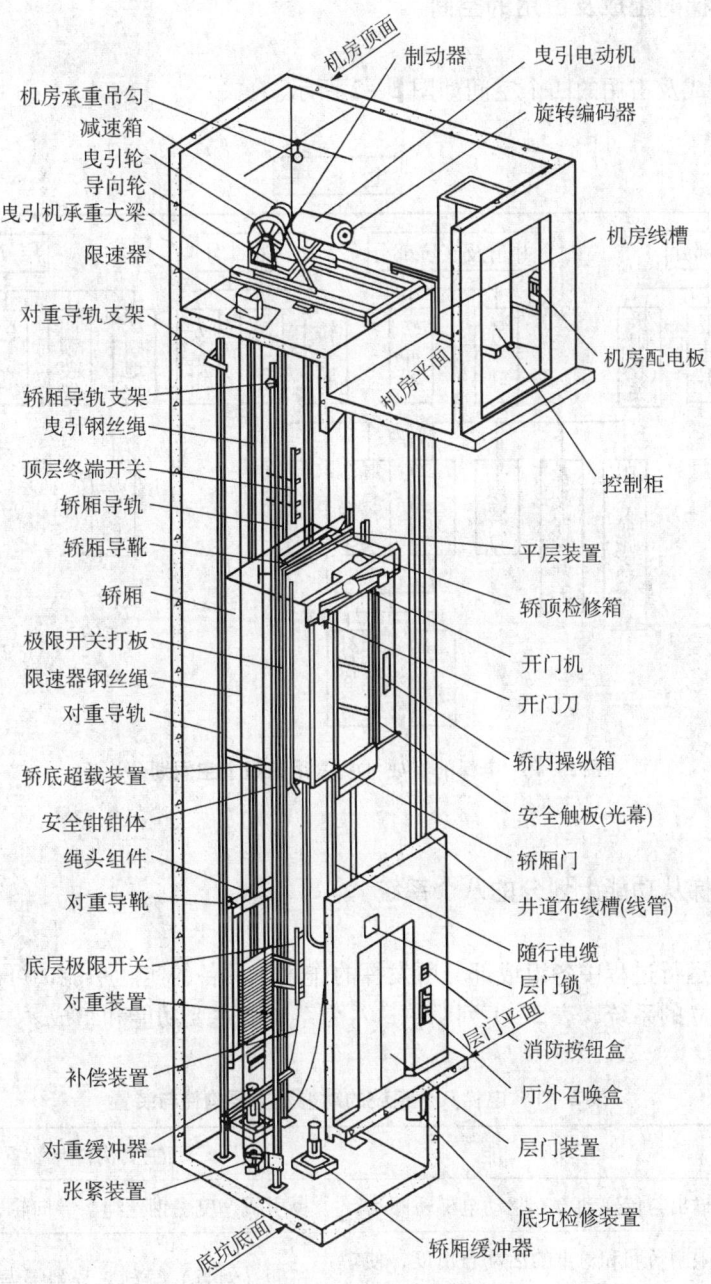

图2-1 电梯基本结构

电 梯 结 构 与 原 理

（三）电梯的组成及占用的空间

电梯的组成及占用的四个空间如图 2-2 所示。

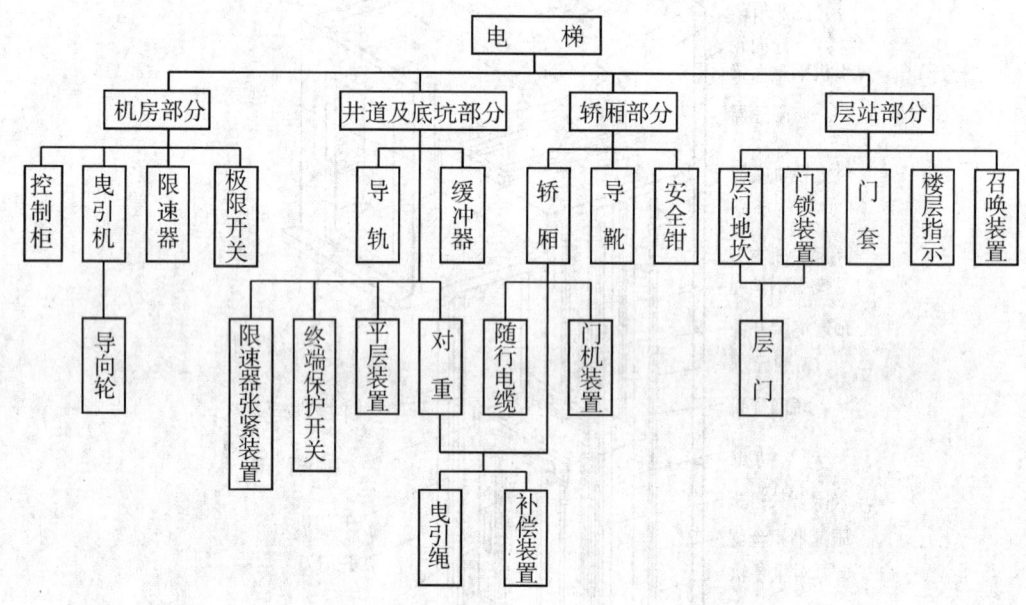

图 2-2　电梯的组成（从占用的四个空间划分）

（四）电梯从功能上划分的八个系统

根据电梯运行过程中各组成部分所发挥的作用与具备的实际功能，可以将电梯划分为八个相对独立的系统，表 2-1 列明了这八个系统的主要功能和组成。

表 2-1　电梯八个系统的功能及主要构件与装置

系　统	功　能	主要构件与装置
曳引系统	输出与传递动力，驱动电梯轿厢运行	曳引机、曳引钢丝绳、导向轮、反绳轮等
导向系统	限制轿厢和对重的活动自由度，使轿厢和对重只能沿着导轨运行，并承受安全钳工作时的制动力	轿厢（对重）导轨、导靴及导轨润滑装置、导轨支架等

续表2-1

系统	功能	主要构件与装置
轿厢	用以装运并保护乘客或货物的组件,是电梯的工作部分	轿厢架和轿厢体等
门系统	供乘客或货物进出轿厢时用,运行时必须闭合并锁紧,保护乘客和货物的安全	轿厢门、层门、开关门系统及门附属部件等
重量平衡系统	相对平衡轿厢和载荷的重量,保证曳引力的产生,减少驱动能耗,补偿电梯曳引绳和电缆因长度变化带来的重量转移	对重(平衡重)装置和重量补偿装置
电力拖动系统	提供动力,驱动电梯运行	曳引电动机、供电系统、速度反馈装置、电动机调速装置等
电气控制系统	对电梯的运行实行操纵和控制,实现电梯各项功能	操纵箱、召唤箱、位置显示装置、控制柜、平层装置、限位装置等
安全保护系统	保证电梯安全使用,防止危及人身和设备安全的事故发生	机械保护系统:限速器、安全钳、缓冲器、端站保护装置等;电气保护系统:超速保护装置、供电系统断相错相保护装置、超越上下极限工作位置的保护装置、门锁及近门保护装置等

二、电梯主要参数

1. 额定载重量(kg)

电梯设计所规定的轿厢载重量。

2. 轿厢尺寸(mm)

轿厢内部尺寸:宽×深×高。

3. 轿厢型式

单面开门、双面开门或其他特殊要求,包括轿顶、轿底、轿壁的表面处理方式,颜色选择,装饰效果,是否装设风扇、空调或电话对讲装置等。

4. 轿门型式

常见轿门有中分门、双(多)折中分门、旁开门及双(多)折旁开门等。

5. 开门宽度（mm）

轿门和层门完全开启时测量的出入口净宽度。

6. 开门方向

对于旁开门，人站在轿厢外，面对层门，门向左开启则为左开门，反之为右开门；门由中间向左右两侧开启者称为中分门。

7. 曳引方式

即曳引绳穿绕方式，也称为曳引比，指电梯运行时，曳引轮绳槽处的线速度与轿厢升降速度的比值。

8. 额定速度（m/s）

电梯设计所规定的轿厢运行速度。

9. 电气控制系统

包括电梯所有电气线路采取的控制方式、电力拖动系统采用的型式等方面。

10. 停层站数

建筑物内各楼层用于出入轿厢的地点称为层站，层站的数量为停层站数。

11. 提升高度（mm）

由底层端站地坎上表面至顶层端站地坎上表面之间的垂直距离。

12. 顶层高度（mm）

由顶层端站地坎上平面至井道天花板（不包括任何超过轿厢轮廓线的滑轮）之间的垂直距离。

13. 底坑深度（mm）

由底层端站地坎上平面至井道底面之间的垂直距离。

14. 井道高度（mm）

由井道天花板至井道底面之间的垂直距离。

15. 井道尺寸（mm）

井道的宽×深。井道宽度为平行于轿厢宽度方向测量的两井道内壁之间的水平距离，井道深度为垂直于井道宽度方向测量的井道壁内表面之间的水平距离。

三、电梯分类

（一）按电梯用途分类

1. 乘客电梯

乘客电梯（passenger lift）是为输送乘客而设计的电梯，代号TK。适用于高层住宅、办公大楼、宾馆、饭店、旅馆等，用于运送乘客，要求安全适舒、装饰新颖美观，可以手动或自动控制操纵，有/无司机操纵两用，轿厢顶部除照明灯外还需设排风装置，在轿厢壁有回风口以加强通风效果，乘客出入方便。额定载重量多分为 630 kg、800 kg、1000 kg、1250 kg、1600 kg 等几种，速度有 0.63 m/s、1.0 m/s、1.6 m/s、2.5 m/s 等多种，载客人数多为 8~21 人，运送效率高，在超高层大楼运行时，速度可以超过 3 m/s 甚至达到 10 m/s。

2. 载货电梯

载货电梯（goods lift；freight lift）主要为运送货物的电梯，同时允许有人员伴随，代号 TH。用于运载货物、装在手推车（机动车）上的货物及伴随的装卸人员，要求结构牢固可靠，安全性好。为节约动力，保证良好的平层精确度，常选取较低的额定速度，轿厢的空间通常比较宽大，载重量多为 630 kg、1000 kg、1600 kg、2000 kg 或更大，额定速度多在 1.0 m/s 以下。

3. 客货电梯

客货电梯（passenger-goods lift）是以运送乘客为主，可同时兼顾运送非集中载荷货物的电梯，代号 TL。它与乘客电梯的主要区别是轿厢内部装饰不及乘客电梯，一般多为低速。

4. 病床电梯（医用电梯）

病床电梯，也称医用电梯（bed lift），是医院中运送病床（包括病人）、医疗器械和救护设备的电梯，代号 TB。其特点是轿厢窄且深，常要求前后贯通开门，运行稳定性要求较高，噪音低，一般有专职司机操作，额定载重量多为 1000 kg、1600 kg、2000 kg 等几种。

5. 住宅电梯

住宅电梯（residential lift）是服务于住宅楼供公众使用的电梯，代号 TZ。主要运送乘客，也可运送家用物件或生活用品，早期多为有司机操作，额定载重量多为 400 kg、630 kg、1000 kg 等，相应的载客人数为 5 人、8 人、13 人等，速度在低、快速之间。其中，载重量 630 kg 的电梯还允许运送残疾人乘坐的轮椅和童车，载重量 1000 kg 的电梯还能运送"手把拆卸"式的担架和家具。

6. 杂物电梯

杂物电梯（dumbwaiter lift；service lift）是服务于规定层站的固定式提升装置，具有一个轿厢，由于结构型式和尺寸的关系，轿厢内不允许人员进入，代号 TW。它具有的轿厢，就其尺寸和结构型式而言，必须满足不得进入的条件，轿厢尺寸不得超过：① 底板面积：1.00 m²；② 深度：1.00 m；③ 高度：1.20 m。如果轿厢由几个永久的间隔组成，而每一个间隔都能满足上述要求，高度超过 1.20 m 是允许的。

7. 船用电梯

船用电梯（lift on ships）是船舶上使用的电梯，代号 TC。它是固定安装在船舶上，为乘客、船员或其他人员使用的提升设备，能在船舶的摇晃中正常工作，速度一般应小于 1.0 m/s。

8. 观光电梯

观光电梯（panoramic lift；observation lift）是井道和轿厢壁至少有同一侧透明，乘客可观看轿厢外景物的电梯，代号 TG。

9. 汽车电梯

汽车电梯（motor vehicle lift；automobile lift）用于各种汽车的垂直运输，如高层或多层车库、仓库等。其代号 TQ。这种电梯轿厢面积较大，要与所运载的汽车相适应，其结构应牢固可靠，多无轿顶，升降速度一般都小于 1.0 m/s。

10. 家用电梯

家用电梯（home lift）是安装在私人住宅中，仅供单一家庭成员使用的电梯。它可以安装在非单一家庭使用的建筑物内，作为单一家庭进入其住所的工具。

11. 消防员电梯

消防员电梯（firefighter lift）首先预定为乘客使用而安装的电梯，其附加的保护、控制和信号使其能在消防服务的直接控制下使用。

12. 无机房电梯

无机房电梯（machine-room-less lift）是不需要建筑物提供封闭的专门机房用于安装电梯驱动主机、控制柜、限速器等设备的电梯。无机房电梯近年来使用范围和用量有明显提高的现象。

（二）按电梯运行速度分类

1. 低速梯

低速梯是轿厢额定速度小于等于 1 m/s 的电梯，通常用于 10 层以下的建筑物，多为客货两用梯或货梯。

2. 中速（快速）梯

中速梯是轿厢额定速度大于 1 m/s 且小于 2 m/s 的电梯，通常用于 10 层以上的建筑物内。

3. 高速梯

高速梯是轿厢额定速度自 2 m/s 起且小于 3 m/s 的电梯，通常用于 16 层以上的建筑物内。

4. 超高速梯

超高速梯是轿厢额定速度大于等于 3 m/s 的电梯，通常用于超高层建筑物内。

（三）按拖动方式分类

1. 直流电梯

直流电梯代号 Z。曳引电动机为直流电动机，并根据有无齿轮减速箱，分为有齿直流电梯和无齿直流电梯。根据电气拖动控制方式，通常分为直流发电机－电动机拖动、用可控硅励磁装置和采用可控硅直接供电的可控硅－电动机拖动两种。其特点是调速性能优良，梯速较快，通常在 1 m/s 以上，有的达到高速运行。

2. 交流电梯

交流电梯代号 J。曳引电动机为交流电动机，可分为以下几种：交流单速电梯，曳引电动机为交流单速电动机，速度一般在 0.5 m/s 以下；交流双速电梯，曳引电动机为交流双速电动机，速度在 1 m/s 以下；交流调压调速电梯（简称 ACVV），曳引电动机为交流，启动时采用闭环，减速时也采用闭环，通常装有测速发电机；交流调频调压电梯（简称 VVVF），采用变频变压技术，在调节定子供电频率的同时，调节定子电压，以保持磁通恒定，使电动机力矩不变，其性能优越，安全可靠，速度可达 6 m/s。

3. 液压电梯

液压电梯代号 Y，是靠液压驱动的电梯。根据柱塞安装位置不同分为柱塞直顶式液压电梯和柱塞侧置式液压电梯：柱塞直顶式是油缸柱塞直接支撑轿厢底部，使轿厢升降；柱塞侧置式是其柱塞设置在井道侧面，借助曳引绳通过滑轮组与轿厢连接，使轿厢升降。液压电梯速度一般在 1 m/s 以下。

4. 齿轮齿条电梯

齿轮齿条电梯齿条固定在构架上，采用电动机－齿轮传动机构，并装于电梯的轿厢上，利用齿轮在齿条上的爬行来拖动轿厢运行，一般用在建筑工地中（施工升降机）。

5. 螺旋式电梯

螺旋式电梯是通过螺杆旋转，带动安装在轿厢上的螺母使轿厢升降的电梯。

6. 直线电机驱动电梯

直线电机驱动电梯用直线电动机作为动力源驱动轿厢升降，是最新驱动方式的电梯，目前较少使用。

（四）按操控方式分类

1. 手柄控制电梯

手柄控制电梯代号 S，由司机在轿厢内操纵手柄开关，控制电梯的启动、运行、平层、停止等运行状态。要求轿厢门上装有玻璃或采用栅栏门，便于司机观察判断。这种

电梯又包括自动门和手动门两种，多用作货梯。

2. 按钮控制电梯

按钮控制电梯代号 A，是一种具有简单自动控制功能的电梯，有自动平层功能。分为轿外按钮控制和轿内按钮控制两种方式：前一种是由安装在各楼层厅门口的按钮进行操纵，一般用于杂物电梯或层站少的货梯；后一种按钮箱在轿厢内，一般只接受轿厢内的按钮指令，层站的召唤按钮不能截停和操纵轿厢，一般用于货梯，这种电梯有自动门和手动门两种。

3. 信号控制电梯

信号控制电梯代号 XH，是一种自动控制程度较高的电梯。其自动程度除了具有自动平层和自动开关门功能外，尚有轿厢命令登记、厅外召唤登记、自动停层、顺向截停和自动换向等功能，通常为有司机客梯或客货两用电梯。

4. 集选控制电梯

集选控制电梯代号 JX，是在信号控制基础上发展起来的全自动控制电梯，与信号控制电梯的主要区别在于它能实现无司机操纵。其主要特点是把轿厢内选层信号和各层外呼信号集合起来，自动决定上下运行方向，顺序应答。这种电梯操纵为有/无司机两种状态，当实行司机操纵时为信号控制（当人流高峰时保证安全运行），在人流较少时改为无司机集选控制。这类电梯需在轿厢上设置称重装置以防止超载，且轿门上需设近门保护装置。

5. 下集选控制电梯

下集选控制电梯是一种只有电梯下行才能被截停的集选控制电梯。其特点是乘客欲从低楼层去往高楼层时，只有先截停向下运行的电梯，下到基层后，才能再次乘梯去到目的层。一般下集选控制方式用得较多，如住宅梯等。

6. 并联控制电梯

并联控制电梯代号 BL，是两三台电梯的控制线路并联起来进行逻辑控制，共用层站外召唤按钮，电梯本身具有集选功能。其特点是当无任务时（如两台电梯并联），一台停在基站，俗称基梯；另一台停在预先选定的楼层（一般在中间楼层），称为自由梯。若有任务，基梯离开基站上行，自由梯立即自动下行到基站替补；当除基站外其他楼层有需要电梯时，自由梯前往，并顺向应答呼梯信号，当呼梯信号与自由梯运行方向相反时，则基梯去完成。先完成任务的梯就近返回基站或预先设定的楼层。

三台并联集选组成的电梯，其中有两台电梯作为基站梯，一台为自由梯。运行原则同两台并联控制电梯。

7. 梯群程序控制电梯

梯群程序控制电梯代号 QK。群控是用微机控制统一调度多台集中并列的电梯，它使多台电梯集中排列，共用厅外召唤按钮，按规定程序集中调度和控制。其程序控制分为四程序及六程序。前者将一天中客流情况分为四种：上行高峰状态、上下行平衡状态、下行高峰状态和闲散状态，并分别规定相应的运行控制方式；后者比前者多设置了上行较下行高峰状态运行、下行较上行高峰状态运行两种程序。

8. 微机控制电梯

微机控制电梯代号 W。它用微机作为交流调速控制系统的调速装置，由它承担调速各环节的功能，使调速系统的有触点器件大大减少，提高了可靠性。同时，微机具有较强的逻辑运算和算术运算功能，和模拟调速装置相比，便于解决舒适感问题。

（五）按有无电梯机房分类

1. 有机房电梯

有机房电梯根据机房的位置与型式可分为以下几种：

（1）机房位于井道上部并按照标准要求建造的电梯；

（2）机房位于井道上部，机房面积等于井道面积，净高度不大于 2300 mm 的小机房电梯；

（3）机房位于井道下部的电梯。

2. 无机房电梯

无机房电梯根据曳引机安装位置可分为以下几类：

（1）曳引机安装在上端站轿厢导轨上的电梯；

（2）曳引机安装在上端站对重导轨上的电梯；

（3）曳引机安装在上端站楼顶板下方承重梁上的电梯；

（4）曳引机安装在井道底坑内的电梯。

（六）按曳引机结构型式分类

1. 有齿轮曳引机电梯

曳引电动机输出的动力通过齿轮减速箱传递给曳引轮，继而驱动轿厢，采用此类曳引机方式的电梯称为有齿轮曳引电梯。

2. 无齿轮曳引机电梯

曳引电动机输出动力直接驱动曳引轮，继而驱动轿厢，采用此类曳引机方式的电梯称为无齿轮曳引电梯。

（七）其他特殊类型电梯

1. 斜行梯

斜行梯为地下火车站或山坡车站倾斜安装使用，轿厢沿倾斜直线上下运行，即同时具有水平和垂直两个方向的输送能力，也是一种集观光和运输于一体的输送设备。

2. 坐椅梯

坐椅梯是人坐在由电机驱动的椅子上，控制椅子手柄上的按钮，使座椅沿楼梯扶栏的导轨上下运动。

3. 冷库梯

冷库梯是专用在大型冷库或制冷车间运送冷冻货物的电梯，一般需满足门扇、导轨等活动处冰封、浸水要求和适应低温环境。

4. 矿井梯

矿井梯是供矿井内运送人员及货物用的电梯。

5. 特殊梯

特殊梯是供特殊工作环境下使用，如有防爆、耐热、防腐等特殊用途的电梯。

6. 建筑施工梯（或升降机）

建筑施工梯（或升降机）是运送建筑施工人员及材料之用，可随施工中的建筑物层数而加高的电梯。

7. 运机梯

运机梯是能把地下机库中几十吨至上百吨重的飞机，垂直提升到飞机场跑道上的专用电梯。

四、电梯型号的编制方法

（一）电梯型号编制方法的规定

1986年我国城乡建设环境保护部颁布的JJ 45—86《电梯、液压梯产品型号编制方法》中，对电梯型号的编制方法作了如下规定：电梯、液压梯产品的型号由类、组、型和主参数、控制方式等三部分代号组成，第二、三部分之间用短线分开。其中，第一部分是类、组、型和改型代号，类、组、型代号用具有代表意义的大写汉语拼音字母表示。产品的改型代号按顺序用小写汉语拼音字母表示，置于类、组、型代号的右下方，如无可以省略不写。第二部分是主参数代号，其左上方为电梯的额定载重量，右下方为额定速度，中间用斜线分开，均用阿拉伯数字表示。第三部分是控制方式代号，用具有代表意义的大写汉语拼音字母表示。电梯型号编制方法如图2-3所示。

（二）电梯产品型号示例

TKJ1000/2.5—JX：交流调速乘客电梯，额定载重量1000 kg，额定速度2.5 m/s，集选控制。

TKZ1000/1.6—JX：直流乘客电梯，额定载重量1000 kg，额定速度1.6 m/s，集选控制。

TKJ1000/1.6—JXW：交流调速乘客电梯，额定载重量1000 kg，额定速度1.6 m/s，微机集选控制。

THY1000/0.63—AZ：液压货梯，额定载重量1000 kg，额定速度0.63 m/s，按钮控制，自动门。

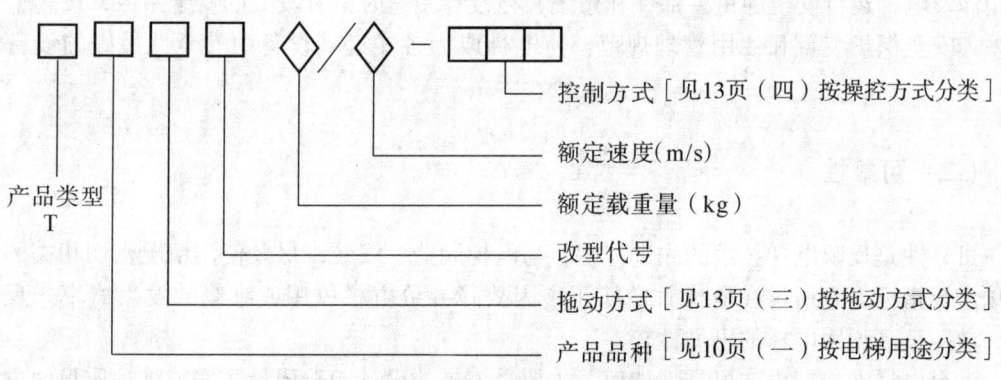

图2-3　电梯型号编制方法

（三）有关其他电梯型号的表示

自改革开放以来，国外众多的电梯厂家进入国内，合资或独资制造、销售电梯，其产品多沿用引进国型号和命名的规定。由于各国（企业）对电梯型号都有不同的编制方法，所以大家在见到国外或合资企业生产的电梯产品型号时，一定要认真查对该制造厂商的技术手册，以免产生各种误会。

五、电梯的性能要求

电梯是服务于建筑物中实现垂直运输任务的设备，要保证在此条件下安全圆满地完成任务，就要求电梯必须具备一些相关的性能要求与特点。这些要求与特点不仅要体现在电梯设计、制造方面，同样也要在电梯安装维护、保养使用中得到保证。

电梯的主要性能要求包括安全性、可靠性、平层准确度、舒适性等。

（一）安全性

安全运行是电梯必须保证的首要指标，是由电梯的使用要求所决定的，在电梯制造、安装调试、日常管理维护及使用过程中，必须绝对保证的重要指标。为保证安全，对于涉及电梯运行安全的重要部件和系统，在设计制造时留有较大的安全系数，设置了一系列安全保护装置和使用管理规范，使电梯成为各类运输设备中安全性最好的设备之一。

（二）可靠性

可靠性是反映电梯技术的先进程度，与电梯制造、安装维保及使用情况密切相关的一项重要指标。它通过在电梯日常使用中因故障导致电梯停用或维修的发生概率来反映，故障率高说明电梯的可靠性较差。

一台电梯在运行中的可靠性如何，主要受该梯的设计制造质量和安装维护质量两方面影响，同时还与电梯的日常使用管理有极大关系。如果我们使用的是一台制造中存在问题和瑕疵，具有故障隐患的电梯，那么电梯的整体质量和可靠性是无法提高的；即使我们使用的是一台技术先进、制造精良的电梯，却在安装及维护保养方面存在问题，同样也会导致大量的故障出现，影响到电梯的可靠性。所以，要提高可靠性，必须从生产制造、安装维护和日常使用管理等几个方面着手。

（三）平层准确度

电梯的平层准确度是指轿厢到达所选层站停靠后，轿厢地坎上平面与层门地坎上平面之间在垂直方向上的距离值。该值的大小与电梯的运行速度、制动距离和制动力矩、拖动方式和轿厢载荷等有直接关系。目前我国规定各类不同速度的轿厢，平层准确度必须达到要求。对平层准确度的检测，应该分别以轿厢空载和满载作上、下运行，停靠同一层站进行测量，取其最大值作为平层准确度。国家标准 GB/T 10058—2009《电梯技术条件》规定，对于额定速度不大于 6 m/s 的电力驱动曳引式电梯和额定速度不大于 0.63 m/s 的电力驱动强制式乘客电梯，平层准确度宜在 ±10 mm 之内，平层保持精度宜在 ±20 mm 之内。

（四）舒适性

舒适性是考核电梯使用性能最为敏感的一项指标，也是电梯多项性能指标的综合反映，多用来评价客梯轿厢。它与电梯运行及启动、制动阶段的运行速度和加速度、运行平稳性、噪声甚至轿厢的装饰等都有密切的关系。对于舒适性主要从以下几个方面来考核评价：

（1）当电源保持为额定频率和额定电压、电梯轿厢在 50% 额定载重量时，向下运行至行程中段（除去加速和减速段）时的速度，不得大于额定速度的 105%，且不得小于额定速度的 92%。

（2）乘客电梯启动加速度和制动减速度最大值均不应大于 1.5 m/s^2。

（3）当乘客电梯额定速度为 1.0 m/s $<v\leqslant$ 2.0 m/s 时，其平均加、减速度不应小于 0.50 m/s^2；当乘客电梯额定速度为 2.0 m/s $<v\leqslant$ 6.0 m/s 时，其平均加、减速度不应小于 0.70 m/s^2。

（4）乘客电梯的开关门时间不应超过表 2-2 的规定。

表 2-2　乘客电梯的开关门时间　　　　　　　　　　　　单位：s

开门方式	开门宽度 B/mm			
	B≤800	800<B≤1000	1000<B≤1100	1100<B≤1300
中分自动门	3.2	4.0	4.3	4.9
旁开自动门	3.7	4.3	4.9	5.9

（5）振动、噪声与电磁干扰。GB/T 10058—2009 规定：轿厢运行必须平稳，其具体要求如下：

1）乘客电梯轿厢运行在恒加速度区域内的垂直（Z 轴）振动的最大峰值不应大于 0.30 m/s^2，A95 峰峰值不应大于 0.20 m/s^2；乘客电梯轿厢运行期间水平（X 轴和 Y 轴）振动的最大峰峰值不应大于 0.20 m/s^2，A95 峰峰值不应大于 0.15 m/s^2。

2）电梯的各机构和电气设备在工作时不得有异常振动或撞击声，电梯的噪声值应符合表 2-3 的规定。

另外，由于接触器、控制系统、大功率电气元件及电动机等引起的高频电磁辐射不应影响附近的收音机、电视机等无线电设备的正常工作，同时电梯控制系统也不应受周围的电磁辐射干扰而发生误动作现象。

表 2-3　乘客电梯噪声值　　　　　　　　　　　单位：dB（A）

额定速度 v/（m/s）	$v \leqslant 2.5$	$2.5 < v \leqslant 6.0$
额定速度运行时机房内平均噪声值	≤80	≤85
运行中轿厢内最大噪声值	≤55	≤60
开关门过程最大噪声值	≤65	

说明：无机房电梯的"机房内平均噪声值"是指距离曳引机 1 m 处所测得的平均噪声值。

(6) 节能环保。随着科技的发展，人们逐渐认识到地球上很多能源是不可再生的，同时人类为了获得这些能源付出了破坏环境的严重代价。因此，采用先进技术，发展节能、绿色环保电梯成为我们面临的最大挑战，作为一名电梯工作者必须在这方面做出最大的努力。

六、电梯常用名词术语

（一）一般术语

(1) 额定乘客人数（number of passenger）：电梯设计限定的最多允许乘客量（包括司机在内）。

(2) 额定速度（rated speed）：电梯设计所规定的轿厢运行速度。

(3) 检修速度（inspection speed）：电梯检修运行时的速度。

(4) 额定载重量（rated load；rated capacity）：电梯设计所规定的轿厢载重量。

(5) 提升高度（travelling height；lifting height）：从底层端站地坎上表面至顶层端站地坎上表面之间的垂直距离。

(6) 机房（machine room）：安装一台或多台电梯驱动主机及其附属设备的专用房间。

(7) 机房高度（machine room height）：机房内地板装饰面与天花板之间的最小垂直距离。

（8）机房宽度（machine room width）：机房内平行于轿厢宽度方向测量的水平距离。

（9）机房深度（machine room depth）：垂直于机房宽度的水平距离。

（10）辅助机房（secondary machine room）；隔层（secondary floor）；滑轮间（pulley room）：因设计需要，在井道顶设置的房间，不用于安装驱动主机，可以作为隔音层，也可用于安装滑轮、限速器和电气设备等。

（11）层站（landing）：各楼层用于出入轿厢的地点。

（12）层站入口（landing entrance）：在井道壁上的开口部分，它构成从层站到轿厢之间的通道。

（13）基站（main landing；main floor；home landing）：轿厢无投入运行指令时停靠的层站。一般位于乘客进出最多并且方便撤离的建筑物大厅或底层端站。

（14）预定层站（predetermined landing）：并联或群控控制的电梯轿厢无运行指令时，指定停靠待命运行的层站。

（15）底层端站（bottom terminal landing）：最低的轿厢停靠站。

（16）顶层端站（top terminal landing）：最高的轿厢停靠站。

（17）层间距离（floor to floor distance；interfloor distance）：两个相邻停靠层站层门地坎之间的垂直距离。

（18）井道（well；shaft；hoistway）：保证轿厢和对重（平衡重）和（或）液压缸柱塞安全运行所需的建筑空间。此空间通常是以井道底坑的底、井道壁和井道顶为界限的。

（19）单梯井道（single well）：只供一台电梯运行的井道。

（20）多梯井道（multiple well；common well）：可供两台或两台以上电梯运行的井道。

（21）井道壁（well enclosure；shaft well）：用来隔开井道和其他场所的结构。

（22）井道宽度（well width；shaft width）：平行于轿厢宽度方向测量的井道壁内表面之间的水平距离。

（23）井道深度（well depth；shaft depth）：垂直于井道宽度方向测量的井道壁内表面之间的水平距离。

（24）底坑（pit）：底层端站地板以下的井道部分。

（25）底坑深度（pit depth）：由底层端站地坎上平面至井道底面之间的垂直距离。

（26）顶层高度（overhead；headroom height）：由顶层端站地坎上平面至井道天花板（不包括任何超过轿厢轮廓线的滑轮）之间的垂直距离。

（27）井道内牛腿；加腋梁（haunched beam）：位于各层站出入口下方井道内侧，供支撑层门地坎所用的建筑物突出部分。

（28）围井（trunk）：船用电梯用的井道。

（29）围井出口（hatch）：在船用电梯的围井上，水平或垂直设置的门口。

（30）开锁区域（unlocking zone）：层门地坎平面上、下延伸的一段区域。当轿厢停靠该层站，轿厢地坎平面在此区域内时，轿门、层门可联动开启。

（31）平层（leveling）：在平层区域内，使轿厢地坎与层门地坎达到同一平面的运动。

（32）平层区（leveling zone）：轿厢停靠站上方和（或）下方的一段有限区域。在此区域内可以用平层装置来使轿厢运行达到平层要求。

（33）平层准确度（stopping accuracy）：轿厢依控制系统指令到达目的层站停靠后，门完全打开，在没有负载变化的情况下，轿厢地坎上平面与层门地坎上平面之间铅垂方向的最大差值。

（34）平层保持精度（leveling accuracy）：电梯装卸载过程中轿厢地坎和层站地坎间铅垂方向的最大差值。

（35）再平层（re-leveling）：当电梯停靠开门期间，由于负载变化，检测到轿厢地坎与层门地坎平层差距过大时，电梯自动运行使轿厢地坎与层门地坎再次平层的功能。

（36）轿厢出入口（car entrance）：在轿厢壁上的开口部分，它构成从轿厢到层站之间的正常通道。

（37）开门宽度（door opening width）：轿门和层门完全开启时测量的出入口净宽度。

（38）轿厢入口高度（entrance height）：轿门与层门完全打开时测量的出入口净高度。

（39）轿厢宽度（car width）：平行于设计规定的轿厢主出入口，在距地面以上 1 m 处测量的轿厢两内壁之间的水平距离，装饰、保护板或扶手都应当包含在该距离之内。

（40）轿厢深度（car depth）：垂直于设计规定的轿厢主出入口，在距地面以上 1 m 处测量的轿厢两内壁之间的水平距离，装饰、保护板或扶手都应当包含在该距离之内。

（41）轿厢高度（car height）：在轿厢内测得的轿厢地板至轿厢结构的顶部之间的垂直距离，照明灯罩和可拆卸的吊顶应包括在上述距离之内。

（42）电梯司机（lift attendant）：经过专门训练、有合格操作证的经授权操纵电梯的人员。

（43）液压缓冲器工作行程（working stroke of oil buffer）：液压缓冲器柱塞端面受压后所移动的最大允许垂直距离。

（44）弹簧缓冲器工作行程（working stroke of spring buffer）：弹簧受压后变形的最大允许垂直距离。

(45) 轿底间隙 (bottom clearances for car): 轿厢使缓冲器完全压缩时，从底坑地面到安装在轿厢底下部最低构件的垂直距离（最低构件不包括导靴、滚轮、安全钳和护脚板）。

(46) 轿顶间隙 (top clearances for car): 对重使它的缓冲器完全压缩时，从轿厢顶部最高部分至井道顶部最低部分的垂直距离。

(47) 对重装置顶部间隙 (top clearances for counterweight): 轿厢使缓冲器完全压缩时，对重装置最高的部分至井道顶部最低部分的垂直距离。

(48) 电梯曳引型式 (traction types of lift): 曳引机驱动的电梯，曳引机在井道上方（或上部）的为上置曳引型式，曳引机在井道侧面的为侧置曳引型式，曳引机在井道下方（或下部）的为下置曳引型式。

(49) 电梯曳引绳曳引比 (hoist ropes ratio of lift): 悬吊轿厢的钢丝绳根数与曳引轿厢侧下垂的钢丝绳根数之比。

（二）电梯功能术语

(1) 火灾应急返回 (emergency fire operation; fire emergency return): 操纵消防开关或接受相应信号后，电梯将直驶回到设定楼层，进入停梯状态。

(2) 消防员服务 (fireman service): 操纵消防开关使电梯投入消防员专用状态的功能。该状态下，电梯将直驶回到设定楼层后停梯，其后只允许经授权人员操作电梯。

(3) 独立操作 (independent operation; independent service): 通过专用开关转换状态，电梯只接受轿内指令，不响应层站召唤（外呼）的服务功能。

(4) 紧急电源操作 (emergency power operation): 当电梯正常电源断电时，电梯电源自动转接到用户的应急电源，群组轿厢按流程运行到设定层站，开门放出乘客后，按设计停运或保留部分运行。

(5) 自动救援操作 (automatic rescue operation): 当电梯正常电源断电时，经短暂延时后，电梯轿厢自动运行到附近层站，开门放出乘客，然后停靠在该层站等待电源恢复正常。

(6) 防捣乱功能 (anti-nuisance car call protection): 当检测到轿内选层指令明显异常时，取消已登记的轿内运行指令的功能。

(7) 地震管制 (seismic function; earthquake function): 地震发生时，对电梯的运行做出管制，以保障电梯乘客安全的功能。

(8) 运行次数计数器 (operation counter): 对电梯的运行次数做出累计并显示的计数器。

(9) 超载保护 (overload protect): 电梯超载时，轿内发出音频或视频信号，并保持开门状态，不允许启动。

（10）满载直驶（full-load non-stop）：轿厢载荷超过设定值时，电梯不响应沿途的层站召唤，按登记的轿内指令行驶。

（11）误指令消除（car call cancellation）：可以取消轿内误登记指令的功能。

（12）门受阻保护（door overload protect）：当电梯在开、关门过程中受阻时，电梯门向相反方向动作的功能。

（13）提前开门（in advance door open）：为提高运行效率，在电梯进入开锁区域内，在平层过程中即进行开门动作的功能。

（14）驻停（parking；stop lift）：当启动此功能开关后，电梯不再响应任何层站的召唤，在响应完轿内指令后，自动返回指定楼层停梯。

（15）语言报站（speech synthesis service；speech report station）：语音通报轿厢运行状况和楼层信息的功能。

（16）关门保护（door closing protection）：在关门过程中，通过安装在轿厢门口的光电信号或机械保护装置，当探测到有人或物体在此区域时，立即重新开门。

（17）对接操作（docking operation）：在特定条件下，为了方便装卸货物的货梯，在采取了适当的安全措施之后，在轿门和层门均开启的情况下，在规定距离内，使轿厢从平层位置低速向上运行，与运载货物设备相接的操作。

（18）检修操作（inspection operatlon）：在电梯检修状态下，手动操作检修控制装置使轿厢以检修速度运行的操作。

（19）隔层停靠操作（skip-stop operation）：相邻两台电梯共用一个候梯厅，其中一台电梯服务于偶数层站，另一台电梯服务于奇数层站的操作。

（三）电梯零部件术语

（1）缓冲器（buffer）：位于行程端部，用来吸收轿厢或对重动能的一种缓冲安全装置。

（2）液压缓冲器（hydraulic buffer；oil buffer）：以液体作为介质吸收轿厢或对重动能的一种耗能型缓冲器。

（3）弹簧缓冲器（spring buffer）：以弹簧变形来吸收轿厢或对重动能的一种蓄能型缓冲器。

（4）非线性缓冲器（non-linear buffer）：以非线性变形材料来吸收轿厢或对重动能的一种蓄能型缓冲器。

（5）减振器（vibrating absorber）：用来减小电梯运行振动和噪声的装置。

（6）轿厢（car；lift car）：电梯中用以运载乘客或其他载荷的箱型装置。

(7) 轿底；轿厢底（car platform；platform）：在轿厢底部，支承载荷的组件。它包括地板、框架等构件。

(8) 轿壁；轿厢壁（car enclosures；car walls）：由轿厢底、轿厢顶和轿厢门围成的一个封闭空间的板型构件。

(9) 轿顶；轿厢顶（car roof）：在轿厢的上部，具有一定强度要求的顶盖。

(10) 轿厢装饰顶（car celling）：轿厢内顶部装饰部件。

(11) 轿厢扶手（car handrail）：固定在轿厢壁上的扶手。

(12) 轿顶防护栏杆（car top protection balustrade）：设置在轿顶上部，对维修人员起防护作用的构件。

(13) 轿架；轿厢架（car frame）：固定和支撑轿厢的框架。

(14) 门机（door operator）：使轿门和（或）层门开启或关闭的装置。

(15) 检修门（access door）：开设在井道壁上，通向底坑或滑轮间供检修人员使用的门。

(16) 手动门（manually operated door）：用人力开关的轿门或层门。

(17) 自动门（power operated door）：靠动力开关的轿门或层门。

(18) 层门（landing door；shaft door；hall door）：设置在层站入口的门。

(19) 防火层门；防火门（fire-proof door）：能防止或延缓炽热气体或火焰通过的一种层门。

(20) 轿门；轿厢门（car door）：设置在轿厢入口的门。

(21) 安全触板（safety edges for door；safety shoe）：在轿门关闭过程中，当有乘客或障碍物触及时，使轿门重新打开的机械式门保护装置。

(22) 光幕（safety curtain for door）：在轿门关闭过程中，当有乘客或物体通过轿门时，在轿门高度方向上的特定范围内可自动探测并发出信号，使轿门重新打开的门保护装置。

(23) 单光束保护装置（light-ray device protection）：在轿门关闭过程中，当有乘客或物体通过轿门时，在轿门高度方向上的某一点或数个特定点可自动探测并发出信号，使轿门重新打开的门保护装置。

(24) 铰链门（外敞开式）（hinged doors）：门的一侧为铰链联接，由井道向候梯厅方向开启的层门。

(25) 栅栏门（collapsible door）：可以摺叠，关闭后成栅栏形状的层门或轿门。

(26) 水平滑动门（horizontally sliding door）：沿门导轨和地坎槽水平滑动开启的门。

(27) 中分门（center opening door）：层门或轿门门扇由门口中间分别向左、右开启的层门或轿门。

(28) 旁开门 (two-speed sliding door; two-panel sliding door; two speed door)：层门或轿门的门扇向同一侧开启的门。

(29) 左开门 (left hand two speed sliding door)：站在层站面对轿厢，门扇向左方向开启的层门或轿门。

(30) 右开门 (right hand two speed sliding door)：站在层站面对轿厢，门扇向右方向开启的层门或轿门。

(31) 中分多折门 (center opening multiple speed door)：层门或轿门门扇由门口中间分别向左、右两侧开启，每侧有数量相同的多个门扇的层门或轿门，门扇打开后成折叠状态。例如中分四扇、中分六扇等。

(32) 旁开多折门 (slide opening multiple speed door)：有多个门扇，各门扇向同侧开启的层门或轿门。

(33) 垂直滑动门 (vertically sliding door)：沿门两侧垂直门导轨滑动向上或向下开启的层门或轿门。

(34) 垂直中分门 (bi-parting door)：门扇由门口中间分别向上、下开启的层门或轿门。

(35) 曳引绳补偿装置 (compensating device for hoist ropes)：用来补偿电梯运行时因曳引绳造成的轿厢和对重两侧重量不平衡的部件。

(36) 补偿链装置 (compensating chain device)：用金属链构成的曳引绳补偿装置。

(37) 补偿绳装置 (compensating rope device)：用钢丝绳和张紧轮构成的曳引绳补偿装置。

(38) 补偿绳防跳装置 (anti-rebound of compensation rope device)：当补偿绳张紧装置由于惯性力作用超出限定位置时，能使曳引机停止运转的安全装置。

(39) 地坎 (sill)：轿厢或层门入口处的带槽踏板。

(40) 轿顶检修装置 (inspection device on top of the car)：设置在轿顶上方，供检修人员检修时使用的装置。

(41) 轿顶照明装置 (car top light)：设置在轿顶上方，供检修人员检修时照明的装置。

(42) 底坑检修照明装置 (light device of pit inspection)：设置在井道底坑，供检修人员检修时照明的装置。

(43) 轿厢位置显示装置 (car position indicator)：设置在轿厢内，显示其运行位置和（或）方向的装置。

(44) 层门门套 (landing door jamb)：装饰层门门框的构件。

(45) 层门位置显示装置 (landing indicator; hall position indicator)：设置在层门上方或一侧，显示轿厢运行层站和方向的装置。

（46）层门方向显示装置（landing direction indicator）：设置在层门上方或一侧，显示轿厢运行方向的装置。

（47）控制屏（control panel）：有独立的支架，支架上有金属绝缘底板或横梁，各种电子器件和电器元件安装在底板或横梁上的一种屏式电控设备。

（48）控制柜（control cabinet；controller）：各种电子器件和电器元件安装在一个有防护作用的柜形结构内的电控设备。

（49）操纵箱；操纵盘（operation panel；car operation panel）：用开关、按钮操纵轿厢运行的电气装置。

（50）警铃按钮（alarm button）：设置在操纵盘上用于报警的按钮。

（51）急停按钮；停止按钮（stop button；stop switch；stopping device）：能断开控制电路使轿厢停止运行的按钮。

（52）梯群监控盘（group control supervisory panel；monitor panel）：梯群控制系统中，能集中反映各轿厢运行状态，可供管理人员监视和控制的装置。

（53）曳引机（traction machine）：包括电动机、制动器和曳引轮在内的靠曳引绳和曳引轮槽摩擦力驱动或停止电梯的装置。

（54）有齿轮曳引机（geared machine）：电动机通过减速齿轮箱驱动曳引轮的曳引机。

（55）无齿轮曳引机（gearless machine）：电动机直接驱动曳引轮的曳引机。

（56）曳引轮（driving sheave；traction sheave）：曳引机上的驱动轮。

（57）曳引绳（hoist ropes）：连接轿厢和对重装置，并靠与曳引轮槽的摩擦力驱动轿厢升降的专用钢丝绳。

（58）绳头组合（rope fastening）：曳引绳与轿厢、对重装置或机房承重梁等承载装置连接用的部件。

（59）端站停止开关（terminal stopping device）：当轿厢超越了端站后，强迫其停止的保护开关。

（60）平层装置（leveling device）：在平层区域内，使轿厢达到平层准确度要求的装置。

（61）平层感应板（leveling inductor plate）：可使平层装置动作的金属板。

（62）极限开关（final limit switch）：当轿厢运行超越端站停止开关后，在轿厢或对重装置接触缓冲器之前，强迫电梯停止的安全装置。

（63）超载装置（overload device；overload indicator）：当轿厢超过额定载重量时，能发出警告信号并使轿厢不能运行的安全装置。

（64）称量装置（weighing device）：能检测轿厢内荷载值，并发出信号的装置。

（65）呼梯盒（hall buttons）：设置在层站门一侧，召唤轿厢停靠在呼梯层站的装置。

(66) 随行电缆（traveling cable）：连接于运行的轿厢底部与井道固定点之间的电缆。

(67) 随行电缆架（traveling cable support）：架设随行电缆的部件。

(68) 钢丝绳夹板（rope clamp）：夹持曳引绳，能使绳距和曳引轮绳槽距一致的部件。

(69) 绳头板（rope hitch plate）：架设绳头组合的部件。

(70) 导向轮（deflector sheave）：为增大轿厢与对重之间的距离，使曳引绳经曳引轮再导向对重装置或轿厢一侧而设置的绳轮。

(71) 复绕轮（secondary sheave; double wrap sheave; sheave traction secondary）：为增大曳引绳对曳引轮的包角，将曳引绳绕出曳引轮后经绳轮再次绕入曳引轮，这种兼有导向作用的绳轮为复绕轮。

(72) 反绳轮（diversion sheave）：设置在轿厢架和对重框架上部的动滑轮。根据需要曳引绳绕过反绳轮可以构成不同的曳引比。

(73) 导轨（guide rails; guide）：供轿厢和对重运行的导向部件。

(74) 空心导轨（hollow guide rail）：由钢板经冷轧折弯成空腹T型的导轨。

(75) 导轨支架（rail brackets; rail support）：固定在井道壁或横梁上，支撑和固定导轨用的构件。

(76) 导轨连接板（件）（fishplate）：紧固在相邻两根导轨的端部底面，起连接导轨作用的金属板（件）。

(77) 导轨润滑装置（rail lubricate device）：设置在轿厢架和对重框架上端两侧，为保持导轨与滑动导靴之间有良好润滑的自动注油装置。

(78) 承重梁（machine supporting beams）：敷设在机房楼板上面或下面、井道顶部，承受曳引机自重及其负载和绳头组合负载的钢梁。

(79) 底坑隔障（pit protection grid）：设置在底坑，位于轿厢和对重装置之间，对维修人员起防护作用的隔障。

(80) 速度检测装置（tachogenerator）：检测轿厢运行速度，将其转变成电信号的装置。

(81) 盘车手轮（hand wheel; wheel; manual wheel）：靠人力使曳引轮转动的专用手轮。

(82) 制动器扳手（brake wrench）：松开曳引机制动器的手动工具。

(83) 机房层站指示器（landing indicator of machine room）：设置在机房内，显示轿厢运行所处层站的信号装置。

(84) 选层器（floor selector）：一种机械或电气驱动的装置。用于执行或控制下述全部或部分功能：确定运行方向、加速、减速、平层、停止、取消呼梯信号、门操作、位置显示和层门指示灯控制。

（85）钢带传动装置（tape driving device）：通过钢带，将轿厢运行状态传递到选层器的装置。

（86）限速器（overspeed governor；governor）：当电梯的运行速度超过额定速度一定值时，其动作能切断安全回路或进一步导致安全钳或上行超速保护装置起作用，使电梯减速直到停止的自动安全装置。

（87）限速器张紧轮（governor tension pulley）：张紧限速器钢丝绳的绳轮装置。

（88）安全钳（safety gear）：限速器动作时，使轿厢或对重停止运行，保持静止状态，并能夹紧在导轨上的一种机械安全装置。

（89）瞬时式安全钳（instantaneous safety gear）：能瞬时使夹紧力达到最大值，并能完全夹紧在导轨上的安全钳。

（90）渐进式安全钳（progressive safety gear；gradual safety）：采取弹性元件，使夹紧力逐渐达到最大值，最终能完全夹紧在导轨上的安全钳。

（91）钥匙开关（key switch board）：一种供专职人员使用钥匙才能使电梯投入运行或停止的电气装置。

（92）门锁装置；联锁装置（door interlock；locks；door locking device）：轿门与层门关闭后锁紧，同时接通控制回路，轿厢方可运行的机电联锁安全装置。

（93）层门安全开关（landing door safety switch）：当层门未完全关闭时，使轿厢不能运行的安全装置。

（94）滑动导靴（sliding guide shoe）：设置在轿厢架和对重（平衡重）装置上，其靴衬在导轨上滑动，使轿厢和对重（平衡重）装置沿导轨运行的导向装置。

（95）靴衬（guide shoe bush；shoe guide）：滑动导靴中的滑动摩擦零件。

（96）滚轮导靴（roller guide shoe）：设置在轿厢架和对重装置上，其滚轮在导轨上滚动，使轿厢和对重装置沿导轨运行的导向装置。

（97）对重装置；对重（counterweight）：由曳引绳经曳引轮与轿厢相连接，在曳引式电梯运行过程中保持曳引能力的装置。

（98）平衡重（balancing weight）：为节约能源而设置的平衡轿厢重量的装置。

（99）消防开关（firemans switch）：发生火警时，可供消防人员将电梯转入消防状态使用的电气装置。一般设置在基站。

（100）护脚板（toe guard）：从层站地坎或轿厢地坎向下延伸，并具有平滑垂直部分的安全挡板。

（101）挡绳装置（ward off rope device）：防止曳引绳或补偿绳越出绳轮槽的防护部件。

（102）轿厢安全窗（top car emergeney exit；car emergency opening）：在轿厢顶部向外开启的封闭窗，供安装、检修人员使用或发生事故时援救和撤离乘客的轿厢应急出口。窗上装有当窗扇打开或没有锁紧即可断开安全回路的开关。

（103）轿厢安全门（car emergency exit；emergency door）：同一井道内有多台电梯时，在两部电梯相邻轿厢壁上向轿厢内开启的门，供乘客和司机在特殊情况下离开轿厢，而改乘相邻轿厢的安全出口。门上装有当门扇打开或没有锁紧即可断开安全回路的开关。

（104）近门保护装置（proximity protection device）：设置在轿厢出入口处，在门关闭过程中，当出入口有乘客或障碍物时，通过电子元件或其他元件发出信号，使门停止关闭，并重新打开的安全装置。

（105）紧急开锁装置（emergency unlocking device）：为应急需要，在层门外借助三角钥匙孔可将层门打开的装置。

（106）紧急电源装置；应急电源装置（emergency power device）：电梯供电电源出现故障而断电时，供轿厢运行到邻近层站或指定层站停靠的电源装置。

（107）轿厢上行超速保护装置（device for uncontrolled ascending car protection）：当轿厢上行速度大于额定速度的115%时，作用在如下部件之一，至少能使轿厢减速慢行的装置：① 轿厢；② 对重；③ 钢丝绳系统；④ 曳引轮或曳引轮轴上。

（108）夹绳器（rope clip）：一种轿厢上行超速保护装置。当轿厢上行超速时，通过夹紧机构夹持曳引钢丝绳，使电梯减速的装置。

（109）扁平复合曳引钢带（flat covered steel belt for drive）：由多股钢丝被聚氨酯等弹性体包裹形成的扁平状曳引轿厢用的带子。

（110）永磁同步曳引机（permanent synchro motor）：采用永磁同步电动机的曳引机。

（111）轿门锁（car door lock）：当轿厢在开锁区外时，防止从轿内打开轿门的装置。

（112）能量回馈装置（regenerative power drive）：可将电梯机械能转换成有用电能的装置。

（113）到站钟（arrived charm）：当轿厢将到达选定楼层时，提醒乘客电梯到站的音响装置。

（114）楼宇自动化接口（build automation interfacing）：连接楼宇自动化系统的接口。可传送电梯运行信号和其他相关信号。

（115）读卡器（card reader）：设置在轿厢内，乘客通过身份卡操纵轿厢运行的装置；或设置在层站门一侧，乘客通过身份卡召唤轿厢停靠在呼梯层站的装置。

（116）残疾人操纵盘（car operation panel for disabled persons）：特殊设计的轿厢操纵盘，以方便残疾人使用，尤其是轮椅使用人员操作电梯。

（117）副操纵盘（second COP；second car operation panel）：在电梯轿厢中轿门两侧设置有两个操纵盘，或在轿厢侧壁增加设置一个操纵盘，以便于乘客操作电梯运行。

（118）内部通话装置（internal call system）：内部通话装置用于轿厢内和机房、电梯管理中心等之间的相互通话。在电梯发生故障时，可帮助轿内乘客向外报警，同时便于电梯管理人员及时安抚乘客、减少乘客的恐惧感；在电梯调试或维修时，方便不同位置有关人员之间的相互沟通。

（四）控制方式术语

（1）手柄开关操纵；轿内开关控制（car handle control；car switch operation）：电梯司机转动手柄位置（开断/闭合）来操纵电梯运行或停止。

（2）按钮控制（pushbutton control；pushbutton operation）：电梯运行由轿厢内操纵盘上的选层按钮或层站呼梯按钮来操纵。某层站乘客将呼梯按钮揿下，电梯就启动运行去应答。在电梯运行过程中如果有其他层站呼梯按钮揿下，控制系统只能把信号记存下来，不能去应答，而且也不能把电梯截住，直到电梯完成前应答运行层站之后方可应答其他层站呼梯信号。

（3）信号控制（signal control；signal operation）：把各层站呼梯信号集合起来，将与电梯运行方向一致的呼梯信号按先后顺序排列好，电梯依次应答接运乘客。电梯运行取决于电梯司机操纵，而电梯在何层站停靠由轿厢操纵盘上的选层按钮信号和层站呼梯按钮信号控制。电梯往复运行一周可以应答所有呼梯信号。

（4）集选控制（collective selective control）：在信号控制的基础上把召唤信号集合起来进行有选择的应答。电梯可有（无）司机操纵。在电梯运行过程中可以应答同一方向所有层站呼梯信号和操纵盘上的选层按钮信号，并自动在这些信号指定的层站平层停靠。电梯运行响应完所有呼梯信号和指令信号后，可以返回基站待命，也可以停在最后一次运行的目标层待命。

（5）下集选控制（down-collective selective control）：下集选控制时，除最低层和基站外，电梯仅将其他层站的下方向呼梯信号集合起来应答。如果乘客欲从较低的层站到较高的层站去，必须乘电梯到底层或基站后再乘电梯到要去的高层站。

（6）并联控制（duplex control）：并联控制时，两台电梯共同处理层站呼梯信号。并联的各台电梯相互通信、相互协调，根据各自所处的层楼位置和其他相关的信息，确定一台最适合的电梯去应答每一个层站呼梯信号，从而提高电梯的运行效率。

（7）群控（group control）：群控是指将两台以上电梯组成一组，由一个专门的群控系统负责处理群内电梯的所有层站呼梯信号。群控系统可以是独立的，也可以隐含在每一个电梯控制系统中。群控系统和每一个电梯控制系统之间都有通信联系。群控系统根据群内每台电梯的楼层位置、已登记的指令信号、运行方向、电梯状态、轿内载荷等信息，实时将每一个层站呼梯信号分配给最适合的电梯去应答，从而最大程度地提高群内电梯的运行效率。群控系统中，通常还可选配上班高峰服务、下班高峰服务、分散待梯等多种满足特殊场合使用要求的操作功能。

(8) 串行通信（serial communication）：对象之间的数据传递是根据约定的速率和通信标准，一位一位地进行传送。串行通信的最大优点是：可以在较远的距离、用最少的线路传送大量的数据。电梯控制系统的串行通信主要是指：装在控制柜中的主控系统和轿厢控制器、层站控制器等部件之间的串行通信，以及群控系统和属下各主控系统之间、并联时主控系统相互之间的串行通信。除了涉及安全的信号外，其他电梯控制系统所用的数据都可通过串行通信的方式相互传送。

(9) 远程监视（remote monitor）：远程监视装置通过有线或无线电话线路、Internet网络线路等介质，和现场的电梯控制系统通信，监视人员在远程监视装置上能清楚地了解电梯的各种信息。

(10) 电梯管理系统（elevator management system）：一种电梯监视控制系统，采用可靠线路连接，用微机监视电梯状态、性能、交通流量和故障代码等，同时可以实现召唤电梯、修改电梯参数等功能。

（五）液压电梯

(1) 速度控制（speed control）：通过控制进出液压缸的液体流量，实现轿厢运行过程的速度调节。

(2) 多极开关控制阀调速系统（speed control system with multiple on-off valve）：利用常规的开关阀使多台并联的节流阀油路通断而组成对电梯运行速度进行有级调节的固定节流调速系统。

(3) 电液比例调速系统（speed control system with electro-hydraulic proportional flow control valve）：利用电液比例流量控制阀对电梯运行速度进行无级调节的节流调速系统。

(4) 容积调速系统（speed control system with adjustable dispiacement pump）：利用变量泵对进入液压缸的流量进行控制，从而达到对电梯运行速度进行无级调速的系统。

(5) 变频调速系统（variable frequency speed control system）：利用改变电动机的供电频率从而改变进入液压缸的液体流量，即对电梯运行速度进行无级调速的系统。

(6) 上行额定速度（nominal speed of up motion）：轿厢空载上行时的设计速度。

(7) 下行额定速度（nominal speed of down motion）：轿厢载以额定载重量下行时的设计速度。

(8) 运行速度（motion speed）：轿厢上行额定速度与下行额定速度二者中的较高值。

(9) 液压电梯机房（machine room of hydraulic lift）：安装液压泵站和电控柜（屏）等有关电梯设备的房间。

(10) 绕绳比（rope ratio）：间接驱动的液压电梯，两端均具有独立的端接装置的一根钢丝绳或链条，在液压电梯的一个液压缸驱动装置上缠绕的次数，与它在轿厢上缠绕的次数之比。此比值不能约分。

（11）间接驱动（indirect acting）：液压缸通过钢丝绳或链条，间接地与轿厢架连接，驱动轿厢运行的方式。

（12）直接驱动（direct acting）：液压缸直接与轿厢架连接，同步驱动轿厢运行的方式。

（六）自动扶梯和自动人行道

（1）自动扶梯（escalator）：带有循环运行梯级，用于向上或向下倾斜输送乘客的固定电力驱动设备。

（2）自动人行道（passenger conveyor）：带有循环运行（板式或带式）走道，用于水平或倾斜角不大于12°，输送乘客的固定电力驱动设备。

（3）倾斜角（angle of inclination）：梯级、踏板或胶带运行方向与水平面构成的最大角度。

（4）提升高度（rise of escalator）：自动扶梯或自动人行道进出口两楼层板之间的垂直距离。

（5）额定速度（rated speed of escalator）：自动扶梯或自动人行道在额定载荷时的运行速度。

（6）名义速度（nominal speed）：由制造商设计确定的，自动扶梯或自动人行道的梯级、踏板或胶带在空载情况下的运行速度。

（7）理论输送能力（theoretical capacity）：自动扶梯或自动人行道在每小时内理论上能够输送的人数。

（8）最大输送能力（maximum capacity）：在运行条件下可达到的最大人员流量。

（9）名义宽度（nominal width）：对于自动扶梯或自动人行道设定的一个理论上的宽度值，一般指自动扶梯梯级或自动人行道踏板安装后横向测量的踏面长度。

（10）变速运行（velocity variation startup）：自动扶梯或自动人行道在无乘客时以预设的低速度运行，在有乘客时自动加速到额定速度运行的方式。

（11）自动启动（automatically startup）：自动扶梯或自动人行道在无乘客时停止运行，在有乘客时自动启动运行的方式。

（12）扶手装置（balustrades）：在自动扶梯或自动人行道两侧，对乘客起安全防护作用，也便于乘客站立扶握的部件。

（13）扶手带（handrail）：位于扶手装置的顶面，与梯级、踏板或胶带同步运行，供乘客扶握的带状部件。

（14）扶手带入口保护装置（handrail entry guard）：在扶手带入口处，当有手指或

其他异物被夹入时，能使自动扶梯或自动人行道停止运行的电气装置。

（15）扶手带断带保护装置（control guard for handrail breakage）：当扶手带断裂时，能使自动扶梯或自动人行道停止运行的电气装置。

（16）护壁板；护栏板（interior panelling）：在扶手带下方，装在内侧盖板与外侧盖板之间的装饰护板。

（17）围裙板（skirting；skirt panel）：与梯级、踏板或胶带两侧相邻的金属围板。

（18）围裙板安全装置（skirt safety device；skirt panel switch；skirt panel safety device）：当梯级、踏板或胶带与围裙板之间有异物被夹住时，能使自动扶梯或自动人行道停止运行的电气装置。

（19）内侧盖板（interior profile；inner deck）：在护壁板内侧，连接围裙板和护壁板的金属板。

（20）外侧盖板（balustrade decking；outer deck）：在护壁板外侧、外装饰板上方，连接装饰板和护壁板的金属板。

（21）外装饰板（balustrade exterior panelling）：从外侧盖板起，将自动扶梯或自动人行道封闭起来的装饰板。

（22）桁架；机架（truss；supporting structure）：架设在建筑结构上，供支撑梯级、踏板、胶带以及运行机构等部件的金属结构件。

（23）中心支撑；中间支撑；第三支撑（centre support；intermediate support）：在自动扶梯两端支承之间，设置在桁架底部的支撑物。

（24）梯级（step）：在自动扶梯桁架上循环运行，供乘客站立的部件。

（25）梯级踏板（step tread）：带有与运行方向相同齿槽的梯级水平部分。

（26）梯级踢板（step riser）：带有齿槽的梯级上竖立的弧形部分。

（27）梯级、踏板塌陷保护装置（step or pallets sagging guard）：当梯级或踏板任何部位断裂下陷时，使自动扶梯或自动人行道停止运行的电气装置。

（28）驱动链保护装置（drive chain guard）：当梯级驱动链或踏板驱动链断裂或过分松弛时，能使自动扶梯或自动人行道停止运行的电气装置。

（29）梯级导轨（step track）：供梯级滚轮运行的导轨。

（30）梯级水平移动距离（step of horizontally moving distance；horizontally step run）：为使梯级在出入口处有一个导向过渡段，从梳齿板出来的梯级前缘和进入梳齿板梯级后缘的一段水平距离。

（31）踏板（pallets）：循环运行在自动人行道桁架上，供乘客站立的板状部件。

（32）胶带（belt）：循环运行在自动人行道桁架上，供乘客站立的胶带状部件。

（33）梳齿板（combs）：位于运行的梯级或踏板出入口，为方便乘客上下过渡，与梯级或踏板相啮合的部件。

(34) 楼层板（floor plate）：设置在自动扶梯或自动人行道出入口，与梳齿板连接的金属板。

(35) 梳齿板安全装置（comb safety device；comb contact）：当梯级、踏板或胶带与梳齿板啮合卡入异物有可能造成事故时，能使自动扶梯或自动人行道停止运行的电气装置。

(36) 驱动组机，驱动装置（driving machine）：驱动自动扶梯或自动人行道运行的装置。

(37) 附加制动器（auxiliary brake）：当自动扶梯提升高度超过一定值时，或在公共交通用自动扶梯和自动人行道上，增设的一种制动器。

(38) 主驱动链保护装置（main drive chain guard；broken drive chain contact）：当主驱动链断裂时，能使自动扶梯或自动人行道停止运行的电气装置。

(39) 超速保护装置（escalator overspeed governor；overspeed governor switch）：自动扶梯或自动人行道运行速度超过限定值时，能使自动扶梯或自动人行道停止运行的装置。

(40) 非操纵逆转保护装置（unintentional reversal of the direction of travel；direction reversal device）：在自动扶梯或自动人行道运行中非人为地改变其运行方向时，能使其停止运行的装置。

(41) 手动盘车装置，盘车手轮（hand winding device；handwheel）：靠人力使驱动装置转动的专用手轮。

(42) 检修控制装置（inspection control device）：利用检修插座，在检修自动扶梯或自动人行道时的手动控制装置。

七、电梯与建筑物的关系

绝大多数的电梯都安装在各种建筑物中，是为实现建筑物中人群安全快捷的垂直流动需求所设立的。不同的建筑物其功能和作用不同，人群流动的方向和流量也不同，并随时有动态变化。因此电梯的配置和使用绝对不是简单独立的项目，必须与建筑物的功能、作用、特点及设计风格相匹配。电梯的土建结构必须在整个建筑物设计施工时统一作出考虑，并根据电梯本身对建筑物的特殊要求来建设。

（一）电梯对建筑物的一般要求

电梯是一种特殊的机电设备，与建筑物紧密地结合在一起，尤其是以下几个部分较

为关键,是建筑物结构必须满足的。

1. 机房

电梯机房一般设置在井道的正上方,目前也有部分机房设置在井道的底部或侧面。机房内由于装设有较大功率的曳引电机和电气控制系统,在工作时会释放出较多热量,所以机房的通风降温就成为一个相当重要的要求;另外,机房必须具有良好的抵御风吹日晒和雨雪雷电的能力。电梯运行的质量在很大程度上取决于曳引机与控制系统的工作质量,同时电梯运行的安全可靠也和这两个部分息息相关,所以机房是整个建筑物中最重要的区域之一。电梯机房不能同其他设备的机房通用。为了便于电梯设备的安装调试、维护保养,机房必须具有一定的面积和高度,具备相关的起重和承载能力;机房必须设有完备的门窗,非有关人员不能随意出入;机房必须与建筑物中其他烟道、水箱、非电梯用水管、气管、电缆等相隔绝。

(1) 机房面积:机房面积与机房中排布安放的设备尺寸、数量、检修空间等有极大关系。目前电梯厂家的产品各不相同,机房面积也会有很大区别。一般机房有效面积是井道面积的 2 倍以上,交流低速梯为 2～2.5 倍,直流快速梯为 2.5～3.5 倍,大型轿厢的电梯在不影响设备维护检修保养的前提下,机房面积不受上述限制。

(2) 机房高度:机房高度是机房地面至机房顶板之间的垂直距离,它同样与机房内安置的设备有关。载客电梯与医用电梯机房的高度应大于 3 m,货梯机房高度应大于 2.5 m,杂物梯机房高度不小于 1.8 m。

(3) 主机、电控柜应尽量远离门窗,与门窗正面距离不小于 600 mm,以防雨水浇淋;曳引机与墙壁间距离应大于 500 mm,以方便检修;控制柜正面应有 800 mm 距离,后面与侧面距所有其他设施间应留有 700 mm 以上距离,以便于检修维护之用;电梯的照明、动力总电源开关应设置在机房入口处,其距地高度应为 1300～1500 mm。

(4) 机房地面要求能承受 6000 Pa 以上的载荷。在机房井道范围内应设置承重钢梁,以便承受整个电梯系统负载和曳引机重量;在井道顶部曳引机上方必须设有起吊挂钩,以满足曳引机等设备安装和维修之用,起吊挂钩的承载能力必须足够大,对额定载重 3000 kg 以下的电梯要求具有不小于 2000 kg 的承载力。

曳引机上置时,电梯运动部分的全部重量都悬挂在曳引轮上,因此曳引机的安装位置必须架设承重梁。承重梁一般为三条,其两端必须架在井道壁上。承重梁多采用工字钢或槽钢等型钢,型钢规格尺寸与电梯载重量和速度有关,这点可根据电梯随机技术文件的要求配备。曳引机承重梁的安装位置有机房楼板下侧、机房楼板上侧、机房楼板上侧混凝土台上三种方式,安装时可根据机房高度、机房内设备平面布置等情况,选择不同类型的安装方式。但不论采用哪种安装方式,承重梁均应架设在井道承重墙上,支承长度应超过墙厚度中心 20 mm 以上,且总长不小于 75 mm;承重梁两端下部垫防震胶垫,然后用地脚螺栓固定牢靠,或两端用钢板焊成整体,用混凝土灌注牢固,不得活动移位。

(5) 机房楼板上要留有绳孔，具体根据电梯轿厢和对重位置及轿门开向等确定；限速器绳孔和其他电气控制管线孔等也要根据布置图确定。各绳孔口周围，均要求筑有高度为 75 mm 以上，距绳 25～50 mm 的台阶，以防止油、水等流入井道或细小部件坠入井道。

(6) 机房处于建筑最高处，下部有很长的井道，具有抽风效应，所以非常容易将灰尘等物吸入机房，另外在机房中装设有较多的电气设备，均构成火灾隐患。所以在机房内一定要设置扑灭电气火灾的消防设施，如干粉灭火器、二氧化碳灭火器等。

(7) 机房一般都布置在建筑物的最高处，在雷雨季节易受到雷电的袭击。为此在机房设计建造时，必须按照低压用电安全规范，安装符合要求、安全可靠的避雷设施。

2. 井道

井道多采用钢筋混凝土结构。井道壁应该是垂直的。一般井道内壁与轿厢外壁的距离不小于 200 mm，与对重距离不小于 350 mm。电梯井道尺寸建筑偏差规定如下：高度 ≤30 m 的井道尺寸偏差为 0～25 mm，30 m < 高度≤60 m 的井道尺寸偏差为 0～35 mm，60 m < 高度≤90 m 的井道尺寸偏差为 0～50 mm。井道顶层高度必须保证，其目的是防止电梯运行中冲顶超位，或避免电梯检修人员在轿顶工作时被挤伤。

3. 底坑

底坑深度根据轿厢额定速度、轿厢底部结构、导靴与安全钳结构、缓冲器的结构型式等，按照有关规定来确定。底坑在施工中，必须能够防水，并且设有排水设施；要充分考虑维修人员在底坑中的作业需要；底坑中还要考虑安装缓冲器的固定底座，必要时设置上下底坑用的梯子。

(二) 电梯主参数、轿厢与井道、机房型式

由于电梯与建筑物间密不可分的关系，加之电梯的各部分设施分散置于机房、井道、各层站、底坑等处，不同规格、厂家的电梯对其具体的安装均有具体的要求。电梯都是在使用现场安装调试，电梯的质量很大程度上取决于安装调试质量。所以要使一部电梯具有良好的使用效果，除保证制造质量外，还需按使用要求正确选择电梯类别、主要参数、规格尺寸，做好电梯与井道建筑结构的设计及它们之间的相互协调配合。正由于此，国家专门颁布了相关标准来统一和协调电梯产品与井道等建筑物之间的关系。

国标 GB/T 7025—2008《电梯主参数及轿厢、井道、机房的型式与尺寸》系列标准中对上述结构尺寸做了规定。

1. 电梯类型

Ⅰ类电梯（lifts of class Ⅰ）：为运送乘客而设计的电梯。

Ⅱ类电梯（lifts of class Ⅱ）：主要为运送乘客，同时也可运送货物而设计的电梯。

（注：Ⅱ类电梯与Ⅰ、Ⅲ和Ⅵ类电梯的本质区别在于轿厢内的装饰。）

Ⅲ类电梯（lifts of class Ⅲ）：为运送病床（包括病人）及医疗设备而设计的电梯。

Ⅳ类电梯（lifts of class Ⅳ）：主要为运输通常由人伴随的货物而设计的电梯。

Ⅴ类电梯（lifts of class Ⅴ）：杂物电梯。

Ⅵ类电梯（lifts of class Ⅵ）：为适应大交通流量和频繁使用而特别设计的电梯，如速度为2.5 m/s以及更高速度的电梯。

2. 电梯主参数

（1）额定载重量（kg）。优先采用的额定载重量为以下系列：320、400、450、600/630、750/800、900、1000/1050、1150、1275、1350、1600、1800、2000、2500。

（2）额定速度（m/s）。优先采用的额定速度为以下系列：0.4、0.5/0.63/0.75、1.0、1.5/1.6、1.75、2.0、2.5、3.0、3.5、4.0、5.0、6.0。

（注：额定速度0.5 m/s到6.0 m/s常用于电力驱动电梯，额定速度0.4 m/s到1.0 m/s常用于液压电梯。）

3. 轿厢、井道、机房的结构与尺寸

Ⅰ、Ⅱ、Ⅲ、Ⅵ类电梯的轿厢、井道、机房等的结构如图2-4、2-5所示，涉及的符号等如表2-4所示。

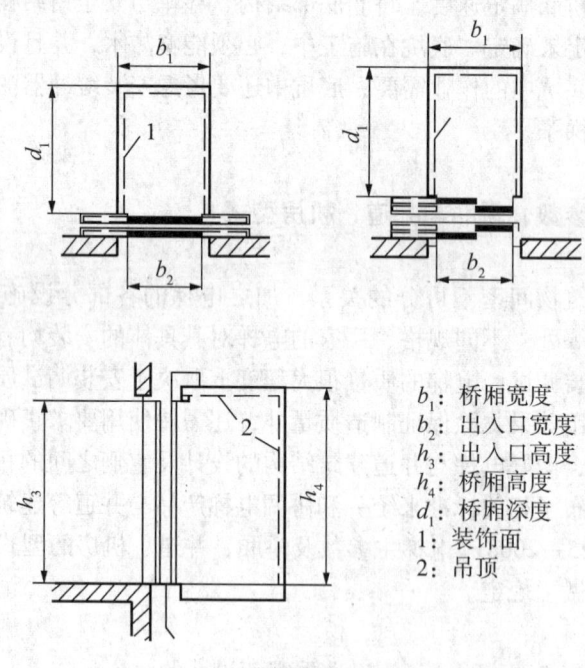

b_1：轿厢宽度
b_2：出入口宽度
h_3：出入口高度
h_4：轿厢高度
d_1：轿厢深度
1：装饰面
2：吊顶

图2-4 轿厢和出入口尺寸

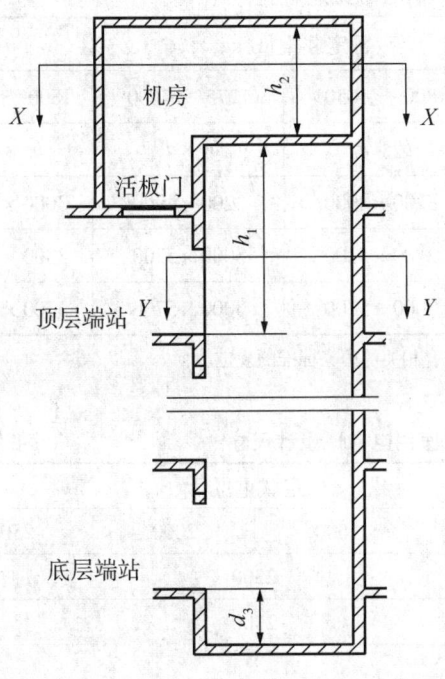
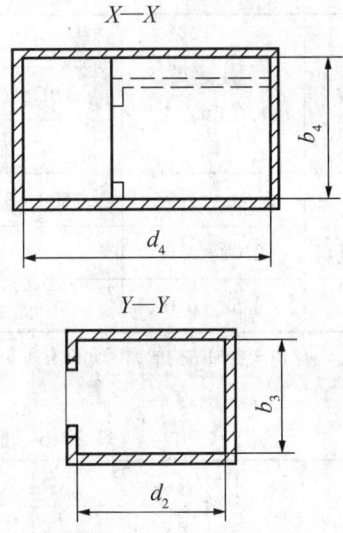

b_3：井道宽度
b_4：机房宽度
d_2：井道深度
d_3：底坑深度
d_4：机房深度
h_1：顶层高度
h_2：机房高度

图2-5 有机房的电梯机房、井道与底坑

表2-4 符号说明

符号	符号含义	符号	符号含义
b_1	轿厢宽度 mm	d_1	轿厢深度 mm
h_4	轿厢高度 mm	b_2	出入口宽度 mm
h_3	出入口高度 mm	b_3	井道宽度 mm
d_2	井道深度 mm	d_3	底坑深度 mm
h_1	顶层高度 mm	b_4	机房宽度 mm
d_4	机房深度 mm	h_2	机房高度 mm
v_n	额定速度 m/s		

Ⅰ、Ⅱ、Ⅲ、Ⅵ类电梯的轿厢、井道、机房等各部分尺寸要求见表2-5至表2-7。

表2-5　Ⅰ、Ⅱ、Ⅵ电梯机房尺寸　　　　　　　　　　　　　　　　单位：mm

参数	额定速度 v_n/(m/s)	额定载重量/kg			
		320～630	800～1050	1275～1600	1800～2000
		$b_4 \times d_4$	$b_4 \times d_4$	$b_4 \times d_4$	$b_4 \times d_4$
电梯机房	0.63～1.75	2500×3700	3200×4900	3200×4900	3000×5000
	2.0～3.0		2700×5100	3000×5300	3300×5700
	3.5～6.0		3000×5700	3000×5700	3300×5700

说明：b_4、d_4 由于电梯结构的原因允许有所变动，并应符合相关的国家标准的规定。

表2-6　Ⅲ类电梯（医用电梯）设计尺寸　　　　　　　　　　　　　单位：mm

参数			额定载重量/kg			
			1275	1600	2000	2500
轿厢		高 h_4	2300			
轿门和层门		高 h_3	2100			
底坑深度 d_3		额定速度 v_n/(m/s)				
		0.63	1600			1800
		1.00	1700			1900
		1.60	1900			2100
		2.00	2100			2300
		2.50	2500			
顶层高度 h_1		0.63	4400			4600
		1.00	4400			4600
		1.60	4400			4600
		2.00	4600			4800
		2.50	5400			5600
机房（如果有）	0.63～2.50	面积 A/m²	25		27	29
		宽度 b_4	3200			3500
		深度 d_4	5500			5800

说明：b_4、d_3、d_4、h_1、h_2 由于电梯结构的原因允许有所变动，并应符合相关的国家标准的规定。b_4、d_4 为最小值，实际尺寸应能提供不小于 A 的地面面积。

表2-7　Ⅰ、Ⅱ和Ⅵ电梯轿厢的设计尺寸　　　　　　　　　单位：mm

参数	住宅电梯				一般用途电梯				频繁使用电梯			
	额定载重量（质量）/kg											
	320	400/450	600/630	900/1000/1050	600/630	750/800	1000/1050/1150/1275	1350	1275	1350	1600	1800	2000
轿厢高度 h_4	2200				2300				2400				
轿门和层门高度 h_3	2000				2100								
底坑深度 d_3 额定速度 v_n/(m/s)													
0.40	1400								c				
0.50	1400												
0.63													
0.75													
1.00													
1.50													
1.60	c				1600				c				
1.75													
2.00	c	1750			c		1750						
2.50	c	2200			c		2200						
3.00									3200				
3.50									3400				
4.00					c				3800				
5.00									3800				
6.00									4000				

续表2-7

参数	住宅电梯			一般用途电梯				频繁使用电梯				
	额定载重量（质量）/kg												
	320	400/450	600/630	900/1000/1050	600/630	750/800	1000/1050/1150/1275	1350	1275	1350	1600	1800	2000
顶层高度 h_1													
0.40	3600				c								
0.50													
0.63	3600				3800		4200						
0.75													
1.00	3700												
1.50									c				
1.60	c	3800			4000		4200						
1.75													
2.00	c	4300			c	4400							
2.50	c	5000			c	5000	5200		5500				
3.00									5500				
3.50									5700				
4.00	c								5700				
5.00									5700				
6.00									6200				

注：c为非标电梯应咨询供应商。

（三）电梯选型与配置

电梯选型是对电梯品牌与供应商、电梯型号规格、电梯性能档次、电梯生产质量及售后服务等多方面进行选择；电梯配置是根据建筑的实际情况进行全面综合分析，确定电梯主参数（包括电梯数量、载荷、速度等）和类型、电梯布置形式等。电梯选型与配置不仅要满足整个建筑功能上的需求，还要考虑乘客使用的方便性和舒适性。

每座建筑物有不同的用途和功能，其规模结构不同，人流特点和数量也不同。根据上述的实际情况，各电梯供应商有不同的计算方法和标准来进行选型匹配。电梯配置方案的确定是一个复杂的过程，这里仅给出一般建筑物常规的电梯配置规则供参考，另外还必须注意在确定电梯方案时同电梯供应商作细致的沟通与协商。

1. 电梯选型配置过程

电梯选型配置过程一般有如下几个步骤：

（1）根据建筑物的不同用途确定不同的电梯类别；

（2）根据建筑物的形状和出入口位置，确定电梯的布置位置；

（3）根据建筑物的用途和乘坐人数进行交通流量分析，确定电梯（含消防梯）主参数，包括电梯数量、额定载荷和额定速度等；

（4）确定电梯的水平和垂直布置形式（包括分区、空中大厅和双层轿厢的选定等）；

（5）了解电梯产品的制造质量与性能、安装质量、售后服务质量、维修保养质量和销售价格等，确定电梯品牌；

（6）了解不同型号电梯所具备的基本功能，并根据建筑物档次和服务人群的需要，对提供的可选功能进行选择；

（7）根据电梯服务对象和安装场合不同，可提出装潢要求，或对电梯供应商提供的装潢实例进行选择。

其具体流程如图 2-6 所示。

2. 电梯布置的位置

从提高运送效率、缩短候梯时间以及降低建筑费用等方面综合考虑，所有电梯集中安排在建筑物中心地带最为合适。如果电梯分散布置在建筑物的不同地区，将对运送效率产生不利影响。另外，电梯是大部分出入建筑物的人员经常使用的交通工具，所以必须设置在容易看到、方便使用的地方。但是，当建筑物有几个进出口或建筑物的宽度、深度超过 80 m 时，就需要将电梯分成两组或更多组，以缩短乘客的步行距离。

3. 电梯配置基础知识

（1）电梯配置的评价指标。

◆ 输送能力：在给定的时间周期内（一般为 5 min），单梯或群梯能够运送的乘客数占建筑物内总人数的百分比。

◆ 平均运转间隔时间：对一台电梯，指一天内空轿厢相邻两次离开主楼层的时间间隔平均值；对 n 台群控电梯，上述时间需除以 n。

◆ 乘客候梯的烦躁程度：超过乘客心理承受候梯时间时，乘客就会烦躁和不耐烦，

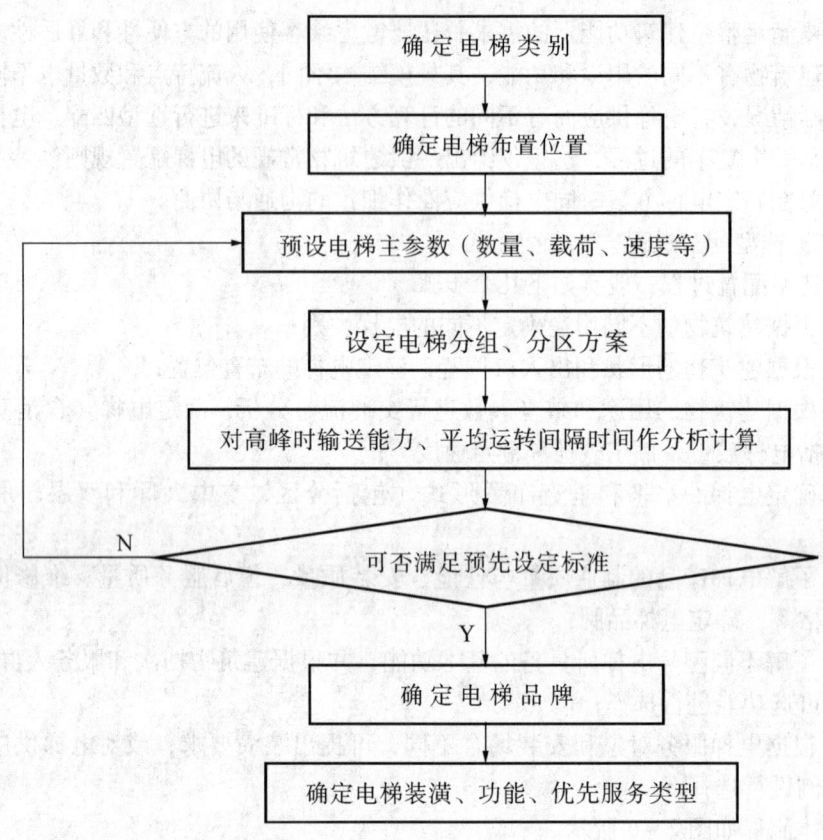

图2-6 电梯选型与配置流程

乘客候梯的烦躁程度与实际候梯时间的平方成正比。

◆ 乘客的平均等待时间：乘客的平均等待时间为平均运转间隔时间的一半。

（2）电梯配置的概念。

◆ 上行高峰期：电梯以主端站为起点，一天内主要用作从主端站向以上各楼层输送乘客的时期。

◆ 下行高峰期：电梯以主端站为终点，一天内主要用作从以上各楼层向主端站输送乘客的时期。

◆ 分区运行：将高层或超高层建筑分成若干停层区（低、中、高），电梯分区运行或隔层停靠。

◆ 分组运行：将相邻几台电梯分成一组，它们具有共同的运行参数和目的层站区，控制系统采用群控系统。

◆ 空中大厅：在高层或超高层建筑的一定高度上，设置几个空中候梯大厅，有电梯从主端站将乘客运送至此,然后乘客再根据需要转换各分区电梯。

各类建筑物输送能力与电梯数量的关系如表 2-8 所示。

表 2-8　各类建筑物输送能力与电梯数量(参考)

建筑类型		5 min 输送能力/%	平均运转间隔时间/s	每台电梯适用面积（3 楼以上）/m²	每台电梯适用人数（3 楼以上）/人
办公建筑	超高层	20～25	<30	1200～1600	200
	高层	15～20	30～35	1500～2000	250
	中低层	10～15	35～40	2000～2400	300
住宅建筑		5～7	50～80	50～60 户	250
宾馆、酒店	高级	10～11	<35	100～150 间客房/台	150～200
	中级	9～10	<40	150～200 间客房/台	200～250
医院和医疗中心		20	<40	80 张病床/台	

(3) 电梯主参数的确定。在购买电梯时,建筑商必须提供给电梯供应商井道土建图纸(含提升高度、顶层高度、底坑深度、层间距、停层站数、机房位置尺寸等),同时需要综合考虑建筑物的规模、用途、人员交通流量等各种因素,确定一些必要的电梯主参数。计算电梯系统输送能力,主要体现在电梯数量、额定速度和额定载重量上,其中电梯数量对输送能力影响最大,其次是额定载荷,最后是额定速度。在确定这些参数时,需要按数量、载荷、速度的优先顺序一并考虑。

◆ 电梯数量:根据建筑物内人员数量来计算,用最少的投资完成最大的运输需求。不同的建筑物和不同地区有不同的标准,一般的办公大楼为 0.3～0.5 台/100 人。随着人们生活水平的提高,此参数也会逐步提高。

◆ 额定载荷:电梯数量和额定载荷参数是互相影响的,两参数的搭配必须合理。配置一台 1600 kg 的电梯与配置一台 1000 kg 和一台 630 kg 的电梯相比,虽然前者可以节省建筑面积和电梯成本,但其平均运转间隔时间加大,维修保养不便;后者虽然占用的建筑面积和电梯成本比前者大,但输送能力大幅提高,平均运转间隔时间缩短,电梯维修保养也不会影响乘客的正常使用。额定载荷确定后,轿厢面积就确定了,配合建筑物的规划,根据需要选择最优的井道截面积和形状。

◆ 额定速度:电梯的提升高度和建筑物的用途是确定电梯额定速度的主要因素。当电梯每层均停或隔层停靠时,为提高电梯的输送能力一味地提高电梯的额定速度是不适当的。当建筑物有分区或有空中大厅设置时，直达电梯额定速度的增加会显著增加电梯的输送能力。

4. 中低层建筑的电梯配置

中低层建筑客流量一般较高层建筑小，通常只有一两组电梯，梯组一般为每层都停或隔层停靠，所以电梯配置相对比较简单。根据所要求的平均运转间隔时间、建筑物内总人数和电梯服务层站的不同，所确定的电梯数量、额定载荷和额定速度也不同，并且它们之间的搭配方式也不同。对于参数相同的情况，还要考虑电梯的布置位置和维修保养情况。

5. 高层和超高层建筑的电梯配置

（1）水平布置形式。高层和超高层建筑所需电梯数量较多，所以对电梯水平布置形式的要求较高，一般采用分组的方式，将电梯分为两组或更多组，以提高输送能力。每组电梯所需数量以所需服务楼层数和服务人数为基础来确定。每组内各电梯所服务的楼层数应相等（服务楼层不同会导致服务水平下降），并且应在功能和结构上尽可能相似。另外，住宅、宾馆和类似建筑物的候梯厅不要离寓所和房间太近。为提高建筑物的利用效率，电梯井道的尺寸应尽可能小。在对建筑物作了详细的客流分析以后，按照所确定电梯的数量，首先对电梯进行水平布置形式的确定。

（2）垂直布置形式。对于高层和超高层建筑，电梯的数量较多，停层站数比较多，所以要特别注意电梯的垂直布置形式。垂直布置形式主要有三种：全层停靠，隔层停靠和分区停靠。全层停靠时电梯平均运转间隔时间较长，效率较低。隔层停靠分奇数层停靠和偶数层停靠。高层和超高层建筑一般采取分区的形式，并配以空中大厅的结构，这样可以提高运输能力，并充分利用建筑空间。

◆ 分区的原则：分区时，主端站是一个单独分区，普通轿厢为单层区段，双层轿厢时为双层区段，主端站服务优先是整个电梯系统的重要特点。其余各区的停层数以10层站左右为宜。如果每区有太多停层站数，在遇到上下行高峰时，对于及时运送所有乘客将是一件非常困难的事，而且电梯和建筑物空间利用率会降低。

◆ 分区的优点：一是可以减少电梯的停站数，低层区可降低电梯额定速度，费用相对便宜；二是因服务楼层减少，运转一周的时间相对缩短，输送能力提高，电梯台数减少，降低成本；三是高层区有直达区，可发挥高速效果，缩短高层区乘客的乘梯时间，提高输送效率；四是中低层电梯井道上部可以增加很多可利用空间。

◆ 分区注意事项：在基站候梯厅必须明示每台梯的服务楼层；公共楼层（如餐厅、会议室）布置受到一定限制；同一公司或部门在建筑物内要避免使用两个分区；人流分布的变化会影响电梯的运输效率；小规模建筑物最好不要分区运行，台数减少会使平均运转间隔时间和等待时间增加；人员集中的楼层需放置在低层楼区，便于节能和提高效率。

◆ 空中大厅设置：高层和超高层建筑中，使用大载荷高速或超高速电梯把乘客直接输送到空中大厅，然后乘客在空中大厅中转换各区域电梯到达目的层。空中大厅内转换电梯的配置有两种方式：上升方式，即只有向上方向的转换电梯；上升和下降方式，即上升和下降方向的转换电梯都有。空中大厅虽然会增加电梯台数，但能节省电梯井道占用空间，增加建筑的有效面积，提高利用率。

◆ 双轿厢配置：采用双层轿厢其实相当于两个隔层停靠分区的电梯，可以说双层轿厢是一种转型的分区运行方式。上层轿厢在偶数层站停靠，下层轿厢在奇数层站停靠，所以停层站数减少了一半，额定载荷增加1倍，电梯井道的利用率提高。双层轿厢电梯一般作为从主端站到空中大厅的直达电梯使用。若多台双层轿厢电梯再按分区运行，将更能体现出双层轿厢的优势。在使用双层轿厢时，需在主端站的双层轿厢附近设置自动扶梯以方便乘客进入上层轿厢。

八、电梯相关标准法规

为加强对电梯产品的管理，提高电梯的性能，保证使用的安全可靠度并改善使用效果，我国近年来颁布了一系列有关电梯产品的新法规和标准，对旧标准也做了大量修订提升工作。到目前为止，以下是我们日常工作中较常用到的一些法规标准。

（1）《中华人民共和国特种设备安全法》，2014年1月1日起施行。

（2）《特种设备安全监察条例》，2009年1月24日发布，2009年5月1日起施行。

（3）《特种设备作业人员监督管理办法》，2010年11月23日发布，2011年7月1日起执行。

（4）TSG T 7001—2009《电梯监督检验和定期检验规则——曳引与强制驱动电梯》，2009年12月4日发布，2010年4月1日起施行。

（5）TSG T 7005—2012《电梯监督检验和定期检验规则——自动扶梯与自动人行道》，2012年3月23日发布，2012年7月1日起施行。

（6）GB/T 7024—2008《电梯、自动扶梯、自动人行道术语》。

（7）GB/T 7025.1—2008《电梯主参数及轿厢、井道、机房的型式与尺寸 第1部分：Ⅰ、Ⅱ、Ⅲ类电梯》。

（8）GB/T 7025.2—2008《电梯主参数及轿厢、井道、机房的型式与尺寸 第2部分：Ⅳ类电梯》。

（9）GB/T 7025.3—1997《电梯主参数及轿厢、井道、机房的型式与尺寸 第3部分：Ⅴ类电梯》。

（10）GB 7588—2003《电梯制造与安装安全规范》。

(11) GB 16899—2011《自动扶梯和自动人行道的制造与安装安全规范》。
(12) GB/T 10060—2011《电梯安装验收规范》。
(13) GB/T 10058—2009《电梯技术条件》。
(14) GB/T 10059—2009《电梯试验方法》。
(15) GB/T 12974—2012《交流电梯电动机通用技术条件》。
(16) GB/T 18775—2009《电梯、自动扶梯和自动人行道维修规范》。
(17) GB 26465—2011《消防电梯制造与安装安全规范》。
(18) GB 25194—2010《杂物电梯制造与安装安全规范》。
(19) GB 21240—2007《液压电梯制造与安装安全规范》。
(20) GB/T 22562—2008《电梯 T 型导轨》。
(21) GB/T 24478—2009《电梯曳引机》。
(22) GB/T 24480—2009《电梯层门耐火试验 泄漏量、隔热、辐射测定法》。
(23) GA 109—1995《电梯层门耐火试验方法》。

随着电梯技术的发展和提高，将会有更多更严格的法规和标准颁布施行，从业人员必须随时学习掌握。

复习思考题

2-1 电梯有哪些组成部分？

2-2 电梯的主要参数具体有哪些？并分别解释各主参数定义。

2-3 电梯按用途分类有哪几类？并说明其参数特点。

2-4 电梯按速度分类有哪几类？并说明其参数特点。

2-5 电梯的控制方式有哪几类？并逐条说明。

2-6 电梯的型号如何表示？详细说明型号的组成部分。

2-7 电梯的主要性能要求有哪些？

2-8 电梯的零部件术语有哪些分类？

第三章 电梯工作原理与运动分析

一、提升原理

（一）曳引式提升原理

目前电梯的驱动系统有曳引驱动、强制（卷筒）驱动、液压驱动等几种驱动方式。其中，曳引驱动具有安全可靠、提升高度基本不受限制、电梯速度容易控制等优点，在电梯产品中得到极为广泛的应用；卷筒驱动主要在起重设备中使用；液压驱动由于具有提升力大、运转平稳、无须将机房设在井道上方等特点，在电梯驱动中也有较多使用。

在曳引式提升机构中，钢丝绳悬挂在曳引轮绳槽中，一端与轿厢连接，另一端与对重连接。曳引轮在曳引电机驱动下旋转时，利用钢丝绳和曳引轮绳槽之间产生的摩擦力形成曳引驱动力，带动电梯钢丝绳继而驱动轿厢、对重升降。曳引式提升机构得到广泛应用在于其如下的优势：

（1）安全可靠。当轿厢或对重由于某种原因冲击底坑中的缓冲器时，曳引钢丝绳作用在曳引轮绳槽中的压力消失，曳引力随即消失，此时即使曳引机继续运转，也不致使轿厢或对重继续向上运行，减少人员伤亡事故和财产损失的发生。

（2）提升高度大。采用曳引式提升机构，曳引钢丝绳的长度几乎不受限制，因此可以适用于高层建筑的电梯。

（3）结构紧凑。采用曳引驱动方式，避免了在卷筒驱动方式中因曳引钢丝绳在卷筒上缠绕导致卷筒直径过大、因卷筒直径变化导致曳引绳速度变化等问题（尤其在提升高度很大时），而且采用多根钢丝绳保证高的安全系数得以实现，使曳引轮直径减少和整个提升机构更加紧凑。

（4）可以使用高转速电动机。当电梯额定速度一定的情况下，曳引轮直径越小，则曳引轮转速越高。采用曳引式提升机构便于选用结构紧凑、价格便宜的高转速电动机。

（二）曳引传动关系

曳引式电梯的曳引传动关系如图3-1所示。安装在机房的电动机联合减速箱、制动器等组成曳引机，曳引钢丝绳通过曳引轮连接轿厢和对重装置，轿厢与对重装置的重力使曳引钢丝绳压紧在曳引轮绳槽内；当曳引电动机驱动曳引轮转动时，钢丝绳与曳引轮绳槽之间的摩擦力（曳引力）通过钢丝绳拖动轿厢和对重在井道中沿导轨往复升降，电梯的功能得以实现。

轿厢与对重的运动是依靠曳引绳和曳引轮间的摩擦力来实现的，这种力被称为曳引力。要使电梯运行，曳引力 T 必须大于或等于曳引绳中较大载荷力 P_1 与较小载荷力 P_2 之差，即 $T \geq P_1 - P_2$（图3-2）。

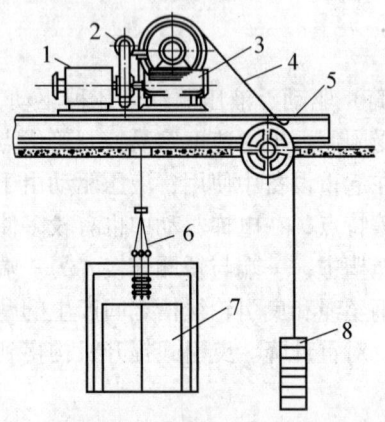

1. 电动机；2. 制动器；3. 减速器；
4. 曳引绳；5. 导向轮；6. 绳头组合；
7. 轿厢；8. 对重

图3-1 电梯曳引传动关系

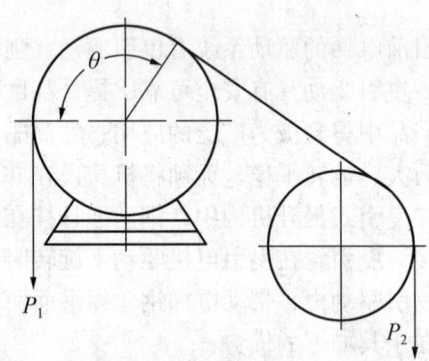

θ：曳引轮包角

图3-2 曳引力与载荷力关系

曳引力是靠曳引绳与曳引轮绳槽之间的摩擦力产生的，因此必须保证曳引绳不在曳引轮绳槽中打滑。增加摩擦力（曳引力）的方法如下：

（1）选择形状合适的曳引轮绳槽；
（2）增大曳引绳在曳引轮上的包角；
（3）选择耐磨且摩擦系数大的材料制造曳引轮；
（4）曳引绳不能过度润滑；
（5）使平衡系数为0.4～0.5，保证合理的对重重量。

曳引传动能够在对重、轿厢中任一侧触及缓冲器后，曳引力立即消失，保证电梯不能被继续驱动,进而更加安全可靠。

(三) 曳引系统受力分析

电梯的曳引力就是曳引绳与曳引轮间的摩擦力,也叫做驱动力,它是通过曳引绳使轿厢和对重运行的动力。电梯运行时,轿厢会经历启动⇨加速上行(或下行)⇨匀速运行⇨减速上行(或下行)⇨停车等过程,本身就是一个变化的过程。

曳引力的大小为轿厢侧曳引绳上的载荷力 P_1 与对重侧曳引绳上的载荷力 P_2 之差(图3-3)。显然,载荷力不仅与轿厢的载重量有关,而且还随电梯的运行阶段和运行工况而变化,因此曳引力是一个不断变化的力,具体分析如下。

1. 电梯轿厢上行加速阶段的曳引力 T_1

此阶段电梯向上作加速运动,载荷力(P_1、P_2)受轿厢和对重惯性力的影响,这时的载荷力为:

$$P_1 = (G+Q) \times \left(1 + \frac{a}{g}\right),$$
$$P_2 = W \times \left(1 - \frac{a}{g}\right)。$$

曳引力为:

$$T_1 = P_1 - P_2 = (G+Q) \times \left(1 + \frac{a}{g}\right) - W \times \left(1 - \frac{a}{g}\right)。$$

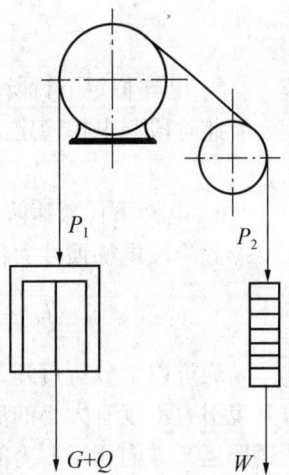

图3-3 曳引系统受力分析

式中:G——轿厢自重(kg);

Q——额定载重量(kg);

W——对重重量(kg);

a——电梯加速度(m/s²);

g——重力加速度(9.8 m/s²)。

2. 电梯轿厢稳定上行阶段的曳引力 T_2

此阶段电梯匀速运行,无加速度,载荷力(P_1、P_2)只与轿厢和对重的重量有关,这时的载荷力为:

$$P_1 = (G+Q), \quad P_2 = W;$$

曳引力为:
$$T_2 = P_1 - P_2 = (G+Q) - W。$$

3. 电梯轿厢上行减速阶段的曳引力 T_3

此阶段电梯减速制动,载荷力(P_1、P_2)受轿厢与对重惯性力的影响,但作用方向与前面加速时相反,这时的载荷力为:

$$P_1 = (G+Q) \times \left(1 - \frac{a}{g}\right), \quad P_2 = W \times \left(1 + \frac{a}{g}\right);$$

曳引力为：
$$T_3 = P_1 - P_2 = (G+Q) \times \left(1 - \frac{a}{g}\right) - W \times \left(1 + \frac{a}{g}\right)。$$

4. 电梯轿厢下行加速阶段的曳引力 T_4

此阶段电梯向下作加速运动，惯性力的作用方向与上行减速阶段相同，因此曳引力 T_4 与前面 T_3 是一样的，即

$$T_4 = T_3 = (G+Q) \times \left(1 - \frac{a}{g}\right) - W \times \left(1 + \frac{a}{g}\right)。$$

5. 电梯稳定下行阶段的曳引力 T_5

此阶段与电梯稳定上行阶段相同，电梯作匀速运动，曳引力 T_5 与 T_2 相同。即

$$T_5 = T_2 = (G+Q) - W。$$

6. 电梯下行减速阶段的曳引力 T_6

此阶段电梯惯性力作用方向与上行加速阶段相同，曳引力 T_6 与 T_1 相同，即

$$T_6 = T_1 = (G+Q) \times \left(1 + \frac{a}{g}\right) - W \times \left(1 - \frac{a}{g}\right)。$$

通过以上分析可知，随着电梯轿厢载重量大小的不同和电梯运行工况阶段的不同，其曳引力不仅有大小的变化，而且还会出现负值。当曳引力为负值时，表明力的方向与轿厢运行方向相反，力的作用控制电梯的速度。

注意：上述计算中，均未考虑曳引绳的重量、电缆重量、导靴与导轨间的摩擦力、轿厢运行空气阻力等因素。

7. 曳引力变化情况分析

当轿厢满载上升时曳引力为正，说明曳引力的作用是驱动轿厢运行，此时曳引系统的功率流向是：曳引电动机⇨减速箱⇨曳引轮⇨曳引绳⇨轿厢，这时电梯的曳引系统输出动力，如图3-4（a）所示。

当轿厢满载下降时曳引力为负，表明曳引力的作用方向与轿厢运行方向相反，曳引力是控制轿厢速度，此时曳引系统的功率流向为：轿厢⇨曳引绳⇨曳引轮⇨减速箱⇨曳引电动机，这时电梯的曳引系统是在消耗动力，曳引电动机作发电制动运行，如图3-4（b）所示。

当轿厢半载运行时，轿厢上行为驱动状态，轿厢下行为制动状态；当电梯轻载运行时，轿厢上行为制动状态，轿厢下行为驱动状态。

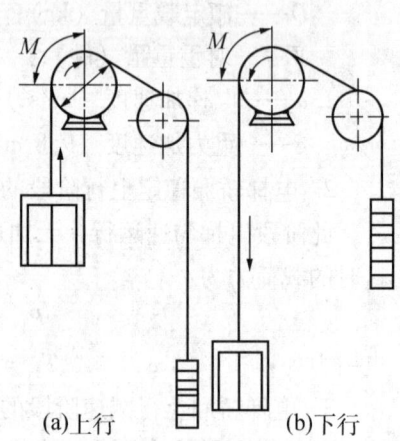

图3-4 曳引力和曳引力矩分析
(a)上行　(b)下行

根据以上曳引力的算式还可以分别计算出当电梯满载状态、半载状态以及空载状态时曳引力的大小与变化情况。

由此可见，电梯运行时，有相当多的工况是将轿厢的运动能消耗掉来制动。如果此部分能量得以回收，会是一笔相当大的财富，因此电梯能量回馈技术有着广阔的发展前景。

二、电梯的曳引能力

（一）曳引系数

电梯轿厢之所以能够被曳引机驱动运行，是由于曳引轮通过曳引钢丝绳，将驱动力传递并作用在轿厢上导致的，而这个驱动力产生的根本是曳引钢丝绳与曳引轮绳槽之间的摩擦力。根据力学理论，两个相互接触的物体在它们之间有相对滑动或相对滑动趋势时，总会产生一个与相对滑动方向相反的摩擦力来阻止这种滑动（或趋势）的出现，这个摩擦力的出现和存在，就形成了电梯运行的曳引力。所以，为了保证电梯正常安全、经济高效地运行，非常有必要了解并利用这个摩擦力（即曳引力）的有关特点。

图3-5为提升过程中电梯曳引钢丝绳的受力状态简图。在研究曳引力时，为了能够建立一个尽可能简单的物理模型，必须作出一系列的假设。假设此时曳引钢丝绳在曳引轮绳槽中处于即将打滑但还未打滑的临界状态，这时曳引钢丝绳悬挂轿厢侧的拉力为T_1，悬挂对重一侧的拉力为T_2，T_1与T_2之间存在的关系可以用欧拉公式来描述：

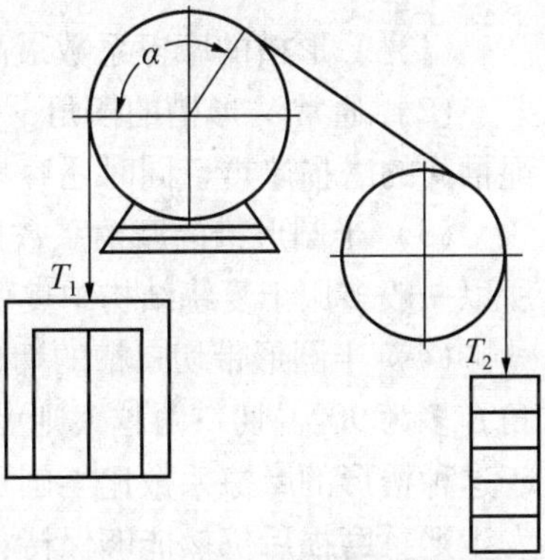

$$\frac{T_1}{T_2} = e^{f\alpha}。$$

式中：f——曳引钢丝绳与曳引轮绳槽间的摩擦系数；

α——包角，曳引钢丝绳与曳引轮相接触的圆弧所对应的圆心角，单位为弧度；

e——自然对数底数，$e = 2.71828$。

图3-5 曳引力分析

上式中的$e^{f\alpha}$称为曳引系数，与f、α有关。$e^{f\alpha}$越大，说明T_1/T_2的允许比值就大，或者说（$T_1 - T_2$）的值越大，此时的曳引能力越大。所以一台电梯的曳引系数就代表该电梯的曳引能力或载重能力。曳引系数越大，电梯的载重能力越大；反之，曳引系数越小，电梯的载重能力就越小。

（二）曳引轮绳槽与曳引力的关系

曳引力受曳引轮绳槽的形状、材质、表面状态及润滑情况等的影响非常大，其中最主要是槽的形状和润滑状态两个因素。

1. 曳引轮绳槽形状对曳引力的影响

目前常用的曳引轮绳槽形状主要有半圆形槽、半圆形带切口槽和 V 形槽三种型式（图 3-6）。

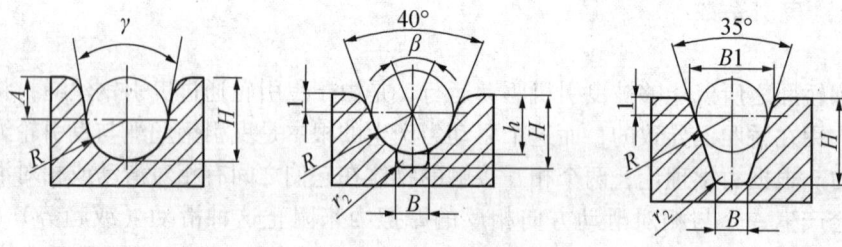

图 3-6　曳引轮绳槽的形状

（1） V 形槽的摩擦系数最高，半圆形带切口槽次之，半圆形槽最小。

（2）通常 V 形槽的楔角 γ 为 35°。减小楔角可以进一步提高曳引能力，但钢丝绳与绳槽间的磨损严重，同时还容易使钢丝绳在绕入绕出曳引轮时产生卡绳现象。

（3）半圆形槽的摩擦系数比 V 形槽小很多，但对曳引轮绳槽和曳引绳的磨损最小，所以一般多用于复绕结构中曳引轮，更多用于反绳轮、轿顶轮和对重轮。

（4）半圆形带切口槽的切口角 β 一般为 90°～100°且不超过 120°，国产曳引机切口角 β 多为 90°。切口角越大则曳引能力越大，但同时钢丝绳与绳槽间的磨损会加剧。由于这种槽形的摩擦系数比半圆形槽明显增大，磨损又比 V 形槽显著减小，即使在绳槽发生严重磨损后仍然能够保持相对较高的摩擦系数，有利于电梯安全正常运行，所以半圆形带切口槽在电梯曳引机上得到广泛应用。

2. 润滑状态与曳引力的关系

曳引钢丝绳在绕入绕出曳引轮绳槽时，绳外表面与绳槽表面会发生直接的接触和摩擦；另外，曳引绳在曳引轮槽中不可避免地存在着相对滑移，如果此时在发生摩擦滑移的表面不作润滑处理，则两者磨损的速度是惊人的。所以对绳槽和绳之间作适当的润滑处理是必要的。

根据研究分析得出，当曳引钢丝绳与绳槽间存在轻微润滑时，其摩擦系数 $f = 0.09 \sim 0.1$；当两者表面充分润滑时，$f = 0.06$；当两者表面基本是干燥状态时，$f =$

0.15。显然后两者情况是不可取的,通常采用第一种轻微润滑状态。曳引钢丝绳与曳引轮绳槽之间的润滑,通常是依靠钢丝绳芯部所含的油在运行时被挤出,由内向外润滑钢丝绳各根钢丝,以达到防锈和轻度的内部润滑的目的。旧钢丝绳由于使用日久,芯部含油太少,致使钢丝表面出现锈蚀时,可适当在表面添加轻质油,目的是补充钢丝绳芯部的含油量。加油后钢丝绳表面多余的润滑油应抹干,以免因表面过度润滑使曳引力降低而导致轿厢打滑失控。

(三) 包角对曳引力的影响

包角是指曳引钢丝绳绕过曳引轮槽时圆弧所对应的圆心角弧度,用 α 表示,以弧度为单位(图3-5)。包角越大,摩擦力就越大,即曳引力越大,电梯的安全性能和工作能力得到改善。要想增大包角,就必须合理地选择曳引钢丝绳在曳引轮槽内的缠绕方法。目前曳引钢丝绳在曳引轮槽内缠绕的方式有半绕式和全绕式两种。

1. 半绕式

半绕式(也称直绕式)是曳引钢丝绳最常见的缠绕方法,其特点是曳引钢丝绳对曳引轮的最大包角 α 不超过180°(150°~180°),如图3-5所示。

2. 全绕式

全绕式(也称复绕式)的形式有两种:一种是曳引钢丝绳绕曳引轮槽和导向轮槽一周后,才被引向轿厢和对重(图3-7 (a)),其包角 $\alpha = \alpha_1 + \alpha_2$;另一种是曳引钢丝绳绕曳引轮槽和复绕轮槽后,再经导向轮槽到轿厢和对重(图3-7 (b)),其包角 $\alpha = \alpha_1 + \alpha_2$。复绕式的特点是曳引钢丝绳对曳引轮的最大包角都在180°以上(300°~360°)。为了增大曳引力,常采用复绕式增大包角。当然采用复绕式会导致电梯曳引机构体积增大,曳引钢丝绳内应力变化复杂,曳引钢丝绳的疲劳寿命变短。

(四) 电梯的曳引条件

根据 GB 7588—2003 的规定:电梯在如下两种工作状态应保证曳引钢丝绳在曳引轮绳槽中不出现打滑现象:① 空载电梯在最高停站处处于上升制动状态(或下降启动状态);② 装有125%额定载荷的电梯,在最低停站处处于下降制动状态(或上升启动状态)。

为满足上述曳引条件,在设计曳引系数时应按以下公式进行:

$$\frac{T_1}{T_2}c_1c_2 \leq e^{f\alpha}。$$

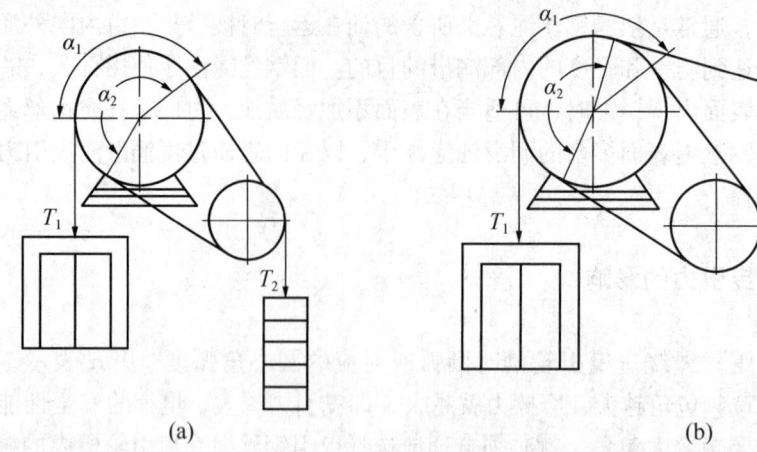

图 3-7 全绕式及其包角分析

式中：T_1/T_2——在载有125%额定载荷的轿厢位于最低层站及空载轿厢位于最高层站的情况下，曳引轮两边曳引钢丝绳中的较大静拉力与较小静拉力之比；

c_1——与加速度、减速度有关的动力系数，$c_1 = (g+a)/(g-a)$，g 是重力加速度（$g = 9.8 \text{ m/s}^2$），a 为轿厢的制停减速度（或启动加速度）（按 GB 7588—2003 的规定，c_1 取值见表 3-1 所示）；

c_2——与因磨损而发生的绳槽形状改变有关的系数，对于曳引绳槽为半圆形或半圆形下部开切口的 $c_2 = 1$，对于曳引轮绳槽为 V 形的 $c_2 = 1.2$。

表 3-1 c_1 最小取值

电梯额定速度/（m/s）	c_1	电梯额定速度/（m/s）	c_1
$v \leq 0.63$	1.10	$1.00 < v \leq 1.60$	1.20
$0.63 < v \leq 1.00$	1.15	$1.60 < v \leq 2.50$	1.25

说明：当额定速度 v 超过 2.5 m/s 时，c_1 值应按照各种具体情况计算，但不得小于 1.25。

对于乘客电梯，由于均装设有超载检测报警系统（有司机电梯载客数量由司机控制），所以不会出现超过 125% 额定载荷的情况，乘客电梯只要空载轿厢在最高停站处上升制动（或下降启动）时满足曳引条件，就完全可以正常工作了。

（五）电梯的最大曳引能力

在电梯曳引系数 $e^{f\alpha}$ 已经确定的情况下，设 G 为轿厢自重，Q 为额定载重量，对重重量选择为 $(G + 0.5Q)$，P 为对应的轿厢提升高度范围内未被平衡的曳引钢丝绳的重量，可以按照如下的方法确定电梯的最大曳引能力。

（1）对重重量等于 $(G + 0.5Q)$ 时，电梯的最大曳引能力为：

$$Q_{\max} \leqslant \frac{2Ge^{f\alpha}}{c_1 c_2} - 2(G - P)。$$

当电梯有补偿链装置时，则 $P = 0$。

（2）当对重重量已经确定时，假设对重重量为 W，则电梯的最大曳引能力为：

$$Q_{\max} \leqslant \frac{We^{f\alpha}}{c_1 c_2} - G - P。$$

当电梯有补偿链装置时，则 $P = 0$。

（六）允许轿厢最小自重

当空载轿厢位于最高停站处并作上升制动时，

$$\frac{T_1}{T_2} = \frac{G + 0.5Q + P}{G};$$

当装有125%额定载荷的轿厢位于最低停站处并作下降制动时，

$$\frac{T_1}{T_2} = \frac{G + 1.25Q + P}{G + 0.5Q}。$$

从上述两式中可以看出，轿厢自重 G 越小，则越接近 $e^{f\alpha}/(c_1 c_2)$；如果轿厢自重 G 小到一定程度时，$\frac{T_1}{T_2}$ 则有可能出现超过 $e^{f\alpha}/(c_1 c_2)$ 的情况。当出现此种情况时，曳引钢丝绳就会在曳引轮绳槽中出现打滑现象，所以必须限制轿厢的最小自重。

假设电梯的曳引比为 k，则当 $e^{f\alpha}/(c_1 c_2) \geqslant 1.5$ 时，

$$G_{\min} \geqslant \frac{0.5Q + Pk}{e^{f\alpha}/(c_1 c_2) - 1}。$$

当电梯有补偿链装置时，则 P、k 不存在。当 $e^{f\alpha}/c_1 c_2 < 1.5$ 时，

$$G_{\min} \geqslant \frac{Q[1.25 - e^{f\alpha}/2(c_1 c_2)] + Pk}{e^{f\alpha}/(c_1 c_2) - 1}。$$

当电梯有补偿链装置时，则 P、k 不存在。

三、对重匹配分析

电梯运行中曳引驱动转矩的分析如下：

（1）对重重量 W 的计算公式为：

$$W = G + kQ。$$

式中：W——对重重量；
　　　G——轿厢自重；
　　　k——电梯平衡系数，一般客梯 $k=0.4\sim0.5$，货梯 $k=0.45\sim0.55$；
　　　Q——额定载重量。

（2）当挂上对重后，作用在曳引轮上的驱动转矩 M 为：

$$M = (G + T - W) \times R。$$

式中：M——驱动转矩；
　　　T——轿厢实际载重量；
　　　W——对重的重量；
　　　R——曳引轮半径；
　　　G——轿厢自重。

如设计算时平衡系数 k 取 0.5。当轿厢满载，即 $T=Q$ 时，驱动转矩

$$M_满 = (G + T - W) \times R$$
$$= [G + Q - (G + 0.5Q)] \times R = 0.5QR；$$

当轿厢半载，即 $T=0.5Q$ 时，驱动转矩

$$M_半 = 0；$$

当轿厢空载，即 $T=0$ 时，驱动转矩

$$M_空 = -0.5QR。$$

从上述分析可以看出，当电梯平衡系数 $k=0.5$ 时，电梯在满载和空载的情况下，曳引机驱动转矩绝对值相等，但作用方向相反；电梯在半载时，曳引机的转矩为零，这时轿厢侧和对重侧处于完全平衡状态，使电梯处于最佳工作状态。由此可见，采用对重装置后，电梯负载由零（空载）至额定值（满载）之间变化时，反映到曳引轮上的曳引驱动转矩变化只有 ±50%，很大程度上减轻了曳引机的驱动负荷，节省了能源。

四、曳引传动形式

根据电梯的主要参数选择、使用要求、传动效果以及建筑物的具体情况等,电梯的曳引与传动可选择多种形式。

(一)常见电梯的曳引形式及其特点

当前电梯中常见的几种曳引传动形式如图3-8所示,其中图3-8(a)所示结构最为简单实用,得到非常广泛的应用,一般交流客梯和载重量较小的货梯大多采用此方案。对于货梯,尤其是载重量大的货梯,其工作频次较低,对载重量的要求较大,但对电梯额定速度要求不高,所以人们在尽量降低能耗、不采用大功率电机的前提下,适当牺牲一些额定速度,增加额定载重,同时对于提高电梯使用效率是有好处的。此类货梯多采用图3-8(b)所示结构。当要进一步提高载重量时,还可以采用进一步降速增力的方式(图3-8(c))。

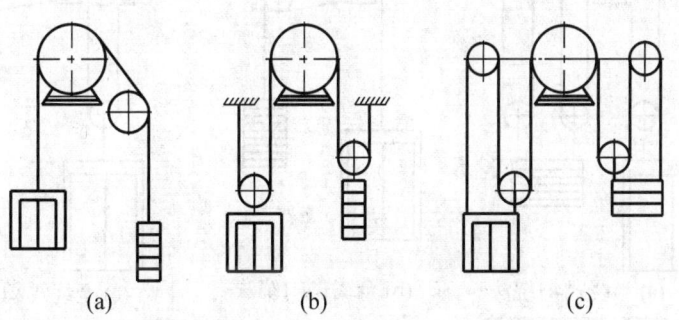

图3-8 常见曳引传动形式

根据曳引机所处位置,可以分为曳引机上置(曳引机在井道上部)、曳引机下置(曳引机在井道下部)等方式(图3-9):上置式传动(图3-9a),电梯机房的承重量为曳引机自重、控制柜自重、轿厢自重、轿厢载重、对重重量的总和,对于建筑物压力较小,是目前最为常用的方式;下置式传动(图3-9b),电梯井道顶部总载重为轿厢自重、轿厢载重、对重重量之和的两倍,建筑物承受的载荷比上置式大,对井道建筑面积要求也大,使用较少。

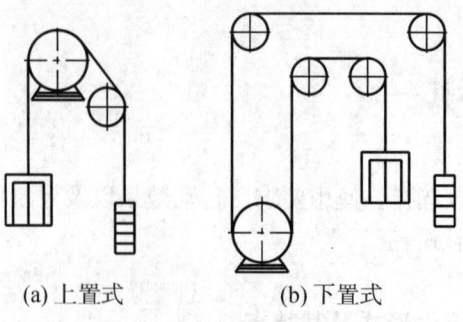

(a) 上置式　　　　　(b) 下置式

图3-9　曳引机安装位置

(二) 曳引比

曳引比是指电梯运行时曳引轮绳槽处线速度与轿厢运行速度的比，在图3-8中，(a) 图曳引比为1:1，(b) 图曳引比为2:1，(c) 图曳引比为3:1。图3-10为几种不同绕式和绕法的传动形式示意图。

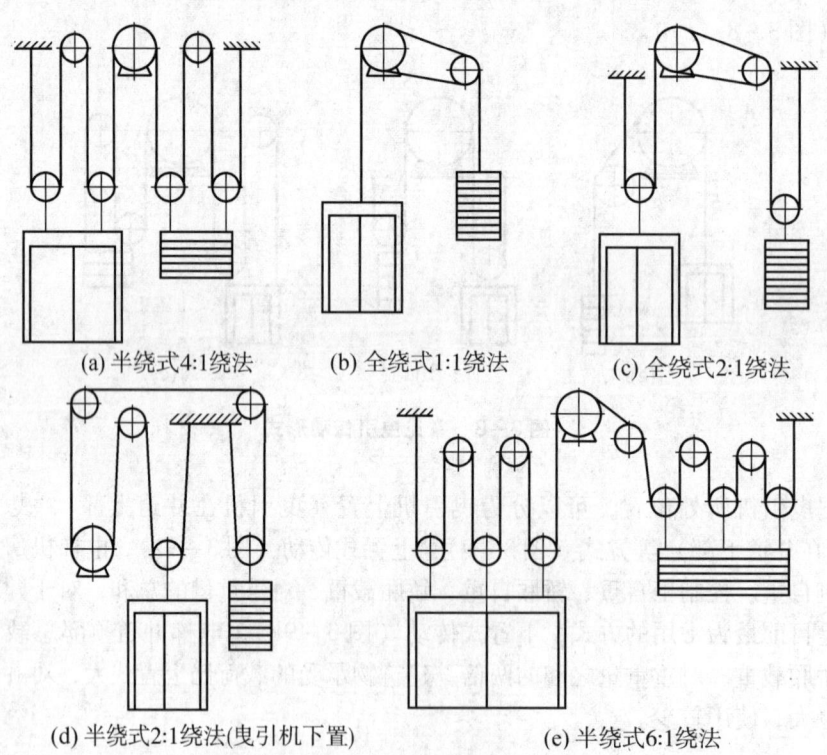

(a) 半绕式4:1绕法　　　(b) 全绕式1:1绕法　　　(c) 全绕式2:1绕法

(d) 半绕式2:1绕法(曳引机下置)　　　(e) 半绕式6:1绕法

图3-10　不同绕式和绕法

五、电梯运行的舒适性要求

（一）电梯运行的基本要求

电梯运行的基本要求为：
（1）安全舒适，工作灵敏可靠，便于维修，控制线路简单。
（2）运行时噪声低，振动小，元件选择及结构合理，能频繁地启动、减速、停止，换向平稳。
（3）操作使用方便，自动化程度高，平层准确。
由此可见，电梯在满足了安全的要求后，其次就要求满足舒适性指标。

（二）电梯运行速度曲线与人的生理感受适应状态

如果将电梯运行的速度变化情况用一条曲线来表示（也称为速度曲线），我们就能比较方便地分析其特点。电梯在作上、下一次运行中，其速度变化曲线如图 3-11 所示，其中各时间段用 $t_1 \sim t_6$ 表示。

上行 $\begin{cases} t_1 &—— 上行启动加速段 \\ t_2 &—— 上行稳定运行段 \\ t_3 &—— 上行减速制停段 \end{cases}$ 下行 $\begin{cases} t_4 &—— 下行启动加速段 \\ t_5 &—— 下行稳定运行段 \\ t_6 &—— 下行减速制停段 \end{cases}$

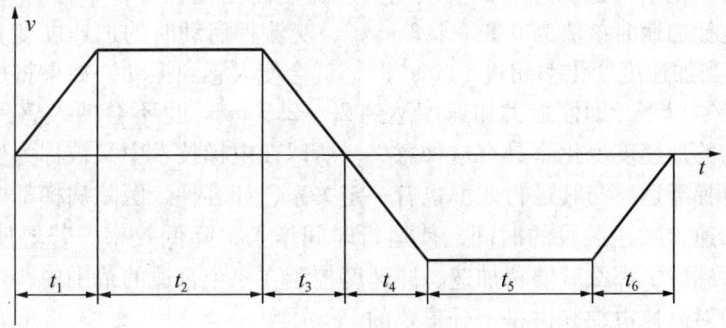

图 3-11 电梯运行速度变化曲线

电梯的运行速度曲线与乘客的舒适感有很大的关系，特别是乘坐电梯在加速和减速及速度有变化时会有不舒适感。一般来说，乘坐舒适感同运行时间有关。要乘坐舒适，就要延长加速、减速段的时间,整个电梯运行时间就会变长,电梯运行效率受到影响。因此,为了使得乘坐舒适,运行时间短,就要使加速、减速的变化平稳,使乘客感觉在任何情况下均无太强烈的不舒适感。

乘梯的不舒适感主要有失重感(电梯上行减速和下行加速阶段)、超重感(电梯上行加速和下行减速阶段)、浮游感、不平稳感等,其中对人影响最强烈的是失重感和超重感。电梯运行对人造成的不适感觉,究其根源是由于电梯运行速度是一个变量,所有不适均出现在速度发生变化的过程中,所以要解决此问题就必须对电梯运行速度变化进行研究。通过有关的测试仪器及方法,我们采集到了电梯运行速度曲线,分析后发现,较为理想的速度曲线如图3-12所示。

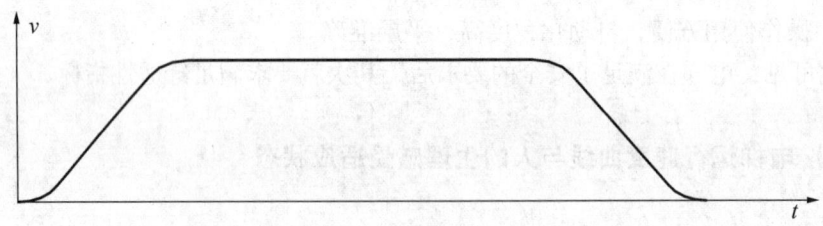

图3-12 理想的电梯运动速度曲线

通过研究得出,电梯的不舒适感与其加速度的大小有关,又与加速度的变化率即加加速度有关。加速度即电梯速度变化的快慢程度,单位为 m/s^2,加速度小,舒适感就好;但加速度小,就会延长加速时间。因此,为了得到好的舒适感,就必须严格限制加速度的大小。

加速度的变化率(加加速度)反映电梯加速度的变化程度,单位为 m/s^3。据资料介绍,直流电梯加速时该值为 $0.8\sim1.3\ m/s^3$,交流梯启动时的加速度变化率常为 $3\sim7\ m/s^3$。一般当加速度变化率超过 $5\ m/s^3$ 时,就会使人感到振动,如果将加速度变化率限制在 $1.3\ m/s^3$ 以下,即使最大加速度达到 $2\sim2.5\ m/s^2$ 也不会使人感到过分的不舒适。由于电梯的加速度变化率具有这种意义,所以在电梯技术中又被称为生理系数。

另外,电梯舒适感与其运行效率也有一定关系,如客梯、医院病梯都要求舒适,那就必须延长加速、减速区段的时间,使运行时间增长,降低效率。若要使电梯效率提高,又要舒适感好,那么就要将加速、减速度控制在一个合适的范围内,这对低速电梯关系不大,而对高速电梯来讲是十分重要的。

复习思考题

3-1 曳引力是如何产生的?增大曳引力的具体方法是什么?

3-2 目前较多使用的曳引轮绳槽有几种型式？它们各自有何特点？
3-3 介绍半绕式和全绕式具体结构和特点。
3-4 电梯运行的基本要求是什么？电梯舒适性主要与什么参数有关？
3-5 曳引比是什么参数？对载重量大的货梯和梯速较高的客梯而言，如何选择曳引比？

第四章 曳引系统主要设备与装置

曳引系统主要由曳引机、曳引钢丝绳、导向轮和反绳轮等组成，其作用是向电梯输送与传递动力，使电梯运行。曳引系统是电梯运行的根本，是电梯中的核心部分之一。

一、曳引机

曳引机是电梯运行的动力来源，在行业中多称为主机，其作用就是产生动力驱动轿厢和对重作上下往复运动。曳引机一般由曳引电动机、制动器、减速器、曳引轮、盘车手轮等组成。曳引机工作时，曳引轮旋转，缠绕在曳引轮绳槽中的曳引钢丝绳由于受到曳引轮绳槽对其摩擦力的作用而被驱动，从而带动轿厢和对重运行。

（一）曳引机的分类

目前国内外曳引机技术发展非常快，出现了很多新型的曳引机，其基本的分类有如下几种形式。

1. 按照驱动电动机分类

按照驱动电动机分类，曳引机可分为以下三类：

（1）交流电动机驱动曳引机。交流电动机分为异步电动机和同步电动机两类，其中异步电动机又分为单速、双速、调速等形式。异步单速电动机适用于杂物梯，异步双速电动机适用于货梯，调速电动机多用于客梯、住宅梯和病床梯等。随着交流变频技术的发展和成本的降低，目前交流电动机采用变压变频调速（VVVF）技术，得到了非常广泛的使用。

（2）直流电动机驱动曳引机。直流电动机调速和控制较为方便，运行速度平稳，传动效率高，在电梯上得到了较多的应用，一般在超高速电梯上大量使用。直流电动机的缺点是结构复杂，必须配备交流、直流转换设备，价格昂贵。随着电子及电工技术的发展，此问题逐步得到了较好的解决。

（3）永磁同步电动机驱动曳引机。目前在市场上出现了永磁同步无齿轮曳引机，较之其他曳引机具有非常多的优点，随后会作介绍。

2. 按照有无减速器分类

按照有无减速器分类，曳引机可分为有齿轮曳引机（有齿轮减速器曳引机）和无齿轮曳引机（无齿轮减速器曳引机）。

（二）有齿轮曳引机

有齿轮曳引机一般使用在运行速度不超过 2.0 m/s 的各种交流双速和交流调速客梯、货梯及杂物梯上，为了减少齿轮减速器运行噪音，增加工作平稳性，多采用蜗轮蜗杆减速，具有工作平稳可靠、无冲击噪音、减速比大、反向自锁、体积小、结构紧凑等优势。由于蜗轮与蜗杆在运行时啮合面间相对滑动速度较大，润滑不良，齿面易磨损。近年来非蜗轮蜗杆减速器曳引机有了较大的发展，如采用行星齿轮减速器和斜齿轮减速器的曳引机，有效克服了蜗轮蜗杆减速器效率低、发热多的弱点，而且还提高了有齿轮曳引机电梯运行速度，使电梯额定速度超过了 2.0 m/s。

1. 蜗杆下置式曳引机

蜗轮蜗杆减速器根据蜗杆的位置可分为蜗杆上置和蜗杆下置两种。图 4-1 为蜗杆下置式曳引机。由图可见，曳引电动机通过联轴器与蜗杆连接，蜗杆安装位置在蜗轮以下，蜗轮与曳引轮同装在一根轴上。工作时曳引电动机旋转，动力经蜗杆蜗轮减速后驱动与蜗轮相连的曳引轮运转，并通过绕在其上的曳引钢丝绳使电梯工作。蜗杆下置具有

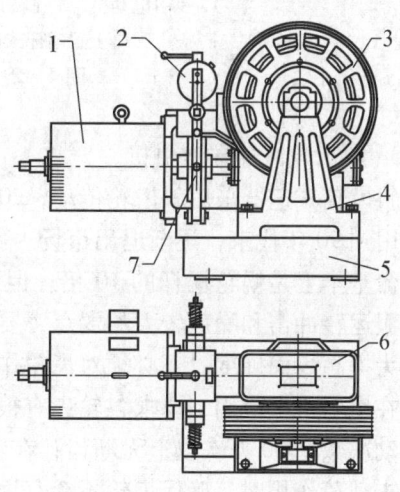

1. 曳引电动机；2. 制动电磁铁；3. 曳引轮；4. 曳引机轴支撑；5. 曳引机底座；
6. 下置蜗杆减速箱；7. 制动臂及制动蹄片

图 4-1　蜗杆下置式曳引机

蜗轮蜗杆啮合面润滑较好的优点，但对蜗杆两端在减速箱支撑处的密封要求较高，容易出现蜗杆两端漏油的故障，同时曳引轮位置较高，不便于降低曳引机重心。

2. 蜗杆上置式曳引机

图4-2为蜗杆上置式曳引机。蜗杆轴线位于蜗轮上方，曳引轮位置得以下降，曳引机整体重心降低，减速箱整体密封情况好转，但蜗杆与蜗轮的啮合面间润滑变差，磨损相对严重。

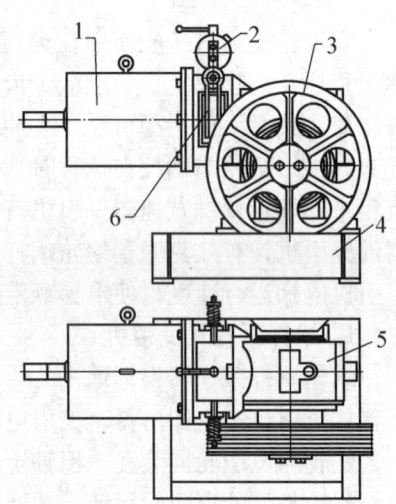

1. 曳引电动机；2. 制动电磁铁；3. 曳引轮；4. 曳引机底座；
5. 上置蜗杆减速箱；6. 制动臂及制动蹄片

图4-2 蜗杆上置式曳引机

3. 斜齿轮减速器曳引机

斜齿轮减速器采用斜齿轮传动，20世纪50年代在日本开始应用于电梯曳引机，一直应用到90年代末，逐渐退出市场。斜齿轮传动具有传动效率高的优点，同时齿面磨损寿命基本上是蜗轮蜗杆的10倍；但传动平稳性不如蜗轮传动，抗冲击承载能力差。为克服运转冲击和噪声较大的弱点，要求齿轮加工精度较高，齿面必须采用磨齿方式完成；为提高齿面硬度，还必须对齿轮作渗碳淬火处理，导致其成本上升很快。斜齿轮减速器在曳引机上应用，要求各轮齿有很高的疲劳强度、齿轮精度和配合精度；必须保证总启动次数2000万次以上无断齿；在电梯紧急制动、安全钳和缓冲器动作等原因导致的冲击载荷作用时，确保齿轮不会有损伤；在传动比较大情况下，需要采用多级齿轮传动。由于其成本较高，使用条件较严格，其推广使用受到限制。

4. 行星齿轮减速器曳引机

行星齿轮减速器具有结构紧凑、减速比大、传动平稳性和抗冲击能力优于斜齿轮传动、噪声小等优点，在交流拖动占主导地位的中高速电梯上具有广阔的发展前景。它有利于采用体积小、高转速的交流电动机，且有维护要求简单、润滑方便、寿命长的特点，是一种新型的曳引机减速器。由于其具有的上述优点，加之整机体积小、重量轻，此类曳引机（图4-3）目前也得到了较为广泛的应用。

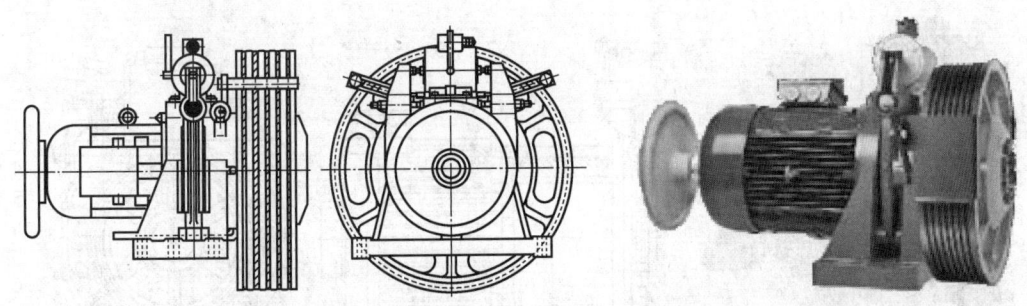

图4-3　行星齿轮减速器曳引机

（三）无齿轮曳引机

无齿轮曳引机即取消了齿轮减速器，将曳引电动机与曳引轮直接相连，中间位置安装制动器的曳引机。此类曳引机一般多用于轿厢运行速度大于2 m/s的高速电梯上，其曳引轮安装在曳引电动机轴上，没有机械减速装置，机构简单。曳引电动机是为电梯拖动专门设计制造的，能适应电梯工作特点，具有良好的调速性能的直流电动机、交流电动机或永磁同步电动机。

由于没有齿轮减速器的增扭作用，此类曳引机制动器工作时所需要的制动力矩比有齿轮曳引机大许多，所以无齿轮曳引机中体积最大的就是制动器。加之无齿轮曳引机多用于复绕式结构，所以曳引轮轴轴承的受力要远大于有齿轮曳引机，相应轴的直径也较大。

无齿轮曳引机具有如下优点：

（1）高效节能，驱动系统动态性能优良。

（2）没有齿轮传动时的功率损耗，机械效率高。

（3）由于低速直接驱动，故轴承噪声低，无风扇和齿轮传动噪声，噪声一般可降低5～10 dB（A），运转平稳可靠。

（4）无齿轮减速箱，无激磁绕组，体积小，重量轻，可实现小机房或无机房配置，降低了建筑成本,减少了保养维护工作量。

(5) 使用寿命长,安全可靠,同时维护保养简单。

以下是当前常见的几类无齿轮曳引机结构及外形图(图4-4至图4-6)。

对于永磁同步无齿轮曳引机,最大的问题是价格较昂贵,且由于低速电机的效率低(远低于普通异步电机),同时对于电机变频器和编码器的要求提高,电机维修难度大,一旦出故障,必须拆下送回工厂修理,给推广使用带来不利的影响。

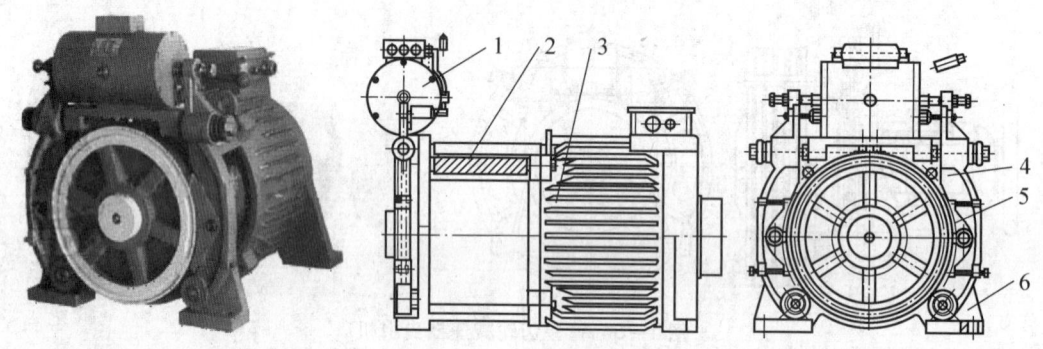

1. 制动电磁铁;2. 曳引轮;3. 曳引电动机;4. 制动臂;5. 制动蹄;6. 曳引机底座

图4-4 无齿轮曳引机

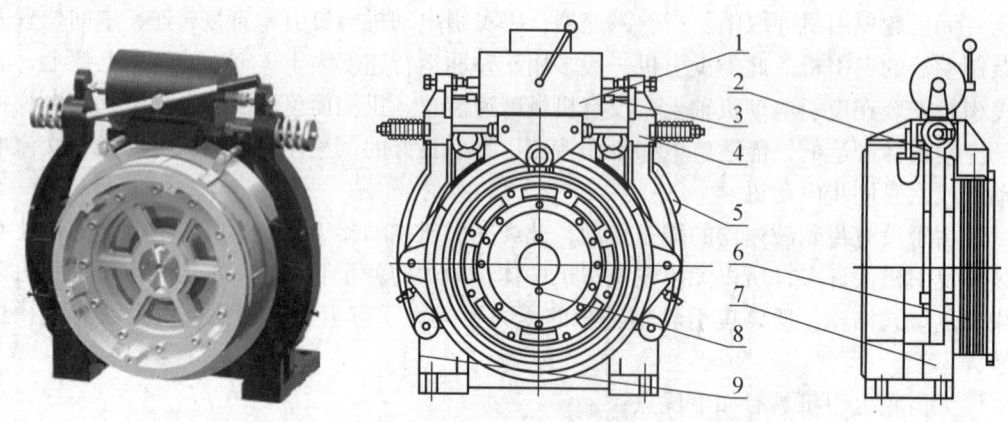

1. 制动器电磁铁;2. 防脱盘车装置;3. 松闸限位开关;4. 制动臂;5. 接线盒;
6. 曳引轮;7. 曳引机底座;8. 注油螺钉孔;9. 接地螺栓

图4-5 永磁同步无齿轮曳引机(外转子)

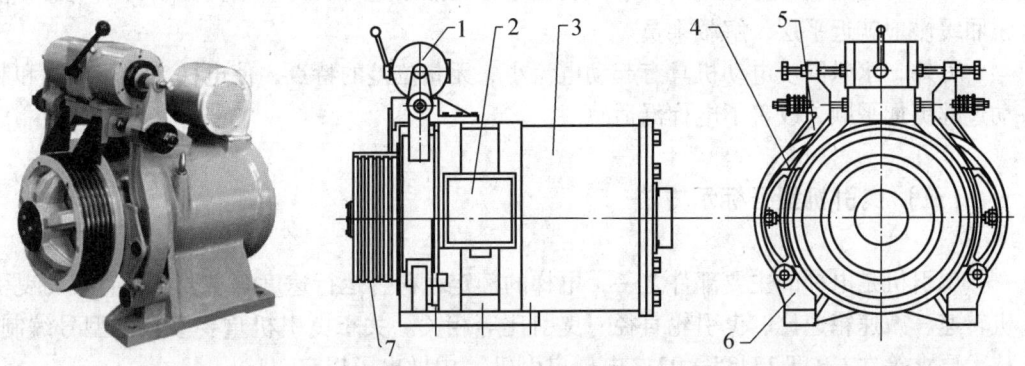

1. 制动器电磁铁；2. 接线盒；3. 曳引电动机；4. 制动蹄；5. 制动臂；6. 曳引机底座；7. 曳引轮

图4-6 永磁同步无齿轮曳引机（内转子）

（四）永磁同步无齿轮曳引机与传统曳引机的比较

永磁同步无齿轮曳引机是近些年来得到迅速发展的新型曳引机。与传统曳引机相比，永磁同步无齿轮曳引机具有如下主要特点：

（1）整体成本较低。传统曳引机体积庞大，需要专用的机房，而且机房面积也较大，增加了建筑成本；永磁同步无齿轮曳引机则结构简单，体积小，重量轻，可适用于无机房状态，即使安装在机房也仅需很小的面积，使得电梯整体成本降低。

（2）节约能源。传统曳引机采用齿轮传动，机械效率较低，能耗高，电梯运行成本较高；永磁同步无齿轮曳引机由于采用了永磁材料，没有了励磁线圈和励磁电流消耗，使得电动机功率因数得以提高，与传统有齿轮曳引机相比，能源消耗可以降低40%左右。

（3）噪音低。传统有齿轮曳引机采用齿轮啮合传递功率，所以齿轮啮合产生的噪音较大，并且随着使用时间的增加，齿轮逐渐磨损，导致噪音加剧；永磁同步无齿轮曳引机采用非接触的电磁力传递功率，完全避免了机械噪音、振动、磨损。传统曳引电动机转速较快，产生了较大的运转和风噪；永磁同步无齿轮曳引机本身转速较低，噪声及振动小，所以整体噪音和振动得到明显改善。

（4）高性价比。永磁同步无齿轮曳引机取消了齿轮减速箱，简化了结构，降低了成本，减轻了重量，并且传动效率的提高可节省大量的电能，运行成本低。

（5）安全可靠。永磁同步无齿轮曳引机运行中，当三相绕组短接时，轿厢的动能和势能可以反向拖动电动机进入发电制动状态，并产生足够大的制动力矩阻止轿厢超速，所以能避免轿厢冲顶或蹲底事故；当电梯突然断电时，可以松开曳引机制动器，使轿厢缓慢地就近平层，解救乘员。

另外，永磁同步电动机具有起动电流小、无相位差的特点，使电梯启动、加速和制动过程更加平顺，改善了电梯舒适感。

（五）曳引机型号标示方法

曳引机是电梯的主要部件之一，电梯的额定载荷、运行速度等主要参数直接与曳引机转速、减速箱速比、曳引轮直径、曳引比等相关。关于曳引机重要参数及型号编制、技术要求等在 GB/T 13435—92《电梯曳引机》中做出了规定。

1. 曳引机型号编制

曳引机型号编制由类、组、型、特性、主参数和变型更新代号组成（图4-7）。

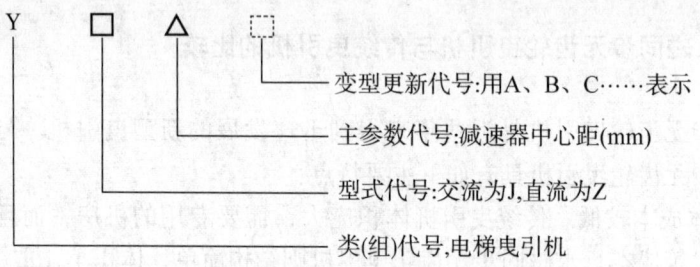

图4-7 曳引机型号编制

标记示例：交流电动机驱动，减速器输出轴中心距为200 mm，第一次改进更新的电梯曳引机，其编号标示如下：

电梯曳引机　YJ200A　GB/T 13435—92。

需要说明的是，由于技术发展的速度很快，已经出现了许多新的产品是标准中未列出或无法对应的，同时大量国外的电梯企业及合资企业在国内市场上推广产品，它们往往采用国外的型号编制方法，所以我们在工作学习中，要特别注意仔细查阅相关产品的技术文件，切勿产生误会。

2. 曳引机基本参数系列

（1）曳引机额定速度（m/s）系列如下：

0.63、1.00、1.25、1.60、2.00、2.50 等。

（2）曳引机额定载重量（kg）系列如下：

400、630、800、1000、1250、1600、2000、2500 等。

(3) 减速器中心距（mm）系列如下：

125、160、(180)、200、(225)、250、(280)、315、(355)、400 等。

注意：括号中数值为不推荐使用。

3. 曳引机基本技术要求

(1) 曳引机工作条件应满足：

——海拔高度不超过 1000 m；

——机房内的空气温度应保持在 5～40 ℃之间；

——环境相对湿度月平均值最高不大于 90%，同时该月月平均最低温度不高于 25 ℃；

——供电电压波动与额定值偏差不超过 ±7%；

——环境空气不含有腐蚀性和易燃性气体。

(2) 曳引机制动应可靠，在电梯整机上，平衡系数为 0.40，轿厢内加上 150% 额定载重量，历时 10 min，制动轮与制动闸瓦之间应无打滑现象。

(3) 制动器的最低起动电压和最高释放电压应分别低于电磁铁额定电压的 80% 和 55%，制动器开启迟滞时间不超过 0.8 s。制动器线圈耐压试验时，导电部分对地施加 1000 V 电压，历时 1 min，不得有击穿现象。

(4) 制动器部件的闸瓦组件应分两组装设，如果其中一组不起作用，制动轮上仍能获得足够的制动力，使载有额定载重量的轿厢减速。

(5) 曳引机在检验平台上空载高速运行时，A 计权声压级的噪声测量表面平均值应不超过表 4-1 规定；低速时，噪声值应低于高速时噪声值。

表 4-1 曳引机噪声限值　　　　　　　　　　　　　　　　　　单位：dB（A）

项目		合格品	一等品	优等品
空载噪声	带风机	70	68	66
	无风机	68	65	62

（六）关于曳引机速度及功率的计算

对于有齿轮曳引机电梯，其运行速度与曳引机的减速比、曳引轮绳槽节圆直径、曳引电动机转速之间的关系可以用以下公式计算：

$$v = \frac{\pi D n}{60 i_y i_j}。$$

式中：v——电梯运行速度（m/s）；

D——曳引轮绳槽节圆直径（m）；

i_y——曳引比（曳引方式）；

i_j——减速比；

n——曳引电动机转速（r/min）。

例1：某电梯曳引轮绳槽节圆直径为0.62 m，曳引电动机转速为960 r/min，减速比为61/2，曳引方式为2∶1，求电梯运行速度。

解：已知$D=0.62$ m，$n=960$ r/min，$i_y=2∶1$，$i_j=61∶2$，代入公式中，得

$$v = \frac{3.14 \times 0.62 \times 960}{60 \times \frac{61}{2} \times \frac{2}{1}} = 0.51 \text{ (m/s)}。$$

曳引电动机是电梯运行的动力源，其工作状况非常复杂和苛刻，在电梯运行中存在启动、制动、正反转，同时负载变化大，工作时间短且启动频繁，所以要求曳引机不仅要适应上述情况，而且要具有启动电流小、启动力矩大、具有较强的机械特性、工作可靠且噪声低等特点，普通电动机一般难以胜任，所以曳引电动机必须采用专用电机。

曳引电动机的容量一般可按如下静功率公式计算：

$$N = \frac{(1-k)Qv}{102\eta}。$$

式中：N——电动机功率（kW）（也称计算功率）；

k——电梯平衡系数（一般取0.4～0.5）；

Q——电梯额定载重量（kg）；

η——电梯机械传动总效率，当蜗轮蜗杆副采用阿基米德齿形时η取0.5～0.55，对于无齿轮曳引机η取0.75～0.80。

v——电梯额定速度（m/s）。

一般选择电动机的额定功率总是略大于计算值，因为还需考虑轿厢运行时产生的附加阻力（风阻、导轨摩擦阻力等）及满载轿厢启动等因素。

例2：有一台额定载重量为2000 kg，额定速度为0.5 m/s的交流双速梯，曳引机蜗轮蜗杆副齿形采用阿基米德齿形，曳引电动机的功率应取多大？

解：将上述参数带入静功率公式中，得

$$N = \frac{(1-0.5) \times 2000 \times 0.5}{102 \times 0.5} = 9.8 \text{(kW)}。$$

二、制动器

（一）制动器的作用

制动器是电梯安全平稳运行所不可缺少的重要装置，其主要作用如下：
（1）制动器能够在电梯电源被切断时自行动作，制动闸瓦抱住制动轮使电梯停止运行。制动时电梯的减速度不得大于安全钳制停轿厢或轿厢停止在缓冲器上所产生的减速度。
（2）电梯到站停止运行时，制动器应能够保证在125%～150%的额定载荷情况下，保持电梯静止不动，并且在再次启动之前不得打开。
（3）当电梯运行中出现超速并达到限速器动作速度时，制动器首先动作，对制动轮实施制动，使电梯停止运行。

（二）制动器工作特点

制动器是电梯中工作最为频繁的装置之一，也是对安全运行作用最大的装置。当电梯正常运行时，制动器必须完全释放，制动闸瓦不得与制动轮发生任何接触，使电梯得以运行；当电梯动力电源或控制电源断电时，或电梯运行超限、超速、出现故障时制动器立即制动，使电梯停止运行或不能启动。

（三）制动器安装位置与结构特点

制动器安装在曳引电动机和减速器之间的联轴器靠近减速器一侧，其目的是只需较小的制动力距经减速器放大后，可将较重的轿厢制停。制动轮及制动器、闸瓦都可以减小体积和尺寸，同时靠近减速器一侧是保证当电动机与减速器间联轴器失效后仍能保证制动。

目前有齿轮曳引机均将联轴器之间的联轴器圆盘作为制动轮。由于无齿轮曳引机无联轴器，并且制动力较大，必须让制动力作用在一个较大直径的制动轮上，所以其被制动轮直径有时会和曳引轮等大甚至大于曳引轮。

制动器多数采用具有两个制动闸瓦的外抱式结构，并且将所有向制动轮施加制动力的部件分为两组装设，必须保证当其中一组失效时，剩余一组仍能可靠有效地对被制动轮实施制动，保证电梯运行的安全可靠。

(四）制动器结构与原理

制动器一般由制动轮、制动电磁铁、制动臂、制动闸瓦、制动器弹簧等组成。图4-8所示为卧式电磁铁制动器，其工作原理如下：电梯处于停止状态，制动臂4在制动弹簧8作用下，带动制动闸瓦6及闸皮7压向制动轮5工作表面，抱闸制动，此时制动闸瓦6紧密贴合在制动轮5工作表面上，其接触面积必须大于闸瓦面积的80%以上；当曳引机开始运转时，制动电磁铁线圈1得电，电磁铁芯2被吸合，推动制动臂4克服制动弹簧8的压力，带动制动闸瓦6松开并离开制动轮5工作表面，抱闸释放，电梯启动工作。

图4-9所示的制动器电磁铁是立式的。铁芯分为动铁芯6和定铁芯电磁铁座4，上部的是动铁芯，铁芯吸合时，动铁芯向下运动，顶杆8推动转臂11转动，将两侧制动臂9及闸瓦块14和闸皮15推开，达到松闸的目的。其工作过程原理与卧式制动器相同，仅是在传动结构上有所变化。

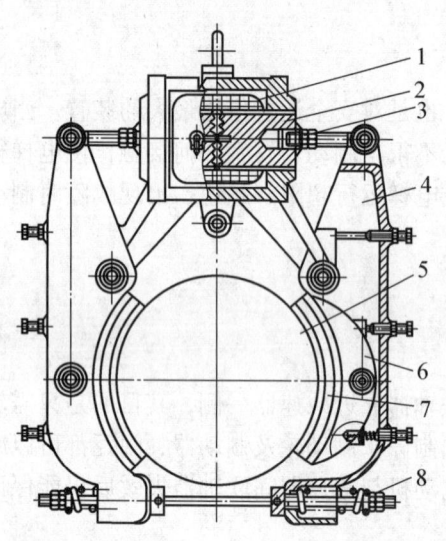

1. 线圈；2. 电磁铁芯；3. 调节螺母；4. 制动臂；
5. 制动轮；6. 闸瓦；7. 闸皮；8. 制动弹簧

图4-8 卧式电磁铁制动器

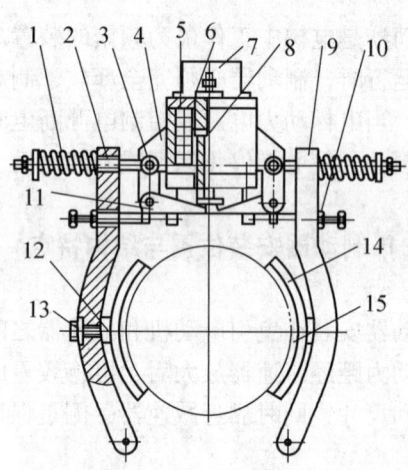

1. 制动弹簧；2. 拉杆；3. 销钉；4. 电磁铁座；
5. 线圈；6. 动铁芯；7. 罩盖；8. 顶杆；
9. 制动臂；10. 顶杆螺栓；11. 转臂；
12. 球头；13. 连接螺钉；14. 闸瓦块；15. 闸皮

图4-9 立式电磁铁制动器

对于大型无齿轮曳引机，有时也会采用内涨式制动器（图4-10）。内涨式制动器的制动轮工作面是曳引轮的内圆柱面，它将制动电磁铁、制动臂、制动闸瓦、制动弹簧等装入制动滚筒的内部，当制动器工作时，制动闸瓦被制动弹簧作用从内向外涨开，将闸瓦涨紧在制动轮工作面上实施制动。

除此之外，目前还有采用碟式制动器的曳引机，这是一种新型的结构，其制动元件为一个与曳引轮同轴安装的制动盘（碟），制动蹄片则从盘两侧夹紧制动盘，产生摩擦力实施制动（图4-11）。

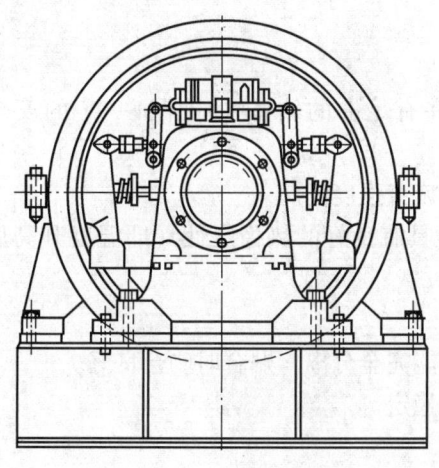

图4-10　内涨式制动器

图4-11　碟式制动器

电磁式制动器的制动轮直径、闸瓦宽度及圆弧包角应符合表4-2的规定。

表4-2　电磁制动器的主要参数尺寸

曳引机种类	电梯额定载重量/kg	制动轮直径/mm	闸瓦参数	
			宽度/mm	圆弧角度
有齿轮曳引机	100～200	150	65	88°
	500	200	90	
	750～3000	300	140	
无齿轮曳引机	1000～1500	840	200	

制动器是电梯机械系统的主要安全设施之一，其工作的状况和可靠性直接决定着电

梯运行的安全可靠程度，影响着乘坐舒适性和平层准确度。在电梯的运行过程中，必须定期根据电梯的运作情况，对其进行检查保养，必要时进行维修或更换。为减少制动器抱闸、松闸过程中的噪音，制动电磁铁线圈内铁芯之间的间隙必须控制。制动闸瓦与制动轮之间的间隙在制动解除时保持不超过 0.7 mm，并且不得有接触区域；抱闸后闸瓦与制动轮间的贴合面积必须大于闸瓦面积的 80%。制动电磁铁通、断电时，制动系统中各运动部件应动作灵活，无卡滞现象。

（五）制动器的选用原则

制动器一般应满足下列条件：
（1）能符合已知工作条件的制动力矩，并有足够的储备（应保证一定的安全系数）。
（2）所有的构件要有足够的强度和刚性，疲劳强度高。
（3）摩擦零件的磨损量要尽可能小，同时具有良好的热稳定性（即温度升高后摩擦系数的稳定程度），耐高温。
（4）摩擦零件的发热不能超过允许的温度。
（5）抱闸制动平稳，松闸灵活，两摩擦面能完全分离，贴合时吻合良好。
（6）结构简单，以便于调整和检修，工作稳定。
（7）轮廓尺寸和安装位置尽可能小。

三、减 速 器

有齿轮曳引机是在曳引轮与曳引电动机之间安装减速器，将曳引电动机的转速降至符合曳引轮要求的速度，同时将电动机的输出扭矩放大，满足驱动轿厢的作用。减速器多采用蜗轮蜗杆或齿轮减速结构。

（一）减速器的种类与特点

按照减速器所采用的齿轮传动方式，通常可以分为蜗轮蜗杆减速器、斜齿轮减速器、行星齿轮减速器等几种，其中采用最多、最普遍的是蜗轮蜗杆减速器。

1. 蜗轮蜗杆减速器

蜗轮蜗杆减速器（图 4 - 12）是由主动的蜗杆与安装在壳体轴承上从动的蜗轮组成，其速比可在 18～120 范围内，蜗轮的齿数不少于 30，其传动效率较低，但其结构紧凑，外型尺寸小。

蜗轮蜗杆减速器的特点是：传动比大，噪音小，传动平稳，而且当蜗轮传动蜗杆时，反向效率低，有一定的自锁能力，可以增加电梯制动的安全系数，增加电梯停车时的安全性。

减速器工作时，蜗杆与蜗轮的转速之比称为传动比，也称为减速比 i。由于蜗杆轴每转动一圈，蜗轮轴只转过蜗杆螺线数的齿数，所以蜗轮蜗杆减速器的减速比由蜗轮的齿数 $Z_轮$ 与蜗杆的螺线数 $Z_杆$ 之比决定：

$$i = Z_轮/Z_杆。$$

例1：蜗杆螺线数（也称头数）为1，蜗轮的齿数为40。则其减速比

$$i = Z_轮/Z_杆 = 40/1 = 40。$$

也就是说，当蜗杆轴每转动一圈，蜗轮轴只转过1/40圈（周）。或蜗杆轴旋转40圈时，蜗轮轴才转过一圈（周）。曳引电动机将动力传递给蜗杆，通过减速器后，实现降速增扭的作用。

例2：蜗杆螺线数（头数）为2，蜗轮的齿数为64。则其减速比

$$i = Z_轮/Z_杆 = 64/2 = 32。$$

即蜗杆轴每转一圈，蜗轮轴只转1/32圈。

减速器中的蜗杆与蜗轮的啮合外形如图4-12所示。

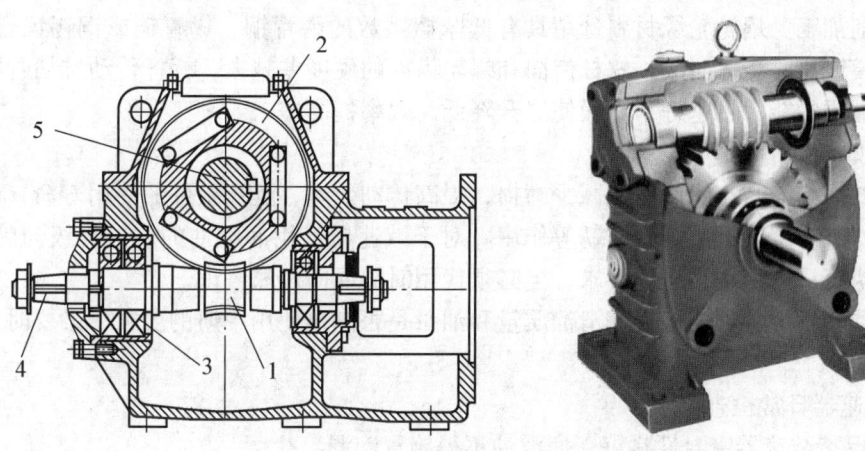

1. 蜗杆；2. 蜗轮；3. 滚动轴承；4. 输入轴；5. 输出轴

图4-12　蜗轮蜗杆减速器

2. 斜齿轮减速器

斜齿轮减速器是通过多级由圆柱斜齿轮组成的齿轮副传动，实现减速增扭的目的。

斜齿轮减速器具有效率高、寿命长、发热少的特点。但其外形尺寸较蜗轮蜗杆减速器大，结构不紧凑，工作时平稳性稍差，齿轮要求加工精度高，并且价格成本较高，所以使用推广受到限制。图 4-13 是较多见的斜齿轮减速器外形。

3. 行星齿轮减速器

行星齿轮减速器具有减速比大、传动效率高、结构紧凑、外形尺寸小的特点，体积不足普通齿轮减速器的一半，重量轻，但同时也有制造精度要求高、加工成本大等缺点，目前有较多机型尤其是无机房电梯有使用。

图 4-13　斜齿轮减速器

（二）减速器的使用要点

1. 蜗杆蜗轮选材要求

蜗轮蜗杆减速器中使用的蜗杆，材料多用 20Cr、42SiMn 等，也有使用 40Cr 或 45# 钢等经锻打加工而成，蜗杆表面需经淬火或渗碳等硬化处理（硬度 HRC 45 以上），最后进行磨削加工。蜗轮轮缘材料选用具有低摩擦系数的磷青铜、锡青铜或铜锡镍合金，一般用硬模或离心浇铸而成；蜗杆齿面和蜗轮齿面的硬度差越大，蜗杆传动抗粘着磨损和抗磨料磨损的能力也越好，从而使温升降低，效率提高。

2. 良好的润滑条件

良好的润滑能减小摩擦力，减少磨损，提高传动效率，延长机件的使用寿命，而且还能起到冷却、缓冲、减震、防锈等作用。对于减速器使用润滑油的质量等级与牌号，必须严格执行厂家使用手册的要求，当必须代用时需要向厂家咨询。

减速器使用中，定期检查润滑油质量和油量是否满足使用手册的要求，必要时更换或添加。

3. 减速器日常检查要求

（1）保持减速器密封性良好，润滑油不得跑冒滴漏。

（2）各传动齿轮的轴向游隙和齿侧间隙必须正常。

（3）检查运转时是否平稳，有无撞击声和振动。

（4）用测温计对减速器各机件及轴承温度进行测量，其温度不准超过 70℃，减速器内温度不准超过 85℃，否则应停机检查原因。当轴承发生不均匀的噪声、敲击声或温度过高时，应及时处理。

(5) 对于与减速器相连的其他部件，应检查有无松动或损坏现象。

四、联轴器

曳引电动机轴与减速器输入轴处于同一轴线并连接在一起，电动机将动力传递给蜗杆轴并一起旋转。两者在安装时由于各种原因，不可避免地会出现同轴度误差，需要用适当的方法把它们连接在一起，并在存在同轴度误差的情况下保证传动并避免冲击等，所以必须采用联轴器传动。

电梯曳引机中所使用的联轴器一般为刚性联轴器和弹性联轴器两种。

当减速器轴采用滑动轴承时，一般采用刚性联轴器。因为此时轴与轴承的配合间隙较大，刚性联轴器有助于蜗杆轴的稳定转动。刚性联轴器要求被连接两轴之间有较高的同轴度，在连接后同轴度不得大于 0.02 mm（图 4-14 (a)）。

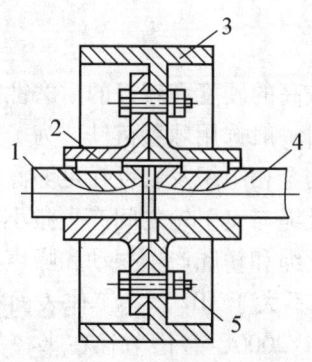 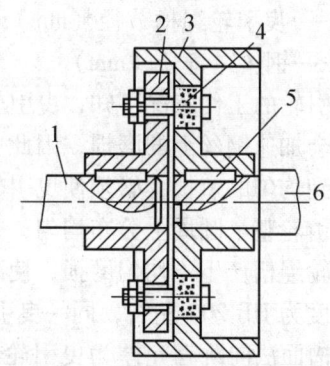

1. 电机轴；2. 左半联轴器；3. 右半联轴器；　　1. 电机轴；2. 左半联轴器；3. 右半联轴器；
4. 蜗杆轴；5. 连接螺栓　　　　　　　　　　　4. 橡胶块；5. 键；6. 蜗杆轴
　　　(a) 刚性联轴器　　　　　　　　　　　　　　　　(b) 弹性联轴器

图 4-14　曳引机联轴器

当减速器轴采用滚动轴承时，一般采用弹性联轴器。此时联轴器中的橡胶块在传递力矩时能够产生弹性变形，从而在一定范围内自动适应被连接两轴之间的不同轴现象，因此允许安装时有较大的同轴度误差（允差 0.1 mm），使安装与维修较为方便，同时弹性联轴器中的弹性元件对传动中的振动具有减缓作用（图 4-14 (b)）。

联轴器的外圆周面即为曳引机电磁制动器的制动面，因此联轴器又称制动轮。为了取得良好的制动效果，联轴器的外圆应有较高的表面粗糙度，要求小于 Ra 3.2，安装后外圆周面径向跳动不应超过直径的 1/3000。联轴器是高速转动部件，质量的不均匀性会造成转动时振动，在安装前应做动平衡试验。

五、曳引轮

曳引机通过曳引轮和嵌挂在绳槽中的曳引钢丝绳之间的摩擦力（曳引力），将能量传递给轿厢和对重，实现轿厢和对重的上下运行。为了获得较大的曳引力，即曳引绳与曳引轮绳槽之间的摩擦力，钢丝绳与曳引轮之间不能过度润滑，应采用摩擦系数高的槽形和材料。常用的曳引轮绳槽有三种：半圆形、带切口半圆形和 V 形，如图 3-6 所示。

增大曳引轮直径可以增大曳引轮与钢丝绳的接触长度，减少钢丝绳弯曲程度，能增大曳引力和减少钢丝绳内的弯曲应力，可提高钢丝绳的寿命，但这会使整个曳引装置体积增大。因此对于快速和高速电梯，GB 7588—2003 规定：

$$D/d \geqslant 40。$$

式中：D——曳引轮绳槽节径（mm）；

d——钢丝绳直径（mm）。

从曳引轮的工作状况可知，曳引轮必须具有较高的硬度和较好的耐磨性能。由于钢质曳引轮会加速钢丝绳的磨损，因此曳引轮的材料一般选用球墨铸铁。为了使钢丝绳与曳引轮达到均匀的磨损，必须使曳引轮绳槽材料的金相组织及硬度在足够深度上保持均匀，在曳引轮整个圆周上分布均匀；否则，当钢丝绳与曳引轮之间产生微小滑动时，将会使曳引轮绳槽产生不均匀磨损，使减速器、钢丝绳和轿厢产生振动和噪声。一般曳引轮绳槽硬度为 HB 200 左右，同一曳引轮上硬度差不大于 HB 15，工作表面粗糙度小于 Ra 6.3，槽面法向跳动允差为曳引轮绳槽节径的 1/2000，各槽节径在半径方向的相对允差为 0.10 mm。

曳引轮所承受的钢丝绳比压应符合要求，以半圆形带切口槽为例（图 3-6），

$$P = \frac{T}{ndD} \times \frac{8\cos\frac{\beta}{2}}{\pi - \beta - \sin\beta};$$

对于 V 形槽，

$$P = \frac{T}{ndD} \times \frac{4.5}{\sin\frac{\gamma}{2}}。$$

当轿厢在额定载重情况下，比压应满足下式要求：

$$P \leqslant \frac{12.5 + 4v_c}{1 + v_c}。$$

上三式中：n——曳引钢丝绳根数；

P——钢丝绳与曳引轮槽间比压（MPa）；

T——轿厢以额定载重量停在最低层站时，轿厢侧曳引钢丝绳的静拉力（N）；

v_c——轿厢额定速度时曳引钢丝绳线速度（m/s）；

D——曳引轮绳槽节径（mm）；

d——钢丝绳直径（mm）。

六、曳引钢丝绳

曳引钢丝绳也称曳引绳，是电梯上专用的钢丝绳，其功能就是连接轿厢和对重装置，并被曳引机驱动使轿厢升降，它承载着轿厢自重、对重装置自重、额定载重量及驱动力和制动力的总和。

（一）曳引钢丝绳的结构、材料要求

曳引钢丝绳一般采用圆形股状结构，主要由钢丝、绳股和绳芯组成（图 4 - 15）。钢丝是钢丝绳的基本组成件，要求具有很高的强度和韧性（含挠性），图 4 - 15 (a) 为钢丝绳外形，图 4 - 15 (b)、(c) 为钢丝绳横截面图。

钢丝绳股由若干根钢丝捻成，钢丝是钢丝绳的基本强度单元。每一个绳股中含有相同规格和数量的钢丝，并按一定的捻制方法制成绳股，再由若干根绳股编制成钢丝绳。股数多，钢丝绳的疲劳强度就高。绳芯是被绳股所缠绕的挠性芯棒，通常由剑麻纤维或聚烯烃类（聚丙烯或聚乙烯）等合成纤维制成，能起到支承和固定绳股的作用，且能贮存润滑剂。

GB 8903—2005《电梯用钢丝绳》中规定，电梯使用的曳引钢丝绳一般是 6 股（图 4 - 15 (b)）和 8 股（图 4 - 15 (c)），即 $6 \times 19S + NF$ 和 $8 \times 19S + NF$ 两种。$6 \times 19S + NF$ 型钢丝绳为 6 股，每股 3 层，外侧两层均为 9 根钢丝，内部为 1 根钢丝；$8 \times 19S + NF$ 型与 $6 \times 19S + NF$ 型结构相同，钢丝绳为 8 股，每股 3 层，外侧两层均为 9 根钢丝，内部为 1 根钢丝。上述钢丝绳直径有 6、8、11、13、16、19、22 mm 等几种规格。

GB 8903—2005 对钢丝的化学成分、力学性能等也作了详细规定，要求由含碳量为 0.4%～1% 的优质钢材制成，材料中的硫、磷等杂质的含量小于 0.035%。

钢丝在每股中的捻制方向（股捻向）有右捻和左捻两种方式，同时股在绳中（绳捻向）也有右捻和左捻两种方式：①把钢丝绳成股竖起来观察，螺旋线从中心线左侧

开始向上、向右旋转的称右捻（图4-16（a））；②左捻：螺线从中心线右侧开始向上，向左旋转的称左捻（图4-16（b））。

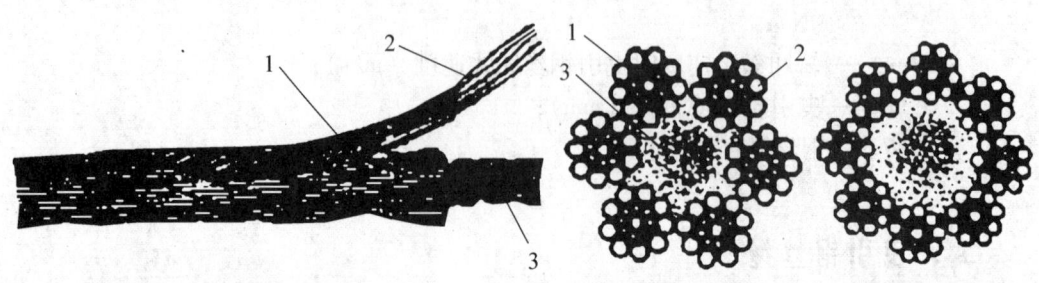

(a) 钢丝绳放大图　　　　(b) 6×19S+NF钢丝绳　　　(c) 8×19S+NF钢丝绳

1. 绳股；2. 钢丝；3. 绳芯

图4-15　圆形股电梯用钢丝绳

捻法是指股的捻向与绳的捻向相互搭配的方法，有交互捻和同向捻之分：①交互捻：股的捻向与绳的捻向相反，又称逆捻（或称交绕）；②同向捻：股的捻向与绳的捻向相同，又称顺捻（或称顺绕）。

根据不同的捻向与捻法，有四种不同结构形式的钢丝绳：①右交互捻绳：绳的捻向为右，股的捻向为左的钢丝绳（图4-16（a））；②左交互捻绳：绳的捻向为左，股的捻向为右的钢丝绳（图4-16（b））；③右同向捻绳：绳与股的捻向均为右的钢丝绳（图4-16（c））；④左同向捻绳：绳与股的捻向均为左的钢丝绳（图4-16（d））。

(a) 右交互捻　　(b) 左交互捻　　(c) 右同向捻　　(d) 左同向捻

图4-16　钢丝绳捻法

交互捻绳由于绳与股的扭转趋势相反，互相抵消，不易松散，在使用中没有扭转打结趋势，因此可用于悬挂的场合；同向捻绳的耐磨性和挠性比交互捻绳好，但有扭转趋势，容易打结，且易松散，因此通常用于两端固定的场所，如牵引式运行小车的牵引绳。

钢丝绳的标记按 GB 8903—2005 规定：结构为 8×19 西鲁式，绳芯为天然纤维芯，直径为 13 mm，公称抗拉强度为 1370/1770（1500）N/mm^2，双强度配制，捻制方法为右交互捻的电梯钢丝绳，标记为：

电梯钢丝绳：$8 \times 19S + NF - 13 - 1500$（双）右交 — GB 8903—2005

西鲁式又称外粗式钢丝绳，绳股以一根粗钢丝为中心，周围布以细钢丝，然后在两层钢丝间的沟槽中多布置一条粗钢丝，内外层钢丝数量相等，粗细不同。

（二）曳引钢丝绳的性能参数

由于曳引绳在工作中受反复的弯曲，在绳槽中承受很高的比压，并频繁承受电梯启动、制动时的冲击，所以要求其必须具备以下几个特点：具有较大的强度，具有较高的径向韧性，有较好的耐磨性，能较好地承受冲击载荷。

（1）为确保电梯运行的安全可靠，各类电梯的曳引钢丝绳根数与安全系数要求符合表 4 - 3 的要求。

表 4 - 3　曳引钢丝绳根数与安全系数

电梯类型	曳引绳根数	安全系数
客梯、货梯、医梯	≥4	≥12
杂物梯	≥2	≥10

（2）为提高曳引钢丝绳的使用寿命，曳引轮绳槽节圆直径 D 与曳引钢丝绳直径 d 的比值，可参照表 4 - 4 的规定。

表 4 - 4　电梯速度与曳引轮绳槽节圆直径、曳引绳直径比值

电梯额定速度/（m/s）	D/d
≥2	≥45
<2	≥40
≤0.5（杂物梯）	≥30

(3) 6×19S + NF、8×19S + NF 钢丝绳的技术数据在 GB 8903—2005 中作出了有关规定（表4-5、表4-6）。

表4-5 6×19S+NF 钢丝绳技术数据

公称直径 /mm	近似重量/（kg/100 m） 纤维芯钢丝绳		钢丝绳最小破断载荷/（kN）	
	天然纤维	人造纤维	单强度（1570 N/mm²）和双强度（1370/1770 N/mm²）均按 1500 N/mm² 单强度计算	单强度：1770 N/mm²
6	13.0	12.7	17.8	21.0
8	23.1	22.5	31.7	37.4
10	36.1	35.8	49.5	58.4
11	43.7	42.6	59.9	70.7
13	61.0	59.5	83.7	98.7
16	92.4	90.1	127	150
19	130	127	179	211
22	175	170	240	283

公称抗拉强度：单强度 1570 N/mm²、1770 N/mm²；双强度：1370/1770 N/mm²

注：钢丝绳最小破断载荷 = 钢丝破断载荷总和 ×0.86。

（4）钢丝绳受力及根数的计算。曳引钢丝绳的受力较为复杂，它除受到对重重量、轿厢自重及载重、钢丝绳自重等的作用外，在电梯启动加速、减速制动等过程中还受到动载荷的作用，当钢丝绳绕过曳引轮或反绳轮时还会产生弯曲应力和离心应力，绳股之间、绳与绳槽间的接触应力和挤压应力等。为确保电梯的安全运行，必须对曳引钢丝绳的使用根数和安全系数进行准确计算。

表 4-6 8×19S+NF 钢丝绳技术数据

公称直径 /mm	近似重量/(kg/100 m) 纤维芯钢丝绳		钢丝绳最小破断载荷/(kN)	
	天然纤维	人造纤维	单强度（1570 N/mm²）和双强度（1370/1770 N/mm²）均按 1500 N/mm² 单强度计算	单强度：1770 N/mm²
8	22.2	21.7	28.1	33.2
10	34.7	33.9	44.0	51.9
11	42.0	41.0	53.2	62.8
13	58.6	57.3	74.3	87.6
16	88.8	86.8	113	133
19	125	122	159	187
22	168	164	213	251

公称抗拉强度：单强度：1570 N/mm²、1770 N/mm²；双强度：1370/1770 N/mm²

注：钢丝绳最小破断载荷 = 钢丝破断载荷总和×0.84。

1）曳引钢丝绳静载安全系数可按照下式计算：

$$k_j = \frac{ns_0}{s_1}。$$

式中：k_j——钢丝绳静载安全系数（未计入弯曲及动载荷影响）；

s_0——单根钢丝绳的破断拉力（N）；

s_1——曳引钢丝绳上承受的最大拉力，含轿厢自重、轿厢载重、最大提升高度上的曳引钢丝绳重量、补偿绳张紧负荷的一半（有补偿装置时）(N)；

n——曳引绳根数。

2）曳引钢丝绳根数的选择。k_j 是根据标准规范确定的数值，表明在静载状态下，单根钢丝绳的破断拉力与单根钢丝绳实际受力之比。选择曳引钢丝绳的根数时要考虑到：实际安全系数要大于规定的 k_j，曳引钢丝绳承受的比压要小于许用比压值，钢丝绳的弹性伸长要小于规定值。根据上述三个方面的计算，求出各自对应的曳引钢丝绳根数，取其中最大值使用。

◆ 按照安全系数计算曳引钢丝绳根数 n_1（不计补偿链绳影响）：

$$n_1 = \frac{(G+Q)k_j}{k_u(s_0 - P_1 k_j)}。$$

式中：G——轿厢自重（N）；

Q——额定载重（N）；

k_j——曳引钢丝绳静载安全系数；

k_u——与曳引系数有关的系数，曳引比为1:1时$k_u=1$，曳引比为2:1时$k_u=2$；

s_0——单根钢丝绳的破断拉力（N）；

P_1——轿厢在最底层站时，提升高度内单根钢丝绳的重量（N）。

◆ 根据曳引轮绳槽比压计算选定的曳引绳根数n_2：

$$n_2 = \frac{\omega(G+Q)}{K_u(dDP - P_1 W)}。$$

式中：P——曳引轮材料许用挤压应力（MPa）；

D——曳引轮绳槽节圆直径（mm）；

d——曳引钢丝绳直径（mm）；

ω——挤压系数。

对于图3-6（a）所示的半圆形槽：

$$\omega = \frac{8}{\pi} = 2.55 \text{ rad/s};$$

对于图3-6（b）所示的半圆形带缺口槽：

$$\omega = \frac{8\cos\frac{\beta}{2}}{\varphi - \sin\varphi - \sin\beta}。$$

当$\varphi = \pi$时，$\omega = \dfrac{8\cos\dfrac{\beta}{2}}{\pi - \beta - \sin\varphi}$。

对于图3-6（c）所示的V形槽，当楔角$\gamma = 35°$时，

$$\omega = 12 \text{ rad/s};$$

当楔角$\gamma < 35°$时，$\omega = \dfrac{4.5}{\sin\dfrac{\gamma}{2}}$。

◆ 根据曳引钢丝绳弹性伸长计算曳引绳根数n_3：

$$n_3 = \frac{124900QH}{d^2 k_u E L_y k_z}。$$

式中：H——电梯提升高度（m）；

E——钢丝绳弹性模量，$E = 80000 \text{ N/mm}^2$；

L_y——曳引钢丝绳允许伸长量,当电梯停在底层站时,在静止状态下,轿内由空载到满载时,曳引绳的伸长量不超过 20 mm;

$$k_z——钢丝绳填充系数,k_z = \frac{\sum s_d}{s_D}。$$

式中:$\sum s_d$——每根钢丝截面积总和(mm²);

s_D——钢丝绳截面积(mm²)。

计算出 n_1、n_2、n_3 后,选择其中较大值为设计根数。

(三)曳引钢丝绳的端接装置(绳头组合)

钢丝绳的两端必须与有关的构件连接,如用1:1绕法,绳的两端分别与轿厢和对重上的绳头板连接;如采用2:1绕法,钢丝绳的两端都必须引到机房,与机房内固定支架的绳头板连接固定。

端接装置是钢丝绳绳头与有关构件间的过渡连接装置,当钢丝绳与端接装置连接后,由于连接处必定会存在一些机械损伤或应力集中,导致连接强度降低,于是选择一种合适的连接方法就显得非常重要。

曳引钢丝绳端接装置也叫绳头组合,其连接方法有多种形式,安全牢靠的方法有合金固定法(巴氏合金填充锥形套筒法)、自锁楔形绳套法和绳夹固定法。

1. 合金固定法

合金固定法(图4-17)能够使钢丝绳保持完整强度。巴氏合金是一种低熔点合金,主要成分是锡、铅、锑等。浇注巴氏合金固定曳引绳头时,各电梯厂都制定有专门的操作规程,必须严格按规程操作,以免降低曳引绳端接部位的机械强度。下面对曳引绳端头浇注巴氏合金的方法作介绍。

(1)从成卷的钢丝绳上取下钢丝绳时,应使用卷绳木轮放出钢丝绳,必须避免钢丝绳打圈或拧结造成钢丝绳强度降低。放出的钢丝绳一端固定在机房楼板上,自由悬挂使其消除内应力。

(2)对量好尺寸的钢丝绳,在截断前,为避免切断时曳引绳松散,需用22#铅丝按图4-18分三段扎紧,每处扎紧的长度应大于或等于

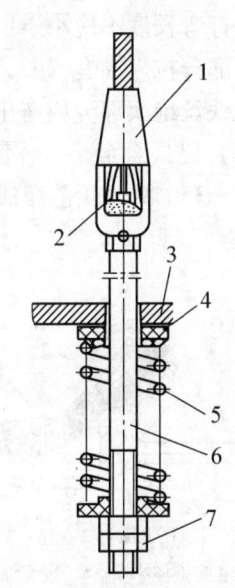

1. 锥套;2. 曳引绳头与巴氏合金熔接;
3. 绳头板;4. 弹簧垫;5. 弹簧;
6. 拉杆;7. 螺母

图4-17 合金固定法

被截曳引绳的直径。其捆扎的间距为：①、②处为锥形套筒锥形部分长度的 2 倍，②、③处为 30～50 mm，然后在①处扎紧端将绳截断。

（3）将截断的曳引绳插入锥套内，解开第①处铁丝，松开绳股并在接近②处捆扎地方将纤维绳芯截断（图 4-19），并用不易燃的低毒溶剂（如柴油）清洗松散部分，去除松散的曳引绳钢丝上的油脂砂尘，以利于巴氏合金灌注。

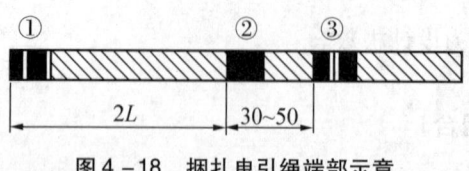

图 4-18　捆扎曳引绳端部示意

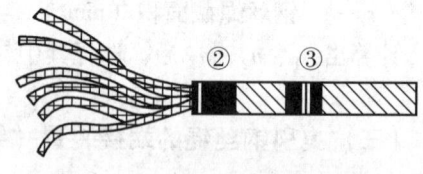

图 4-19　松开曳引绳股示意

（4）把清洗干净的各股曳引绳钢丝向内作四环花结或者把全部钢丝向内作四环弯曲，其打弯长度不应小于曳引绳直径的 2.5 倍，但必须小于插入锥套部分的长度，并将打弯的部分拉入锥套（拉入时不要用力过猛，以防损伤曳引绳）。当全部拉入后，第②处捆扎铁丝绝大部分应露出锥体小端（图 4-20）。

（5）巴氏合金是一种低熔点合金，把它放入专用的金属器皿内，将巴氏合金加热至 270～350 ℃，颜色变成发黄的程度，去掉浮碴即可。同时，要把锥套预热到 40～50 ℃。

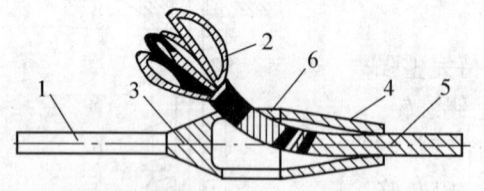

1. 拉杆；2. 打弯花结；3. 锥形套筒锥套；
4. 锥形套筒锥体小端；5. 曳引绳；6. 锥形套筒锥体大端

图 4-20　打弯示意

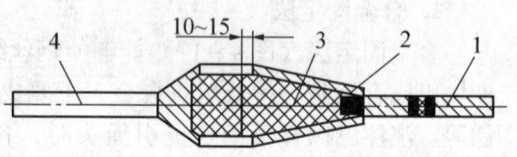

1. 曳引绳；2. 被巴氏合金浇注的曳引绳；
3. 巴氏合金高出锥孔处；4. 拉杆

图 4-21　浇注巴氏合金示意

（6）将锥套大端朝上垂直固定，并在小端出口处缠上布条或棉纱，以防熔液渗透后外流，然后将巴氏合金熔液一次性注入锥套（注意不允许两次灌注，否则会影响被灌注曳引绳头的强度，给电梯带来安全隐患），浇注面应高出锥孔 10～15 mm（图 4-21）。

当浇注的巴氏合金凝固并冷却后，先取下锥体小端出口处的防漏布条或棉纱，从此处能看到有少量巴氏合金渗出时,则证明巴氏合金灌注饱满。检查曳引绳和锥套是否成一直线,绳的捻向有无呈不均匀状态或绳有无散股现象,若无上述现象,且巴氏合金浇注饱满,说明曳引绳与锥套组合合格;若不合格应重新浇注。

绳头组合中的绳固定装置(本图为锥形套筒)、小端连接曳引绳头、拉杆插入轿厢或对重架上梁的绳头板孔中,并套入弹簧,加设垫圈,用双螺母固定,并加上开口销,以防脱落,如图4-22所示。

2. 自锁楔形绳套固定法

自锁楔形绳套(图4-23)由绳套和楔块组成。曳引钢丝绳绕过楔块套入绳套再将楔块拉紧,靠楔块与绳套内孔斜面的配合而自锁,并在曳引钢丝绳的拉力作用下,越拉越紧。楔块的下方设有开口销孔,插入开口销可以防止楔块松脱。

目前较多使用此种方式,主要原因是现场施工方便,便于调整,对曳引钢丝绳基本无损伤,已经有较多的电梯配件生产厂专业生产,价格相对较低。

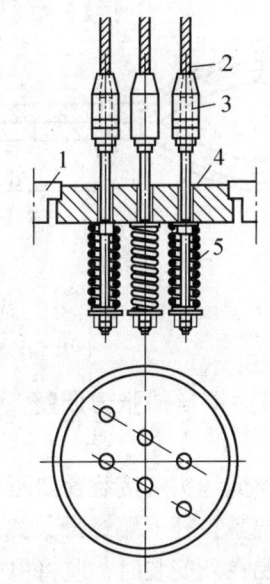

1. 上横梁;2. 曳引绳;3. 绳头固定装置;
4. 绳头板;5. 绳头弹簧

图4-22 曳引绳头组合装置

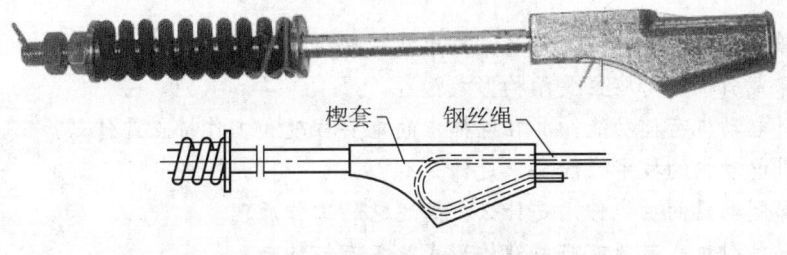

图4-23 自锁楔形绳套装置

3. 绳夹固定法

绳夹固定法如图4-24所示。用绳夹固定绳头是非常方便的方法,但必须注意绳夹规格与钢丝绳直径的匹配及夹紧的程度。固定时必须使用三个以上的绳夹,而且U形螺栓应卡在钢丝绳的短头。绳夹固定法在施工时非常方便,属于起重装置中通用零部件,有大量的配件工厂生产,采购容易,成本低。但如果U形螺栓夹得过紧会损伤钢丝绳,过松则连接不可靠,此结构仅被允许使用在杂物梯上。

电_梯_结_构_与_原_理

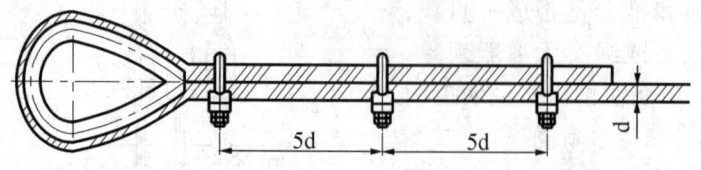 

图 4-24 绳夹固定装置

(四) 钢丝绳张力调整

钢丝绳绳头端接装置如图 4-22 所示,此装置可以方便地调整钢丝绳张力。具体方法是:拧紧拉杆下端螺母,弹簧受压,钢丝绳中张力增大,绳被张紧;放松螺母则相反。电梯在新安装时,应将曳引钢丝绳的张力调整一致,要求每根绳张力差小于 5%;在电梯使用一段时间后,张力会发生一些变化,必须再按照上述方式进行调整。

有些电梯为了严格控制每根钢丝绳张力的均匀程度,在绳头处安装有防松绳开关,当绳松弛到一定程度时,开关动作,使电梯停止运行,保证安全。

复习思考题

4-1 电梯曳引系统的作用是什么?指出其主要组成部分。
4-2 电梯曳引机有哪些主要结构形式?
4-3 曳引电动机有何功能?其在电梯中的重要程度和工作特点是什么?
4-4 曳引电动机的技术性能要求是什么?
4-5 电梯制动器的功能作用是什么?简述它的工作原理。
4-6 电梯曳引机减速器有哪些结构形式?各有何特点。
4-7 曳引钢丝绳的功能是什么?其结构和性能有哪些要求?
4-8 曳引钢丝绳主要规格参数与性能指标是什么?
4-9 曳引钢丝绳接头固定方法有哪几种?目前较多使用哪种方式?

第五章 轿厢与门系统

一、轿厢结构及要求

(一) 轿厢整体结构

电梯轿厢是装载乘客或货物,为方便出入而设有门装置的箱形结构部件,是与乘客或货物直接接触的。轿厢由轿厢架和轿厢体组成,导靴、安全钳及操纵机构等也装设于轿厢架上,其基本结构如图 5-1 所示。

在轿厢整体结构中,轿厢架作为承重结构件,制作成一个金属框架,一般由上梁、下梁、立梁和拉条等组成。框架选用型钢或钢板按要求压成型材构成,上梁、下梁、立梁之间一般采用螺栓连结。在上、下梁的两端有供安装轿厢导靴和安全钳的位置,在上梁中部设有安装轿顶轮或绳头组合装置的安装板,上梁上还装有安全钳操作拉杆和电气开关,在立梁(侧立柱)上留有安装轿厢壁板的支架及排布有安全钳操纵拉杆等。

轿厢由薄金属板经压制成型组合成一个箱型结构,由轿底、轿壁、轿顶及轿门等组成,轿底框架采用槽钢和角钢焊接而成,并在上面铺设一层钢板或木板形成完整的底面,有时还会在其上再粘贴一层塑料地板或装饰材料来改善美观程度。轿壁由薄钢板经压制成形的壁板,用螺栓连接拼合而成,每块壁板的中部有特殊形状的加强筋,以增强轿壁的强度和刚性;在每块壁板的拼合接缝处,大多配装有装饰嵌条,既增加美观程度,又减少两块壁板间因振动而产生的噪音;轿内壁板面上通常贴有一层防火塑料板或制有图案、花纹的不锈钢薄板,也有把轿壁填灰磨平后再喷漆的;对于观光电梯,则采用高强度玻璃制作轿壁,保证乘客视线开阔;轿壁之间以及轿壁与轿顶、轿底之间,一般采用螺钉连接;轿顶的结构与轿壁相似,要求能承受一定的重量(电梯检修工需在轿顶工作),并有防护栏以及根据设计要求设置的安全窗,轿顶下面装有装饰板或吊顶装饰物(一般客梯有,货梯没有),在装饰板的上面安装照明灯、风扇。

为防止电梯超载运行,在轿厢上设置了防超载称重装置。根据称重装置在轿厢上安装的位置,可分为轿底称重式、轿顶称重式和机房称重式等几种方式。

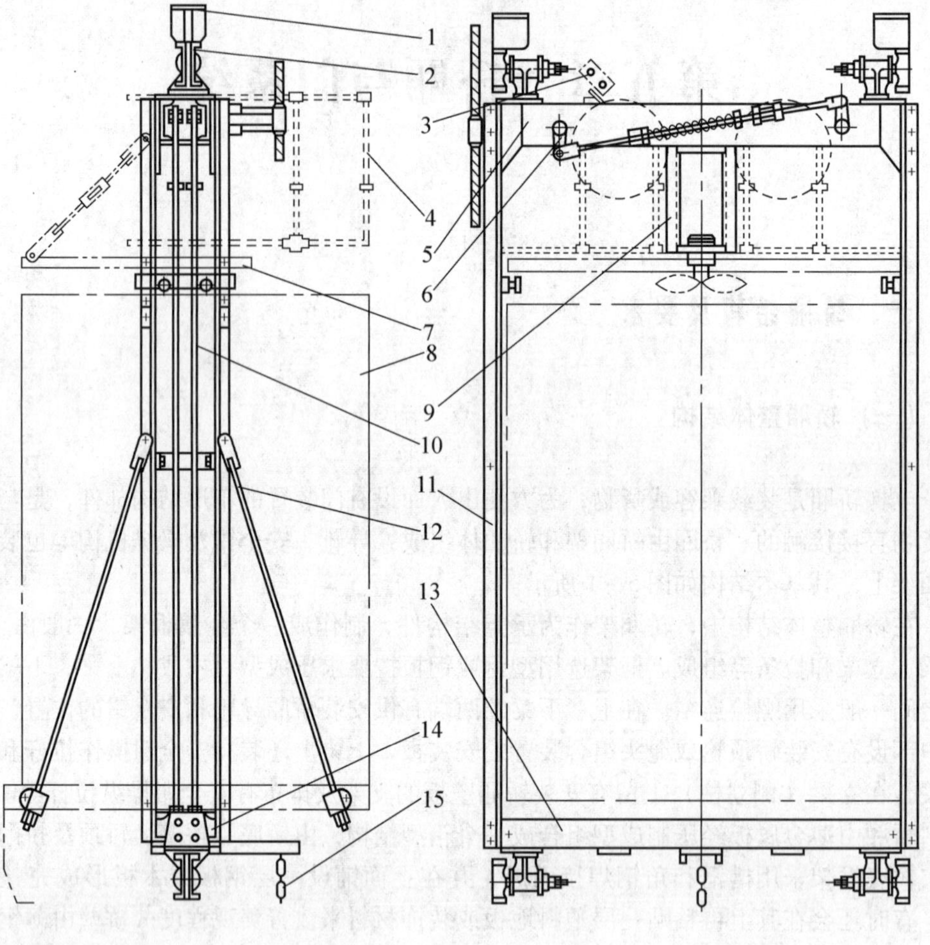

电梯结构与原理

1.导轨加油盒;2.导靴;3.轿顶检修窗;4.轿顶安全护栏;5.轿架上梁;6.安全钳传动机构;7.开门机架;8.轿厢;9.风扇架;10.安全钳拉杆;11.轿架立梁;12.轿厢拉条;13.轿架下梁;14.安全钳体;15.补偿装置

图5-1 轿厢结构

(二)轿厢架

轿厢架主要承受轿厢自重和所有载荷的重量,要求有良好的刚性和强度。轿厢架是由上梁、立柱、底梁、拉条等组成的框架结构,如图5-2所示。这些构件采用型钢或板材折边压制而成，通过搭接板用螺栓接合，可拆装，以便进入井道组装。对轿厢架的强度不仅要求要承受载重，还要保证因电梯运行超速导致安全钳制动时的制动力、轿厢坠落与底坑内缓冲器相撞的冲击力作用时不致损坏；要求轿厢架的上梁、下梁在轿厢满载时最大挠度应小于其跨度的1/1000。

轿厢架有两种基本构造：

（1）对边形轿厢架（图5-3）：适用于具有一面或对面设置轿门的电梯。这种形式的轿厢架受力情况较好，适合于较重载荷情况，大多数电梯采用此种结构方式。

（2）对角形轿厢架（图5-4）：常用在具有相邻两边设置轿门的电梯上。这种轿厢架受力情况较差，对于重型电梯应尽量避免采用。

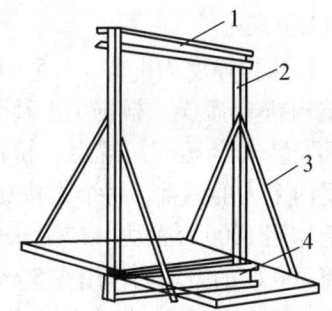

1. 上梁；2. 立柱；3. 拉杆；4. 底梁

图5-2 轿厢架结构

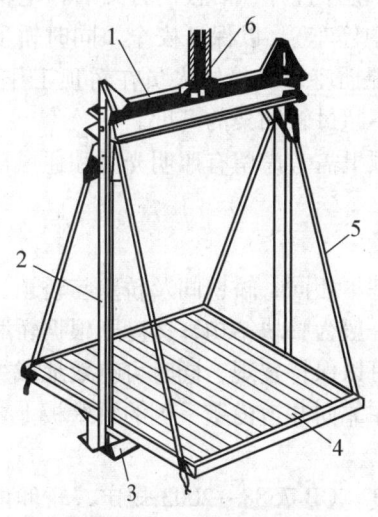

1. 上梁；2. 立柱；3. 底梁；
4. 轿厢底；5. 拉杆；6. 绳头组合

图5-3 对边形轿厢架

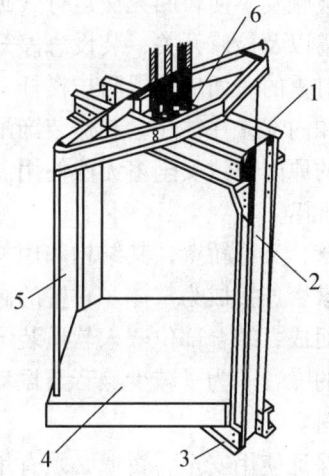

1. 上梁；2. 立柱；3. 底梁；
4. 轿厢底；5. 拉杆；6. 绳头组合

图5-4 对角形轿厢架

（三）轿厢

轿厢由轿顶、轿厢壁、轿底和轿门等几部分组成，其结构如图5-5所示。

1. 轿顶

轿顶由厚度为 1.2～1.5 mm 的钢板压制成槽形结构拼合而成。根据 GB 7588—2003《电梯制造和安装安全规范》规定，轿顶的任何位置要能承受两个人的体重，每个人按 0.20 m×0.20 m 面积上作用 1000 N 的力，应无永久变形；在轿顶壁上将 300 N 的力均匀作用在 5 cm² 的圆形或方形面积上，壁板应无永久变形，弹性变形不大于 15 mm；距离轿顶外侧边缘水平方向上存在超过 0.30 m 的自由距离时，轿顶应装设护栏；护栏应由扶手、0.10 m 高的护脚板和位于护栏高度一半处的中间栏杆组成；对于轿内操作的轿厢，轿顶上应设置活板门（即安全窗），其尺寸应不小于 0.35 m×0.50 m，该活板门应有手动锁紧装置，可向轿外打开，活板门打开后，电梯的电气联锁装置被触发，使轿厢无法运行（或在运行中停车），以保证安全，同时轿顶还应设置排气风扇以及检修开关，装设急停开关和电源插座，供检修人员在轿顶工作时使用；轿顶靠近对重的一面应设置防护栏杆，其高度不超过轿厢架的高度。

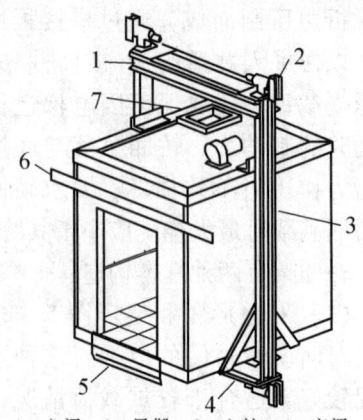

1. 上梁；2. 导靴；3. 立柱；4. 底梁；5. 护脚板；6. 轿门导轨；7. 安全窗

图 5-5　轿厢结构

在轿厢内部，往往还会制作装饰吊顶，吊顶上需考虑留有照明光源和通风口，并不得因吊顶的原因导致安全窗无法使用。

2. 轿厢壁

轿厢壁，又称轿壁，其结构和用材与轿顶基本相同，轿壁间及轿壁与轿顶、轿底间采用螺钉紧密连接成为整体。轿壁的高度方向一般为整块结构，宽度则根据轿厢尺寸由数块拼合而成，结合部位嵌入软质装饰条，既可以保持美观，同时可有效地减少壁板振动所造成的噪音。为了减少噪音与振动，有时在靠向井道内壁一侧的轿壁板上要粘贴隔音减振材料。

为了保证使用安全，轿壁必须有足够的强度。GB 7588—2003 规定，轿厢内任何位置壁板，将 300 N 的力均匀作用在 5 cm² 的圆形或方形面积上，壁板应无永久变形，弹性变形不大于 15 mm。

当两台以上电梯共设在一个井道中时，为了应急的需要，可在两轿厢相对的侧壁上开设安全门。安全门只能向轿厢内开启，并装有联锁开关，当门开启时，触发电梯控制电路，电梯停止运行；门的宽度不小于 0.4 m，高度不小于 1.5 m。

3. 轿底

轿底是电梯载荷的直接承载部分，它由轿底框架和底板组成。框架多采用槽钢和角钢焊接而成，并在其上铺设 3～4 mm 的钢板（花纹钢板）。普通客梯、医用电梯等大多在钢板上直接铺设塑料地板,对于高档豪华梯则多在钢板上铺设一层木板,并在木板上铺放地毯。

对于舒适程度要求较高的电梯,往往在电梯轿顶、轿底及轿架之间加设橡胶缓冲块,改善电梯运行时的平稳性并降低噪音。

轿厢门系统结构分类较为复杂,我们在后续章节中单独介绍。

(四)轿厢整体安装要求

轿厢的安装质量直接关系到电梯的使用性能,轿厢的安装应达到以下要求:
(1)桥厢架底梁和轿底平面的水平度不超过 2/1000。
(2)轿厢架两侧立柱在整个高度上的垂直度不超过 1.5 mm。
(3)轿底、轿壁、轿顶螺栓连接紧固,轿门一侧轿厢壁的垂直度不应超过 1/1000,其余轿壁不允许歪斜。
(4)轿底允许用垫片矫正,轿厢各组成部分的接合处应保持垂直或水平,不得有过大的拼缝影响美观。

(五)轿厢与曳引钢丝绳的连接方式

曳引钢丝绳端头的连接在不同的曳引比情况下有不同的方式(图 5-6 至图 5-8)。

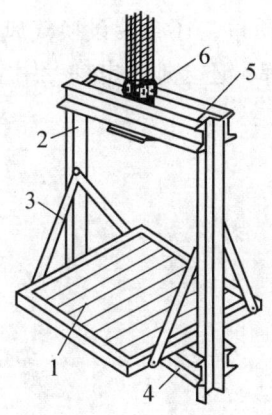

1. 轿底;2. 立柱;3. 拉杆;
4. 底梁;5. 上梁;6. 绳头组合

图 5-6 钢丝绳连接方法
(曳引比 1:1)

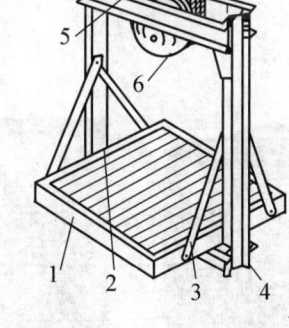

1. 轿底;2. 立柱;3. 拉杆;
4. 底梁;5. 上梁;6. 反绳轮

图 5-7 钢丝绳连接方法
(曳引比 2:1)

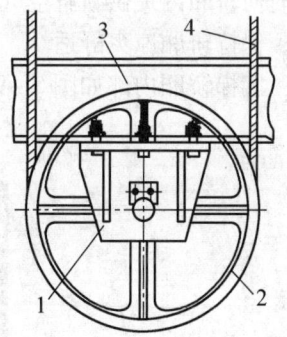

1. 支架;2. 反绳轮;
3. 上梁;4. 曳引绳

图 5-8 反绳轮结构

（1）曳引比为 1:1 时，曳引钢丝绳直接与轿厢顶部和对重顶部相连接，曳引绳的末端通过绳头组合装置连接在轿厢架上梁的绳头板上，用弹簧和螺母紧固（图 5-6）。

（2）当曳引比为 2:1 时，在轿厢架上梁上增设反绳轮（也称轿顶轮），这时钢丝绳绕过反绳轮 6 后，将钢丝绳的端部用绳头组合装置固定在机房的承重梁上（图 5-7）。反绳轮在轿架上横梁上的结构如图 5-8 所示。

对重一侧与此结构相同，只是在对重架上增设对重轮。

二、轿厢特点与尺寸要求

（一）客梯轿厢

1. 客梯轿厢的特点

客梯的轿厢是给乘客提供一个空间，输送乘客去到目的楼层，所以对乘客的舒适性、方便程度就成为客梯主要考核的目标。

客梯内部装饰一般都讲究色彩的搭配和装潢，在轿壁上往往进行一些装饰，如在轿壁上贴装蚀刻、抛磨或电镀出美观花纹的图案的金属薄板，张贴各类广告等，也有直接对轿厢壁板作装饰；现在还有一些高档电梯在其中装设有电视，既能够给乘客提供丰富的节目，同时又避免了陌生人近距离相处时产生的尴尬感觉。

客梯轿厢内的采光一般都使用柔和的光线，往往将灯装设在吊顶上侧，光线通过反射后再进入乘客区，避免刺眼；为了有效改善轿厢内的空气质量，还会装设换气风扇，随时向轿厢内提供新鲜空气；某些在热带地区使用的高档电梯，还会加装电梯专用空调器，保持轿厢凉爽舒适。

客梯轿厢内部如图 5-9 所示。

图 5-9　客梯轿厢

2. 轿厢载重量（人数）与面积

为避免轿厢乘员过多引起超载，必须对轿厢的有效面积做出限制。轿厢的有效面积指轿厢壁板内侧实际面积，GB 7588—2003 对轿厢的有效面积与额定载重量、乘客人数都做了具体规定（表 5-1、表 5-2）。

表 5-1　乘客人数与轿厢最小面积

乘客人数	轿厢最小有效面积/m²	乘客人数	轿厢最小有效面积/m²	乘客人数	轿厢最小有效面积/m²	乘客人数	轿厢最小有效面积/m²
1	0.28	6	1.17	11	1.87	16	2.57
2	0.49	7	1.31	12	2.01	17	2.71
3	0.60	8	1.45	13	2.15	18	2.85
4	0.79	9	1.59	14	2.29	19	2.99
5	0.98	10	1.73	15	2.43	20	3.13

注：超过 20 位乘客时，每超出一位增加 0.115 m²。

表 5-2　额定载重量与轿厢最大有效面积

额定载重量/kg	轿厢最大有效面积/m²	额定载重量/kg	轿厢最大有效面积/m²
100[1]	0.37	750	1.90
180[2]	0.58	800	2.00
225	0.70	825	2.05
300	0.90	975	2.35
375	1.10	975	2.35
400	1.17	1000	2.40
450	1.30	1050	2.50
525	1.45	1125	2.65
600	1.60	1200	2.80
630	1.66	1250	2.90
675	1.75	1275	2.95

续表 5-2

额定载重量/kg	轿厢最大有效面积/ m²	额定载重量/kg	轿厢最大有效面积/ m²
1350	3.10	1600	3.56
1425	3.25	2000	4.20
1500	3.40	2500[3)]	5.00

1) 一人电梯的最小值；
2) 二人电梯的最小值；
3) 额定载重量超过 2500 kg 时，每增加 100 kg，面积增加 0.16m²。对中间的载重量，其面积由线性插入法确定。

乘客数量由下述方法确定：按公式（额定载重量/75）计算结果向下圆整到最近的整数或按表 5-1 取其较小的数值。

3. 轿厢的空间尺寸

我国对于乘客电梯的额定速度在 2.5 m/s 以下的电梯轿厢的空间尺寸的规定见表 2-5。

（二）货梯轿厢

1. 轿厢的特点

货梯轿厢由于其运送货物的特点，均采用普通碳钢材料制作，无装饰要求；轿底采用较厚的花纹钢板制作，便于承重并防止货物滑移。货梯在运载比重较大的物品或用拖车、小车运送货物时，会使载荷集中在轿厢底某一较小的面积上，使轿厢承受集中载荷；当拖车等进出轿厢时，轿厢会受到很大的偏重力作用，使导靴、导轨、轿厢架等受到大的载荷；加之拖车等进入轿厢后，往往不停在轿厢的中间，从而产生很大的偏重载荷。由于货梯的这些特点，对其结构设计提出了不同的要求，同时在使用电梯时，应尽量使货物置于轿厢中部并避免集中载荷。货梯有时还会采用直通式轿厢，开设两个直接相对的轿门，以方便货物装卸或配合工厂建筑结构。需要特别说明的是，严禁将两扇相对方向打开门的轿厢作为通道使用。

货梯轿厢内部如图 5-10 所示。

2. 轿厢的空间尺寸

国标中对额定速度在 2.5 m/s 以下的载货电梯，轿厢有效尺寸规定见表 2-7 所示，同时对于井道顶层高度和底坑深度也作出了

图 5-10　货梯轿厢

严格规定。

货梯轿厢的有效面积与电梯最小额定载重量的关系在我国未作出规定，可以参照表5-2执行。

美国和日本关于载重量和轿厢有效面积之间的规定如下：

美国电梯安全法：$Q = 244A$； 日本建筑标准法：$Q = 250A$。

式中：Q——电梯的最小额定载重量（kg）；

A——轿厢有效面积（m²）。

（三）病床电梯轿厢

由于以病床或担架（含病人）为装运对象，同时还会有随行的医疗器械及医护人员，因此病床电梯轿厢一般是长而窄，其有效面积在额定载重量相同的情况下，要大于客梯。我国对病床电梯轿厢的空间有效尺寸的规定见表2-6。

病床电梯的轿厢内部一般比较简单，为适应病人仰卧的特点，轿厢的照明设置以间接照明式为宜，多为有司机操作方式；由于长期在多病菌环境中工作，需定期做清洁消毒处理，所以轿厢内壁较为光洁平整，多采用不锈钢壁板，易于清理消毒；电梯运行的平稳性要求较高。病床电梯轿厢内部一般结构如图5-11所示。

（四）杂物梯轿厢

杂物梯以运送书籍、食品等小件物品为目的，其载重量较小。为了限制人进入轿厢，我国对杂物梯轿厢尺寸的限制如表2-8所示。如果轿厢由几个固定间隔组成，而每一间隔都满足表2-8要求，则轿厢总高度允许超过1.20 m。杂物梯轿厢结构如图5-12所示。

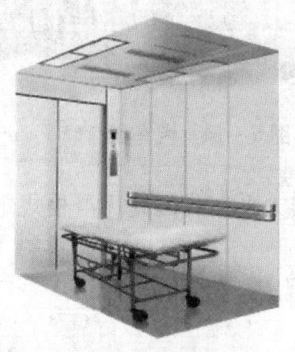

图5-11 病床电梯轿厢

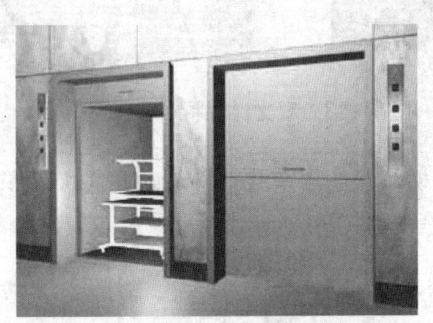

图5-12 杂物梯轿厢

（五）观光梯轿厢

观光梯一般装设在高档豪华宾馆、展览大厅内外，在轿厢中可以饱览外部风光，使得乘客在完成升降的过程中，同时浏览风景。此类电梯轿厢通透明亮，外形常做成棱形或圆形等。观光面的轿壁使用符合 GB 7588—2003 中 8.8.2.2 规定的强化夹层玻璃，当玻璃下端距地面少于 1.10 m 时，必须在高度 0.90～1.10 m 高处设置扶手栏，该扶手栏的固定与玻璃无关。玻璃轿壁的固定在玻璃下沉时，应保证其不会滑出，玻璃不会因冲击而产生龟裂等现象。为了保证玻璃轿壁的强度，每块玻璃的面积是受到限制的。观光梯轿厢的内外装饰都十分讲究，除内部设计豪华外，其外露部分常加装以各种彩色装饰和彩色灯具。观光梯轿厢结构效果如图 5-13 所示。

（六）汽车梯轿厢

汽车梯是垂直提升汽车所用，所以其轿厢面积必须较大，通常在轿底板设有双拉杆结构；有时还会设置楔形垫块，置于车轮下防止车辆溜滑；有时还不设全封闭轿顶和轿壁。汽车梯桥厢具体结构如图 5-14 所示。

图 5-13　观光梯轿厢

图 5-14　汽车梯轿厢

汽车梯轿厢的额定载重量与轿厢底板面积之间的关系在我国尚无严格规定，可以参照国外的一般要求：

$$美国规定：Q = 146.5A； \quad 日本规定：Q = 150A。$$

式中：Q——电梯的最小额定载重量（kg）；

A——轿厢有效面积（m^2）。

三、轿厢内操纵箱

轿厢内操纵箱位于轿厢内靠近轿门的轿厢壁上，司机或乘客能方便地通过它来控制电梯运行。现有些电梯出于对残疾人无障碍使用电梯的考虑，另在轿厢内较低位置设置一个操纵箱，方便轮椅乘客使用，同时在按钮上制出盲文、加设语音报站等。

轿厢内操纵箱外形如图 5-15 （b）所示，其美观和豪华程度应与轿厢内装饰相互协调。

操纵箱常见开关、按钮的功能如下：

（1）楼层选择按钮。操纵箱面板上装有单排或双排按钮，数量由楼层的多少确定；乘客触压目的楼层按钮，按钮通电点亮并使层楼指令继电器自我保持。乘客操作时，可以根据需要按下一个或几个欲去层站的按钮，轿厢停层指令被登记，关门起动后轿厢就会按被登记的层站顺序停靠。

（2）开关门按钮。在盘面左右各装一个，分别用于开门和关门动作。当乘客进入轿厢完毕，并触压楼层选择按钮，再触压关门按钮则轿层门被关闭，电梯启动运行（如果选择了楼层后未触压关门按钮，则在一个延时后轿门自动关闭并启动运行）。到达目的层站电梯平层后，轿门自动开启使乘客出入，此时触压开门按钮则轿层门始终保持开启状态。开关门按钮仅在电梯停止后起作用，正常运行中无作用。

(a)　　　(b)

图 5-15　操纵面板

（3）报警铃按钮。设于操纵面板上，当电梯发生故障停机，供乘客在轿厢内部向外呼救时使用。当该按钮被触压后，警铃响起，表示电梯内有人求救。警铃通常与电梯照明采用同一路电源或不间断电源，以保证不受电梯动力系统供电故障的影响。

（4）对讲按钮。设于操纵面板，当电梯发生故障使乘客被困时，乘客能够向电梯管理员提供故障现象或具体情况，同时电梯管理员能对受到惊吓的乘客做抚慰工作。

（5）通风及照明开关。用来控制轿厢内的电风扇（或空调器）及轿厢照明灯。

（6）直驶按钮（专用）。开启这个开关，厅外招呼停层即告无效，电梯只按轿厢内指令停层。尤其在满载时将电梯直驶电路接通，电梯便直达所选楼层。

轿厢内轿门上方或直接在轿厢操纵箱面板上装设有楼层指示和轿厢运行方向指示，向乘客报站并显示方向。需要说明的是，电梯的操纵使用有更加人性化的趋势，如会在操纵按钮上制有盲文凸点，并附加语音报站，轿厢内播放轻松柔美的背景音乐等。

四、轿厢外操纵箱

轿厢外操纵箱也称为层楼召唤箱（图5-15（a）），是为各楼层乘客召唤使用电梯配备的。在电梯运行的各楼层门均设有召唤箱，一般装设在层门门套一侧。除了底层和最高层站的召唤箱上只有一个上行或下行按钮外，其余各层站召唤箱均有上、下行两个按钮，以便乘客向上或向下召唤电梯。召唤箱上还设有楼层指示灯，为乘客提供当前轿厢位置信息。当乘客触压目的方向按钮后，该按钮被点亮，并保持到轿厢到达开门为止，意味着该次任务完成。

在某些电梯中，在底层召唤箱上还设有停机钥匙开关，或供消防人员专用的消防功能钥匙开关。

还有些电梯根据消防规范被指定为消防人员专用梯。在该梯的底层入口处设置消防员专用开关箱，一般设于底层大厅层门侧距地约1.7 m处。该开关多为醒目的红色，外侧平时有一个玻璃小窗封闭，遇到火警时可打碎玻璃，打开开关，则轿厢会直驶回到底层大厅，供消防员使用。

五、轿厢超载控制装置

目前电梯大多都取消了专职电梯司机，由乘客自己操纵，所以电梯的乘员数量就变得较难控制；对于载货电梯，货物的重量往往较难估计。为了始终保证电梯安全可靠运行，不出现超载现象，电梯中有必要装设超载称重装置，当超载称重装置发现轿厢载荷超过额定负载时，发出警告信号并使电梯不能起动运行。

轿厢超载称重装置一般设置在轿厢底、轿厢顶或机房等部位，根据其工作原理分为机械式、橡胶块式和压力传感器式等（表5-3）。

表5-3 超载称重装置分类

类 别	型 式	说 明
按装设的位置分类	轿底称重式	活动轿厢式：设于轿厢底部，轿厢整体为浮动 活动轿底式：设于轿厢底部，轿底部分为浮动
	轿顶称重式	设于轿厢上梁
	机房称重式	设于机房

续表 5-3

类别	型式	说明
按结构原理分类	机械式	称重装置为机械式结构
	橡胶块式	橡胶块作为称重元件
	压力传感器式	压力传感器作为称重元件

（一）机械式称重装置

机械式称重装置可以分为装设于轿底和装设于轿顶两种形式。轿底机械称重装置是采用磅秤工作的杠杆原理，具体结构如图 5-16 所示。当轿厢受载后，连接块在重力作用下向下移动，当轿内重量达到设定值时，轿底的下移使连接块上的开关碰块碰触微动开关，电梯控制线路被触发，此时电梯不能启动，报警器报警，直至超载状态解除方可恢复。称量值可以通过移动秤砣和副秤砣来调节。

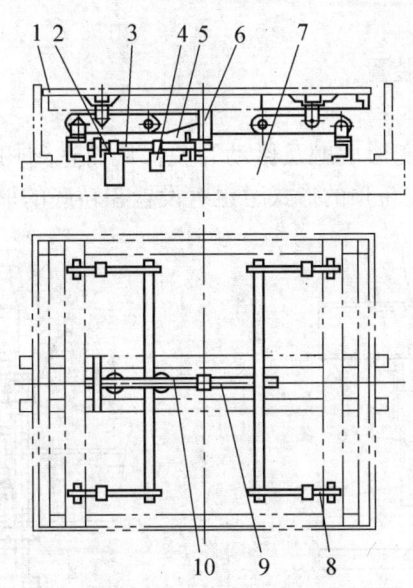

1. 轿厢底；2. 主秤砣；3. 秤杆；4. 副秤砣；5. 微动开关；
6. 连接块；7. 轿底梁；8. 悬臂架；9. 悬臂Ⅰ；10. 悬臂Ⅱ。

图 5-16 轿底机械式称重装置

轿顶或机房机械式称重装置如图 5-17 所示，它也是利用杠杆原理，称重装置与轿顶或机房中绳头连接板结合在一起，维修保养较方便。由于钢丝绳及补偿绳长度变化导致其称重会发生变化，称重值必须随时修正。

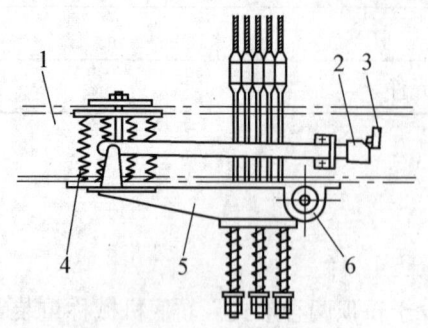

1.上梁；2.摆杆；3.微动开关；
4.压簧；5.秤杆；6.秤座

(a) 机械式轿顶称重装置

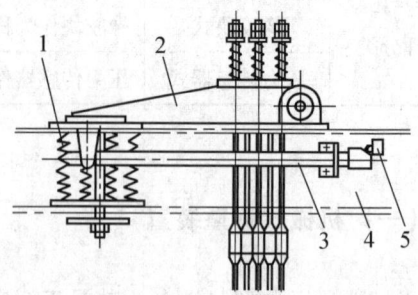

1.压簧；2.称杆；3.摆杆；
4.承重梁；5.微动开关

(b) 机房机械式称重装置

图 5-17　轿顶和机房机械式称重装置

（二）橡胶块式称重装置

利用橡胶块受力压缩变形后触及微动开关，从而达到切断控制回路的目的。如图 5-18 所示为橡胶块设置在轿顶的形式，也有设置在轿底的形式。

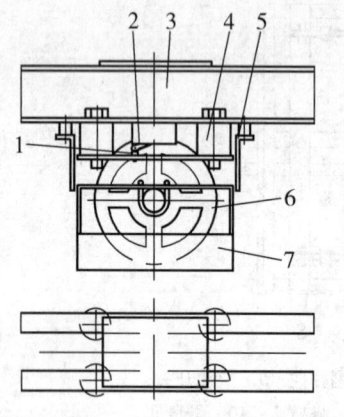

1. 触头螺钉；2. 微动开关；3. 上梁；4. 橡胶块；
5. 限位板；6. 轿顶轮；7. 防护板

图 5-18　橡胶块式轿顶称重装置

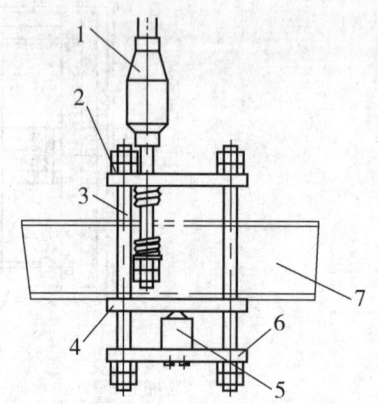

1. 绳头组合；2. 绳吊板；3. 螺栓；
4. 托板；5. 传感器；6. 底板；7. 承重梁

图 5-19　压力传感器式称重装置

（三）压力传感器式称重装置

将应变式压力传感器装于轿顶或机房可以对轿厢负荷进行称重，也可以将压力传感器安装在活动轿底下进行称重，超载则控制电路工作，主电机切断，报警器鸣叫，超载灯亮，如图 5-19 所示。

所谓活动轿底，即轿底与轿厢体是分离的。轿厢壁安装在轿底框上，轿底浮支在称量装置上，这样轿底能随着载重的增减，在厢体内上下浮动。

六、电梯门系统的作用与要求

（一）电梯门系统的作用

电梯门系统主要包括轿门（轿厢门）、层门（厅门）与开关门机构及其附属的部件。电梯门系统的作用是防止乘客和物品坠入井道或与井道相撞、避免乘客或货物未能完全进入轿厢而被运动的轿厢剪切等危险的发生，是电梯的最重要安全保护设施之一。

1. 层门的作用

层门又称为厅门，安装在候梯大厅电梯入口处。层门是乘客在进入电梯前首先看到或接触到的部分，电梯有多少个层站就会有多少个层门。当轿厢离开层站时，层门必须保证可靠锁闭，防止人员或其他物品坠入井道。根据不完全统计，电梯发生的人身伤亡事故约有 70% 是由于层门的故障或使用不当等引起的。层门是电梯很重要的一个安全设施，层门的开启与有效锁闭是保障电梯使用者安全的首要条件。

2. 轿门的作用

轿门是设置安装在轿厢入口处，由轿厢顶部的开关门机构驱动而开闭，同时带动层门开闭。轿门是随同轿厢一起运行的门，乘客在轿厢内部只能见到轿门，供乘客和货物的进出。简易电梯用手工操作开闭的称为手动门，当前一般的电梯都装有自动开、关门机构，称为自动门。

3. 层门和轿门的相互关系

层门是设置在层站入口的封闭门，当轿厢不在该层门开锁区域时，层门保持锁闭；此时如果强行开启层门，层门上装设的机械——电气联锁门锁会切断电梯控制电路，使轿厢停驶。层门必须是当轿厢进入该层站开锁区域，轿门与层门相重叠时，随轿门驱动而开启和关闭。所以轿门为主动门，层门为被动门，只有轿门、层门完全关闭后，电梯才能运行。

为了将轿门的运动传递给层门，轿门上一般设有开门联动装置，通过该装置与层门门锁的配合，使轿门带动层门运动。

为了防止电梯在关门时将人夹住，在轿门上常设有关门安全装置（近门保护装置），当轿门关闭过程中遇到阻碍时，会立即反向运动，将门打开，直至阻碍消除后再完成关闭。

（二）层门、轿门的使用要求

层门和轿门是电梯的重要安全保护装置和重要组成部分，因此在结构和安全使用方面有一定的要求：

（1）层门必须是无孔的，当门关闭后，门扇之间或门扇与立柱、门楣和地坎之间的间隙应尽可能小。对于乘客电梯，此间隙不超过 6 mm；对于载货电梯，此间隙不得大于 8 mm，由于磨损原因，此间隙允许达到 10 mm（如果有凹进部分，上述间隙应从凹底处测量）。

（2）为了使门在使用过程中不发生变形，门及门框架应用金属制造。

（3）层门和轿厢门的最小净高度为 2 m，层门净入口宽度在任一侧不能超过轿厢净入口宽度 0.05 m。

（4）每个层站进口、轿厢入口应装设一个具有足够强度的地坎，以承受进入轿厢的载荷作用。各层站地坎前面应有稍许坡度，以防止候梯大厅洗刷、洒水时，水流入井道。

（5）水平滑动门的顶部和底部都应设有导向装置，垂直滑动门两边都应设置导向装置；在运行中应避免脱轨、卡住或在行程终端时越位。

（6）手动开启的层门、轿厢门，使用人员在开门前，应能知道轿厢的位置，为此应安装透明的窥视窗或设置一个发光的"轿厢在此"标示。

（7）层门、轿厢门及其门锁应具有这样的机械强度：当门在锁住位置时，用 300 N 的力垂直作用在该门扇的任何一个面的任何位置上，且均匀分布在 5 cm^2 的圆形或方形面积上时，应无永久变形，弹性变形不大于 15 mm，经过这种试验后，门的安全功能不受影响。在水平滑动门和折叠门主动门扇的开启方向，以 150 N 的人力（不用工具）施加在一个最不利的点上时，门扇之间或门扇与立柱、门楣和地坎间的间隙可以超过 6 mm，但不得超过 30 mm（旁开门）或 45 mm（中分门总和）。

（8）如果采用玻璃门，除玻璃必须采用符合 GB 7588—2003 规定的强化夹层玻璃外，要求玻璃门的固定件在玻璃下沉时不会使玻璃滑出。

（9）电梯正常运行时，层门和轿厢门应不能打开，它们之中如有一个被打开时，电梯应不能启动或停止运行。因此，层门和轿厢门必须设置电气联锁装置（门锁开关），只有在层门及轿厢门有效地锁紧在关门位置，锁紧元件啮合至少为 7 mm 时，轿厢才能启动。

（10）层门和轿厢门及其四周的设计应尽可能减少夹住人、衣服或其他物体的现象，门的表面不得有超过 3 mm 的任何凹进和凸出，如有则这些凹进和凸出部分边缘应在开门方向上倒角。

（11）自动门在层门或轿厢门关闭过程中，如果有人穿过门口而被撞击或即将被撞击时，一个灵敏的保护装置必须自动地使门重新开启，即必须装设近门保护装置。

（12）如果电梯由于任何原因停在靠近层站的地方时，为允许乘客离开轿厢，在轿厢停住并切断开门机电源的情况下，应能从层站处用手开启或部分开启轿门。如果层门与轿门联动，从轿厢内用手开启或部分开启轿门以及与其相连接的层门。上述要求至少能够在开锁区域中用不大于 300 N 的力施行；额定速度大于 1 m/s 的电梯在运行中，开启轿门的力应大于 50 N（在开锁区域中无此限制）。

七、层门、轿门的型式与结构

层门是为了确保候梯厅中的乘客安全而设置在各楼层通向井道轿厢入口处的门，每一层站都设有此门。层门除了有保证安全的作用，同时还有装饰美化候梯厅的作用。层门平时必须是关闭的，只有当轿厢到达本层站平层停站后，才会随轿门被打开。目前绝大多数电梯的层门是被轿门驱动的，但也有少量电梯采用手动开门方式。

由于层门是连接、分隔井道和候梯厅的设施，所以在层门附近必须有足够照度的采光，以保证乘客能够清楚地观察到面前的情况，保证安全。

（一）层门的型式

电梯门主要有两种型式，即滑动门和旋转门，当前普遍采用的是滑动门（旋转门在国外小型公寓电梯中有使用）。滑动门按其开门方向又可分为中分式、旁开式和直分式三种，层门必须和轿门是同一类型式。

1. 中分式门

中分式门由中间分开（图 5-20），开门时左右门扇分别以相同的速度向两侧滑动；关门时，则以相同的速度向中间合拢。

中分式门按其门扇数量分为两扇中分式和四扇中分式。四扇中分式用于开门宽度较大的电梯，此时单侧两个门扇的运动方式与两扇旁开式门相同。

电_梯_结_构_与_原_理

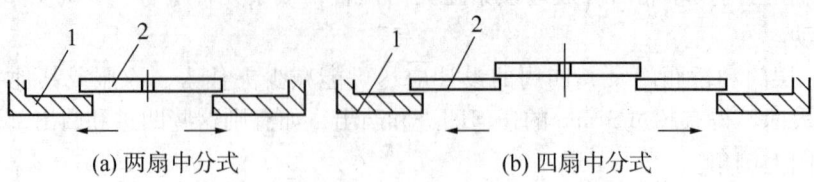

(a) 两扇中分式　　　　　　(b) 四扇中分式

1. 井道墙壁；2. 层门

图 5-20　中分式门

2. 旁开式门

旁开式门由一侧向另一侧推开或合拢（图 5-21），按照门扇的数量，常见的有单扇、双扇和三扇旁开式门等。

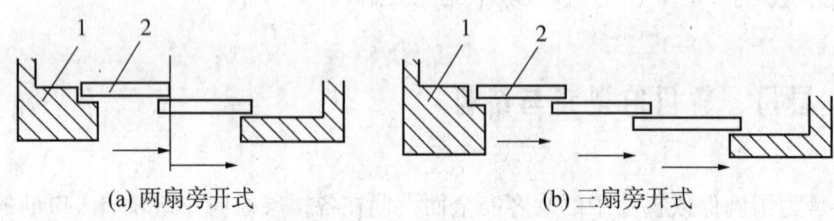

(a) 两扇旁开式　　　　　　(b) 三扇旁开式

1. 井道墙壁；2. 层门

图 5-21　旁开式门

当旁开式门为两扇及两扇以上时，每一个门扇在开门和关门时各自的行程不同，但运动的时间却必须相同，因此各个门扇的速度有快慢之分，速度快的称快门，反之称慢门。双扇旁开式门又称双速门，由于门在打开后是折叠在一起的，因而又称双折式门。同理，当旁开式门为三扇时，称为三速门或三折式门。

旁开式门按开门方向，又可分为左开式门和右开式门。区分的方法是：人站在候梯厅中，面向层门，门向右开的称右开式门；反之为左开式门。图 5-21 所示均为右开式门。

3. 两种型式门的使用比较

中分式门具有出入方便、工作效率高、可靠性好的优点，因此客梯多选用中分式门；旁开式门具有开门宽度大、对井道宽度要求小的优点，因此对于希望电梯的开门宽度能尽量大些，以方便货物进出装卸的货梯，多选用旁开式门。中分式门与旁开式门的性能比较见表 5-4。

直分式门的门扇不占用井道的宽度和轿厢的宽度，能使电梯具有最大的开门宽度，它常用在杂物梯和大吨位的货梯上。

表5-4 中分式门与旁开式门性能比较

项 目	两扇旁开式门	两扇中分式门
最大开门宽度	约为轿箱宽度的2/3	约为轿箱宽度的1/2
开门时间	长	短
出入方便性	不如中分式	好
开关门的平稳性	较差	较好
开关机构可靠性	较差	较好
对井道宽度要求	较小	较大

（二）层门的结构特点

层门主要由门框、门扇、吊门滚轮及地坎、门导靴等组成（图5-22至图5-24）。

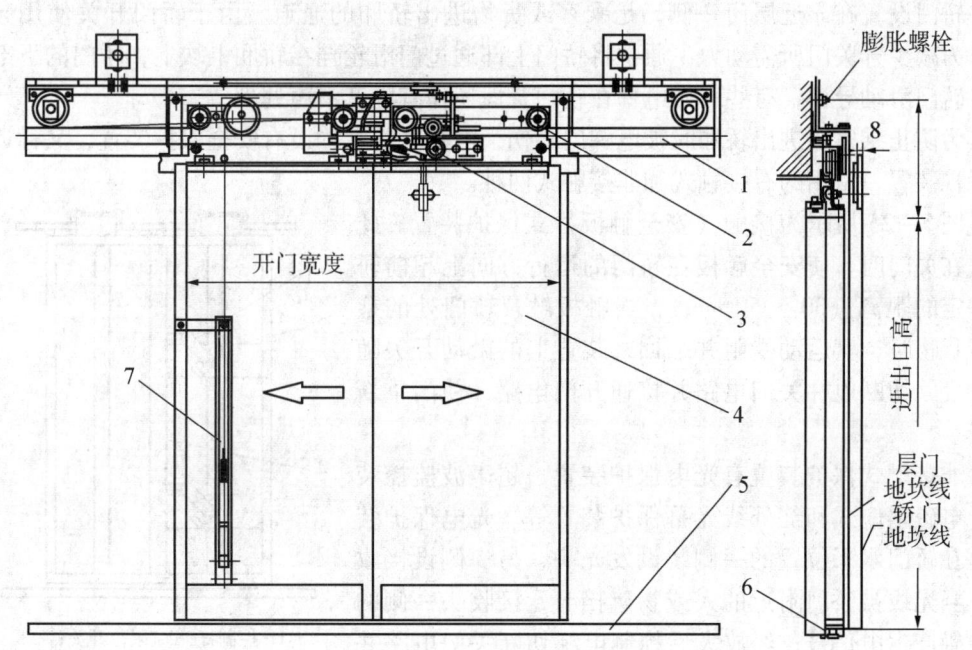

1. 调节导轨；2. 调门滑轮；3. 门锁；4. 门扇；5. 地坎；6. 门滑块；7. 强迫关门机构

图5-22 中分式层门

电梯结构与原理

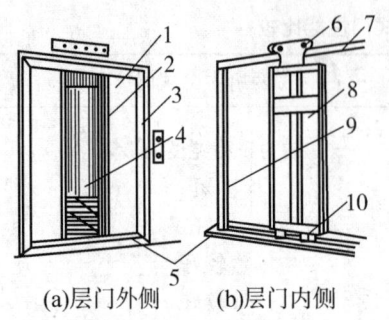

(a) 层门外侧　(b) 层门内侧

1. 层门；2. 轿厢门；3. 门套；4. 轿厢；
5 门地坎；6. 门滑轮；7. 导轨架；8. 门扇；
9. 门框立柱；10. 门滑块（门靴）

图 5-23　层门结构和组成

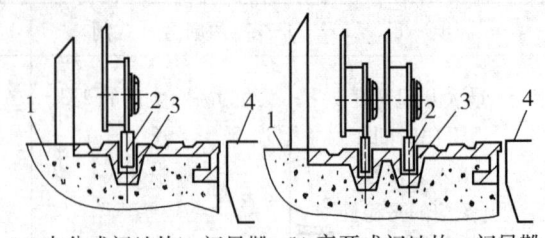

(a) 中分式门地坎、门导靴　(b) 旁开式门地坎、门导靴

1. 地坪；2. 门靴；3. 地坎槽；4. 轿底

图 5-24　层门地坎、门导靴

（三）轿门的型式和结构特点

轿门设置在靠近层门一侧，是乘客或货物进出轿厢的通道。由于轿门开关使用频繁，为减少开关门所需动力，通常将轿门上部通过门滑轮挂在轿厢上坎上，轿门的下部设有轿门滑动导槽，有些高档电梯在轿门背面还作有隔音消声处理。

为防止乘客在进出轿厢时被电梯门夹伤，电梯轿门上均设有安全保护装置，又称近门保护装置，常用的有接触式和非接触式两种。

图 5-25 所示为接触（安全触板）式保护装置。此装置在关门时，使安全触板在轿门的运行方向上超前轿门一定的距离（30～50 mm），当触板触及轿门处的乘客或货物时，其运动受阻并缩回，装置上的微动开关随即触发，切断电梯关门电路并接通开门电路，使门重新打开。

非接触式保护装置有光电保护装置、超声波监控装置、电磁感应式和红外线光幕保护装置等。光电保护装置是在轿门水平位置的一侧装设发光头，另一侧设接收头，当光线被轿门附近的人或物遮挡时，接收头一侧的光电管产生电信号，经放大后控制电梯切断关门电路并接通开门电路，达到防夹功能，由于该装置常因移位或被污物遮盖等原因导致失灵，所以经常与安全触板联合

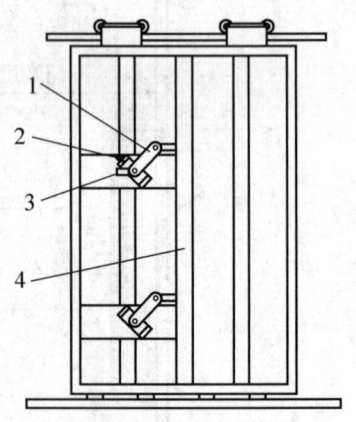

1. 控制杆；2. 限位开关；
3. 微动开关；4. 门触板

图 5-25　安全触板式保护装置

使用。红外线光幕保护装置是在轿门门口处两侧对应安装红外线发射和接收装置,发射装置在整个轿门宽度中发射40道以上的红外线,相对于在轿门口形成一个光幕门,当人或物遮挡光线后,关门电路被切断,随即打开开门电路。此装置灵敏、可靠、无噪音并控制范围大,但也会因强光的干扰或尘埃的附着而失灵,通常也是与安全触板联合使用。

八、开关门机构

电梯轿门、层门的开启与关闭,通常有自动和手动两种方式。目前采用手动开关门的情况已经很少,仅在个别货梯中还使用。

(一)手动开关门机构

手动开关门电梯是依靠分别装置在轿门和轿顶、层门和层门框上的拉杆装置实现的。当门关闭后,拉杆的顶端插入锁的孔里,由于拉杆弹簧的作用,不会出现拉杆自动脱出解锁现象,同时轿外人员也不可能用手扒开层门和轿门。要打开门时,司机用手拉动拉杆,压缩弹簧使拉杆端部脱离锁孔,再用力将门打开,实现手动开关门(图5-26)。

由于轿门和层门之间没有机械方面的联动关系,所以开门时,司机要先开轿门再开层门;关门时则要先关层门后关轿门。

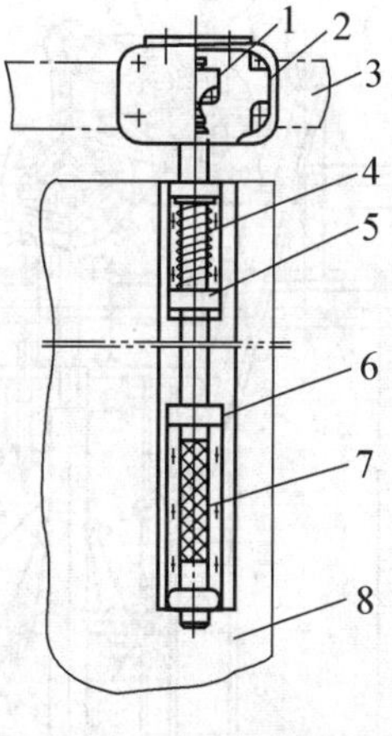

1. 电连锁开关;2. 锁壳;3. 吊门导轨;4. 复位弹簧;5./6. 拉杆固定架;7. 拉杆;8. 门扇

图5-26 手动拉杆门锁

(二)自动开关门机构

电梯开关门系统的好坏直接影响电梯运行的可靠性,同时开关门系统也是电梯故障高发区域。目前常用的开关门机构有直流调压调速驱动及连杆传动、交流调频调速驱动及同步齿形带传动、永磁同步电机驱动及同步齿形带传动等几种。

1. 直流调压调速驱动及连杆传动开关门机构

这种开关门机构从20世纪60年代开始使用,至今仍有非常广泛的运用,其根据轿门的开启方向有中分式和双折式两种。由于直流电机具有调速性能好、换向简单方便等特点,一般通过皮带轮减速及连杆机构传动实现自动开关门。中分式开关门机构又可分为拨杆式和杠杆式两种。

在拨杆式中分门开关门机构（图5-27（a））中，开关门电机3运转并通过一系列皮带减速，驱动门上方正中的曲柄轮转动，并通过连杆带动拨杆1向门外侧摆动，使吊装在吊门导轨上的轿门（通过门刀系合层门门扇）向两侧滑开，实现开门动作；开关门电机反转则实现两扇轿门（层门）关闭。在曲柄轮转动过程中，装于轮缘上的触头会触碰开门调速开关，切换控制电路并调整开关门电机转速，实现开门过程中门扇先低速开启，然后加速到全速运行，在门将要全开时减速运行，依靠门运行的惯性保证门全开，避免开门过程中出现过大的振动和冲击。关门时也实现两级变速，即关门开始时开关门电机全速启动运行，过程中开启第一级减速并继续关门，随后开启第二级减速至门即将关闭位置停止，依靠门的运行惯性将门平稳关闭。

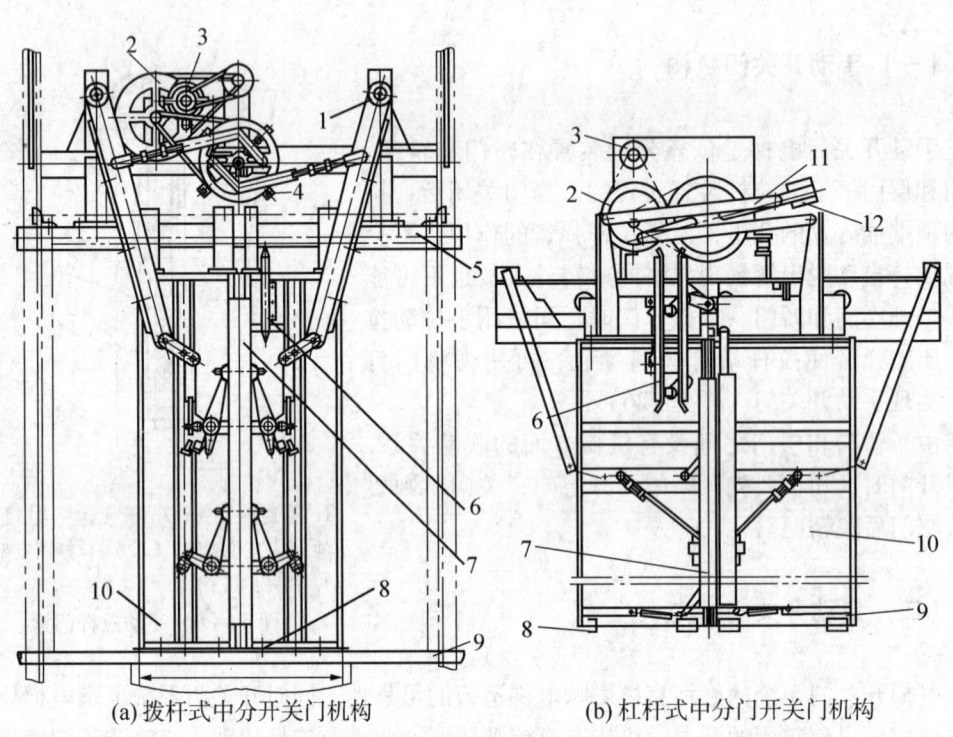

(a) 拨杆式中分开关门机构　　(b) 杠杆式中分门开关门机构

1. 拨杆；2. 减速皮带轮；3. 开关门电机；4. 开关门调速开关；5. 吊门导轨；6. 门刀；
7. 安全触板；8. 门滑块；9. 轿门地坎；10. 轿门；11. 杠杆；12. 平衡锤

图5-27　直流调压调速驱动及连杆传动开关门机构

在杠杆式中分门开关门机构（图5-27（b））中，开关门电机3运转并通过一系列皮带减速驱动位于门上方正中的曲柄轮转动，同时带动杠杆11推动两扇轿门（通过门刀系合层门门扇）沿吊门导轨滑开，实现开门动作；开关门电机3反转则实现轿门（层门）关闭，电机调速过程与拨杆式机构相同。曲柄链轮上平衡锤12的作用是抵消门在关闭后的自开趋势，这是因为摇杆机构中各构件自重的合力使门扇受到打开方向的力，如不加以抵消，门就不能关严，平衡锤还使门在关闭后产生紧闭力，不会因轿厢在运行中的振动而开启。

2. 交流调频调速驱动及同步齿形带传动开关门机构

这种开关门机构利用交流调频调压技术对交流电动机进行调速，利用同步齿形带进行直接传动，省去了复杂笨重的连杆机构，降低了开关门电机的功率，提高了开关门机构的传动精确度和运行可靠性，是一种比较先进的开关门机构，其外形结构如图5-28所示。

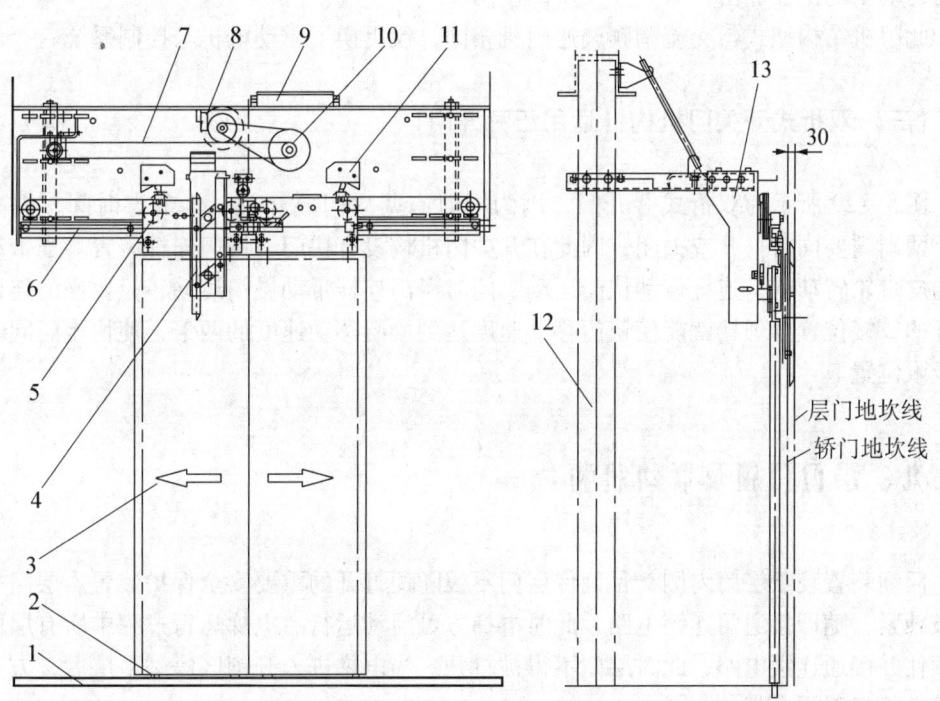

1. 轿门地坎；2. 轿门滑块；3. 轿门扇；4. 门刀；5. 轿门调门轮；6. 吊门导轨；7. 同步带；8. 光电测速装置及门电机；9. 变频门机控制箱；10. 同步齿形带驱动轮；11. 门位置开关；12. 轿厢侧梁；13. 开门机机架

图5-28 交流调频调速驱动及同步齿形带传动开关门机构外形结构

交流调频调速门机工作时，由门电机 8 运转并通过皮带传动驱动同步齿形带驱动轮 10 转动，同步齿形带运行并带动连于其上的轿门拨杆，将轿门（通过门刀系合层门门扇）打开；门电机反转则轿门被关闭。由于轿门运行的速度必须按照电梯要求控制，所以在门电机上配有光电测速装置 8，当门开启和关闭到位时，由门位置开关 11 提供控制信号切断门电机电路。

右门扇由钢丝绳联动机构间接驱动。两个绳轮分别装在轿门导轨架的两端，左门扇与钢丝绳的下边连接，右门扇与钢丝绳的上边相连接。左门扇在同步带带动的门拨杆作用下向左运动时，带动钢丝绳作顺时针回转，从而使右门扇在钢丝绳的带动下向右运动，与左门扇同时进入开门或关门行程。

3. 永磁同步电机驱动及同步齿形带传动开关门机构

这种开关门机构使用永磁同步电机直接驱动开关门机构，同时使用同步齿形带直接传动，不但保持了变频同步电机的低功率和高效率的特点，而且大大减小了体积，降低了门运动中的慢性冲击，得到了较多的使用。

此门机结构型式与交流调频调速门机相同，仅更换了驱动电机与控制系统。

（三）双折式开关门机构（适用于旁开门）

图 5-29 所示为双折式旁开门，因为同时有两扇门要开关，为节省时间、提高效率，两扇门要同时打开或关闭，因此在开关门机构设有快门、慢门连杆装置。当带动曲柄的皮带轮转动时，连杆带动快门运动，同时慢门连杆带动慢门运动，只要慢门连杆和摇杆的铰接位置合理，就能使快门移动速度达到慢门移动速度的两倍，使快慢门同时达到极限位置。

九、层门门锁及联动机构

门锁装置装于层门内侧，是确保层门不被随便打开的重要安全保护装置。层门关闭后被锁紧，随即接通门连锁电路，此时电梯方可启动运行。电梯运行过程中所有层门均被锁住并接通连锁电路，此时层门不得被打开。当电梯进入开锁区停站平层后，方可被轿门上的门刀系合带动而开启。

层门手动门锁前面已经作了介绍，现在讨论用于自动门的自动门锁。这类锁有以下几种结构。

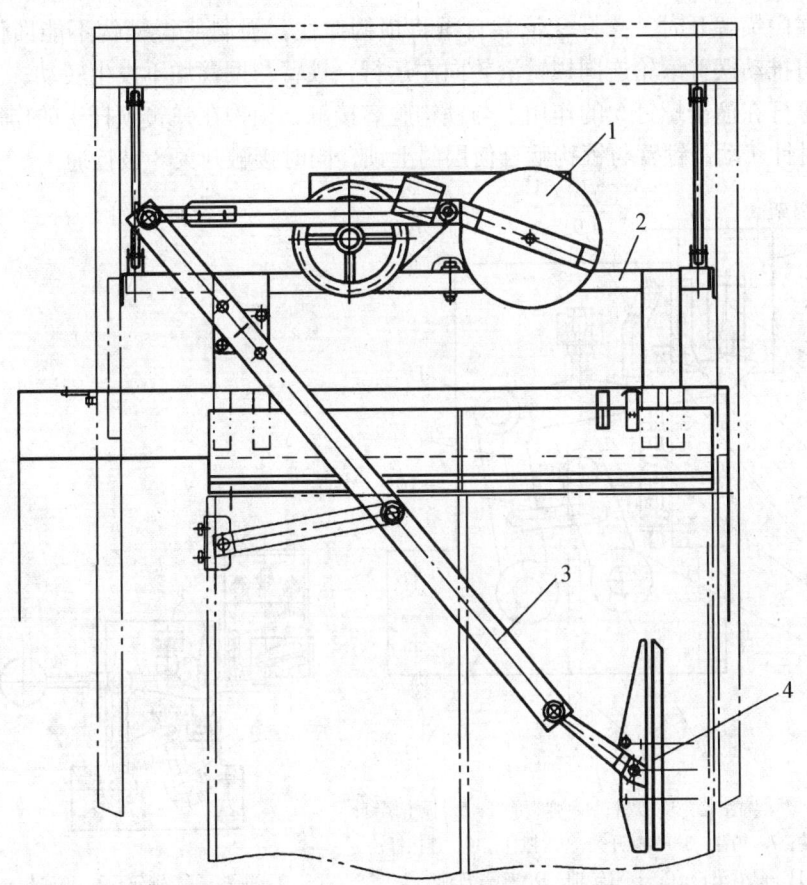

1. 主传动机构；2. 层门机架；3. 曲柄机构；4. 门刀组合

图 5-29 双折式旁开门

（一）门刀式门锁

门刀式门锁又称为撞击式钩子锁，如图 5-30 所示。安装接触开关的左上部分（图中 A 所指部分）装配在层门框上，右半部分（图中 B 所指部分）装在层门上。当电梯到站平层时，门刀插入锁臂滚轮与摆臂滚轮之间，此时轿门开启，装于轿门外侧的门刀向右移动，迫使锁臂滚轮绕锁臂销轴 D 转动，使锁壁与锁钩 6 脱离，锁被解开。在开锁过程中，锁臂绕销轴 D 作逆时针转动，同时拉动连接杆并带动摆臂 3 绕摆臂销轴 C 作逆时针转动，摆臂滚轮 2 快速接触刀片；当两滚轮（滚轮外侧均包有橡胶）将刀片夹持之后，锁臂滚轮停止绕销轴转动，层门开始随门刀一起向右移动，直到门开启到位；在门锁解开时，撑杆9依靠自重将锁钩撑住，强制使得锁钩不能回位。门关闭时，门刀推动摆臂滚轮连同锁臂滚轮向左运行，锁臂与摆臂均不发生转动；当门接近关闭时，撑杆在撞击螺钉5的作用下与锁钩脱离接触，锁钩在弹簧顶杆4的作用下随即绕D点顺时针转动，锁臂与锁钩啮合使层门上锁，同时接触开关8被接通。

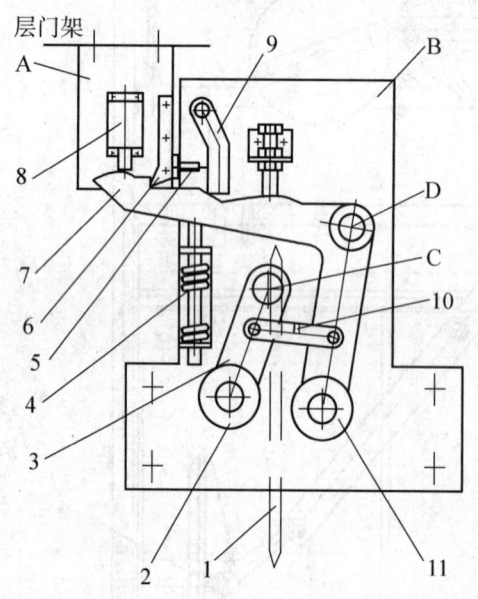

1. 门刀；2. 摆臂滚轮；3. 摆臂；4. 弹簧顶杆；5. 撞击螺钉；
6. 锁钩；7. 锁臂；8. 接触开关；9. 撑杆；10. 连接杆；
11. 锁臂滚轮；C. 摆臂转轴；D. 锁臂转轴

图5-30 门刀式门锁（1）

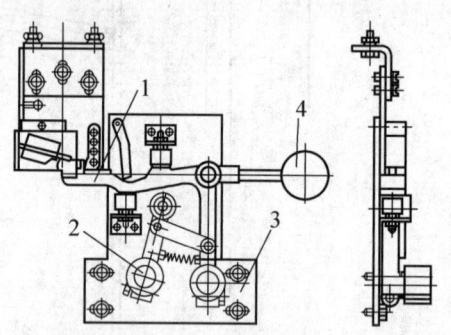

1. 锁钩；2. 锁轮；3. 锁底板；4. 重锤

图5-31 门刀自动门锁（重锤复位）

根据GB 7588—2003《电梯制造与安装安全规范》的要求，必须保证当层门关闭后，锁臂7与锁钩6之间良好啮合，同时必须保证啮合后锁紧元件的啮合距离达到7 mm以上。在图5-30所示的门刀式门锁中，可能存在一种危险，即当弹簧顶杆4失效时，有可能由于重力的作用导致锁臂绕销轴D作逆时针旋转，使锁钩处的啮合解脱。根据GB 7588—2003的规定，使用永久磁铁或弹簧保持锁紧元件的锁紧动作，当出现磁铁或弹簧失效后，必须依靠重力作用保证不致开锁。所以，目前使用的此类门锁作了相应的改进，增加了重力摆锤（图5-31）。

层门的开闭是由装在轿门门扇外侧的门刀（图5-32）插入层门上的自动门锁（锁体）中，使锁臂脱开锁钩后而跟着轿门一起运动，这两者的配合就成为系合装置。门刀用钢板制成，其形状似刀，故称为门刀。门刀用螺栓紧固在轿门上，保证轿厢在到达

每一层站均能准确插入门锁的两个滚轮之间。

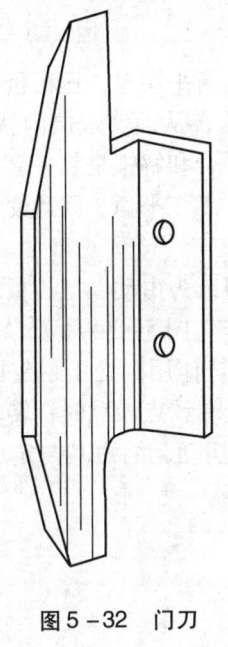

图 5-32 门刀

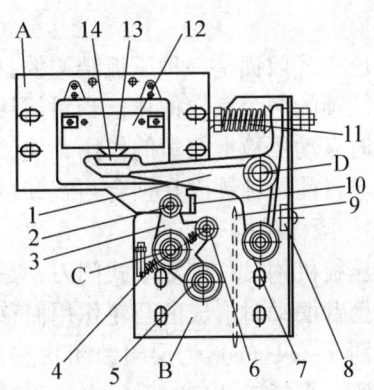

1. 锁臂；2. 碰轮Ⅰ；3. 碰轮座；4. 拉簧；
5. 碰轮座滚轮；6. 碰轮Ⅱ；7. 锁臂滚轮；
8. 挡铁；9. 门刀；10. 挡块；
11. 锁臂复位弹簧；12. 接触开关；13. 开关触点；
14. 锁钩；C. 碰轮座转动中心；D. 锁臂转动中心

图 5-33 门刀式门锁（2）

图 5-33 所示为一种门刀式门锁的结构，其工作原理如下：图中 A 部分安装在层门框上，B 部分装于层门扇上。当电梯停站平层后，门刀 9 插入碰轮座滚轮 5 与锁臂滚轮 7 之间。开门时，门刀向右移动，与锁臂滚轮 7 接触，推动锁臂 1 绕锁臂转动中心 D 作逆时针转动，并压缩锁臂复位弹簧 11，最终使锁臂左端凹槽与锁钩 14 分离，同时使开关触点 13 动作，层门开锁动作完成；锁臂在门刀向右推动下继续绕 D 点作逆时针转动，直至与挡铁 8 接触并停止转动，层门开始随同门刀向右开启。碰轮座 3 上的碰轮Ⅰ（件号 2）被属 A 部分的挡块 10 挡住，碰轮座绕转动中心 C 作逆时针转动，拉簧 4 被拉伸并从右上端绕过 C 点，随即拉动碰轮座作逆时针转动，迫使碰轮座滚轮 5 压紧门刀，门刀被两个滚轮夹住。关门时，门刀向左推动层门关门，当接近闭合时，碰轮Ⅱ（件号 6）被挡块 10 挡住，推动碰轮座绕 C 点顺时针翻转复位，使碰轮座滚轮 5 脱离门刀，锁臂在复位弹簧 11 的作用下顺时针转动并与锁钩锁合，导电座与开关触头接触，电梯控制回路接通。

此类门锁在锁合时同样需要以门的动力将滚轮翻转，但由于只需克服较小的拉簧拉力，所以门扇可以以较小的速度闭合，减少了冲击，工作相对平稳，无振动。

（二）压板式门锁

压板式门锁是一种压板结构的自动门锁。当电梯运行平层时，压板机构的动、定压板将门锁的两个滚轮抱住，当轿门移动时，使锁钩脱钩，从而实现层门轿门连锁运动。关门时靠动压板上扭簧的作用，使锁钩锁合，锁钩的锁合和解锁是靠一套机械结构来实现的。目前这种锁因在锁合与解锁过程中没有撞击力，工作平稳，因此使用普遍。

1. 压板机构

压板机构又称为活动式门刀，是将固定独立的门刀改为由动、定压板组成，动压板由门摆臂摆动时形成的凸轮作用而移动，实现开锁动作（图5-34）。

图5-34（a）为层门锁闭状态，动压板3受到扭簧作用，处于距定压板5距离最远位置。当轿门开启时，门电机驱动门机摆杆1绕其上端铰点做顺时针转动，轿门连杆（凸轮）2转动从而驱动动压板3克服扭簧力向右上方摆动，缩短其与定压板之间的距离；层门门锁滚轮受到挤压实现开锁和开门过程。

2. 压板式门锁

图5-35所示为一种常见的压板式门锁结构。

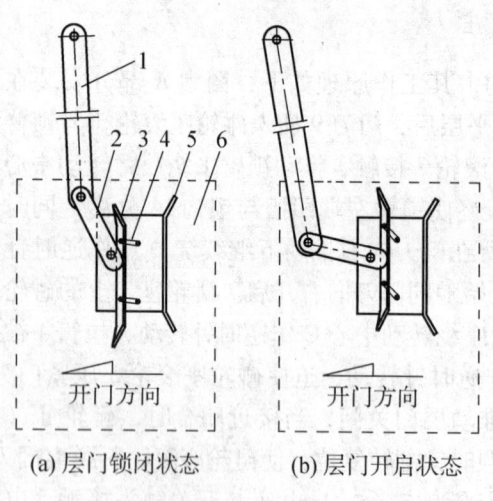

(a) 层门锁闭状态　　(b) 层门开启状态

1. 门机摆杆；2. 轿门连杆（凸轮）；
3. 动压板；4. 动压板连杆；5. 定压板；6. 层门

图5-34　压板机构工作示意

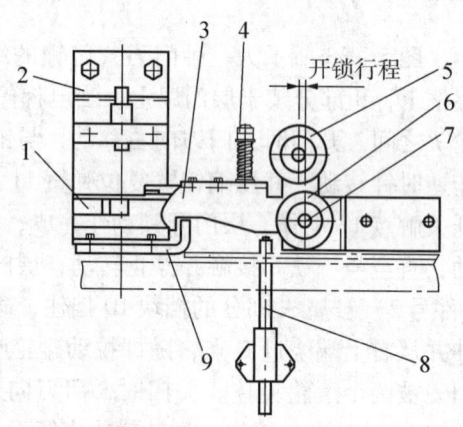

1. 触点开关；2. 锁钩底板；3. 锁臂
4. 复位弹簧；5. 动滚轮；6. 定滚轮
7. 定滚轮转轴；8. 手动开锁推杆；9. 锁钩

图5-35　SL型（压板式）门锁

轿厢平层停站后，安装在轿门上的动、定门刀（压板机构）将装于层门扇上的动滚轮5及定滚轮6夹在中间，并与此两滚轮保持一定间隙。当得到开门指令，门电机驱动门机摆杆,并通过轿门连杆(凸轮)将动压板推向定压板,挤压动、定滚轮,迫使动滚轮 5 绕定滚轮转轴 7 作顺时针转动;当动滚轮移动距离超过开锁行程,锁臂与锁钩脱离啮合,触点开关断开,开锁完成;层门及门锁中的 3~8 等件被轿门驱动一起向右侧移动,门被打开。关门时,轿门及层门、3~8 等件一同向左移动,当层门到达关闭状态时,轿门连杆(凸轮)解除对动压板的推动,动定压板之间距离扩大,动滚轮 5 及锁臂 3 在复位弹簧 4 的作用下绕定滚轮转轴 7 作逆时针转动,实现门锁的锁合和触点开关的接通。如果从层门外侧采用三角钥匙开锁时,就会推动手动开锁推杆 8 上移,顶开锁臂 3 实现手动开锁。

图 5-36 至图 5-38 为几种较常见压板式门锁的结构。

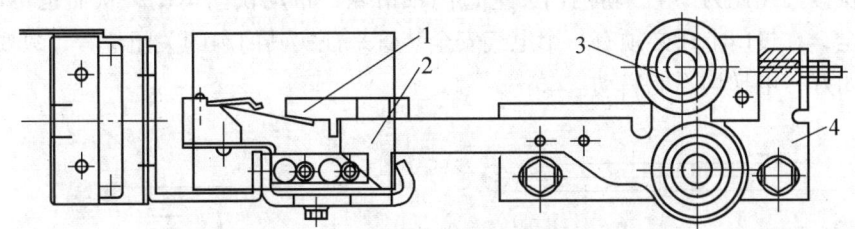

1. 触点开关; 2. 锁臂; 3. 锁轮; 4. 锁底板

图 5-36　DBL2 压板式自动门锁

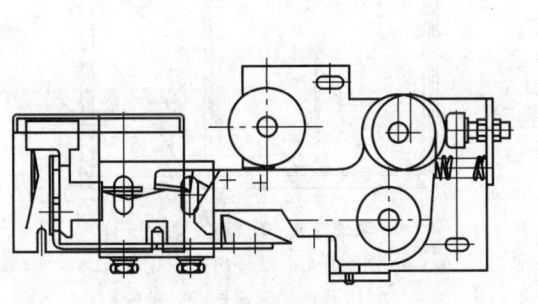

图 5-37　AD9 式压板式自动门锁

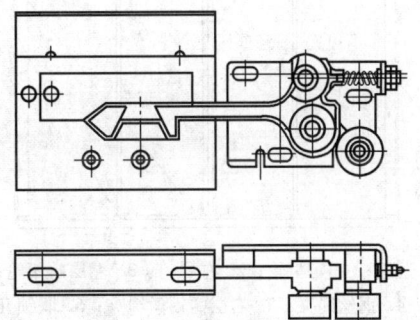

图 5-38　压板式自动门锁

(三) 层门联动机构

为了节约井道空间,电梯的门大多采用二扇、三扇或四扇,极少采用单扇门。由于层门是被动门,当采用单把门刀时,轿门只能通过门系合装置直接带动一扇层门,因此层门门扇之间的运动协调必须通过联动机构来实现。

1. 中分式层门联动机构

中分式层门一般采用钢丝绳式联动机构（图 5-39）。在门导轨架的两端装有钢丝绳轮，两扇门分别与钢丝绳的上边与下边固结，当门刀带动一扇门移动，通过钢丝绳使另一扇门向相反方向移动。使用中要注意钢丝绳的松弛，必要时应作调节。

2. 旁开式层门联动机构

旁开式层门联动机构主要有四种型式：

（1）钢丝绳式。如图 5-40 所示，钢丝绳绕过慢门上的两个滑轮，两端固定在上门框，快门固定在两个滑轮中间的钢丝绳上，慢门滑轮为动滑轮，慢门与此滑轮 8 连接，使快慢门速比为 2:1。轿门门刀通过门锁滑轮，带动快门运动，从而也带动慢门。为了安全，在慢门上还必须有一个电气安全装置来证实其门扇的关闭位置，只要有一个门没关闭好，电梯均不能启动。

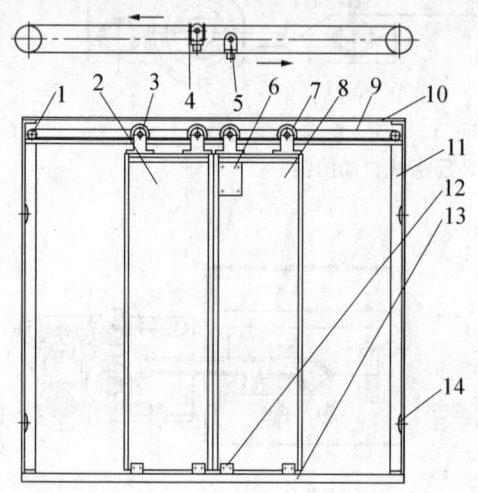

1. 固定滑轮；2. 左层门；3. 左层门滚轮；
4. 钢丝绳夹；5. 右层门钢丝绳夹；6. 联锁开关；
7. 右层门滚轮；8. 右层门；9. 钢丝绳；
10. 门框上框；11. 立柱；12. 门靴；
13. 地坎；14. 缓冲垫

图 5-39 中分式层门联动机构

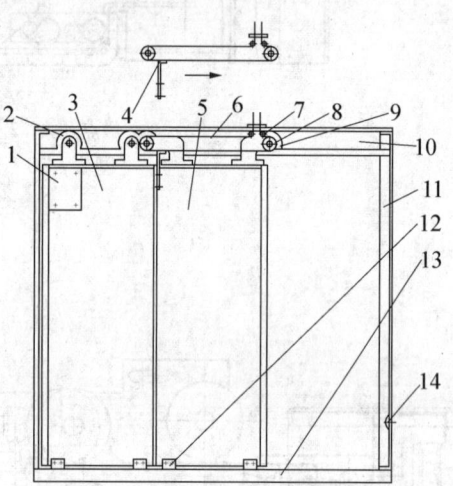

1. 联锁开关；2. 滚轮；3. 快门；
4. 钢丝绳夹；5. 慢门；6. 钢丝绳；
7. 定滑轮；8. 滑轮；9. 滚轮；
10. 门框上框；11. 立柱；12. 门靴；
13. 地坎；14. 缓冲垫

图 5-40 钢丝绳式层门联动机构

（2）单折臂式。如图 5-41 所示，撑杆 4 与快门铰接于铰点 3，撑杆 6 的中点与慢门铰接于铰点 7，撑杆 9 的尾端铰接在层门立柱上的铰链座 10；三条撑杆分别在铰接点 5、8 处相连。当快门在门刀的带动之下按图示向右作开门运动时，撑臂机构作折叠运动，快门的运动通过撑杆6传给慢门。

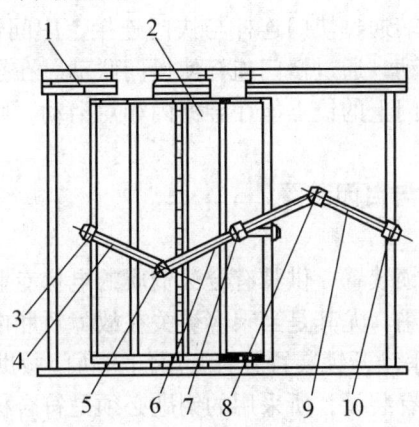

1. 快门；2. 慢门；3. 固定铰链；4. 撑杆；5. 活动铰链；
6. 撑杆；7. 固定铰链；8. 活动铰链；9. 撑杆；10. 固定铰链

图 5-41 单折臂式层门联动机构

这种机构要实现快慢门的速度比为2:1，必须做到：①各铰接点间的撑杆长度相等；② 三个固定铰链3、7、10位于一条水平直线上。

（3）双折臂式。双折臂式层门联动机构（图5-42）的工作原理与单折臂式相同，只是由于采用双折臂结构，所以动作较为平稳，这种机构一般需配合层门自闭合装置使用。

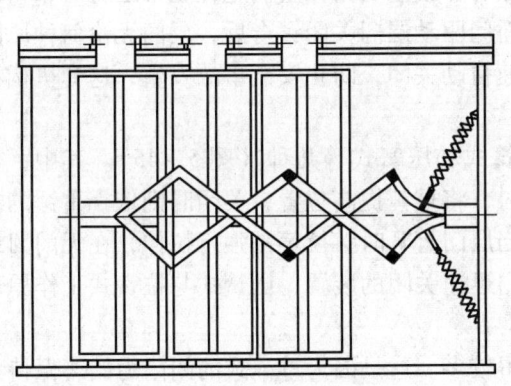

图 5-42 双折臂式层门联动机构

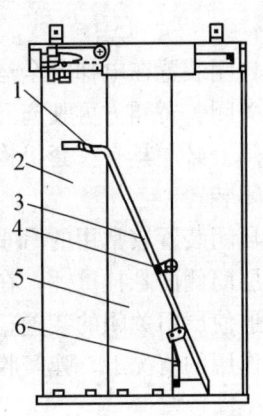

1. 连杆；2. 快门；3. 摆杆；
4. 慢门连杆；5. 慢门；6. 拉簧

图 5-43 摆杆式层门联动机构

(4) 摆杆式。如图 5-43 所示，摆杆式联动机构具有较折臂式简单的结构，摆杆下端铰接在摆杆座上，上端通过快门连杆与快门连接，中间通过慢门连杆与慢门连接，摆杆在快门的带动下作摆动，通过慢门连杆使慢门联动。在摆杆上如果开出一定长度的导槽，使固定于快门和慢门上的铰点能在导槽内相对滑动，则也能实现两扇门的联动。

（四）层门应急开锁与自闭装置

层门必须装有应急开锁装置，供具有合法资质的电梯专业人员进入电梯井道进行设备抢修或日常维护工作时用。尤其是当乘客被关在故障轿厢内时，可从层门外侧使用图 5-44 所示的三角形钥匙手动开锁装置，打开层门、轿门救助被困人员。这类手动开门装置必须在每个层门上都有装设，所采用的钥匙必须是符合标准规定并统一的。此类钥匙必须由专职的电梯管理员或电梯检修人员持有，并制定严格的使用及管理制度。

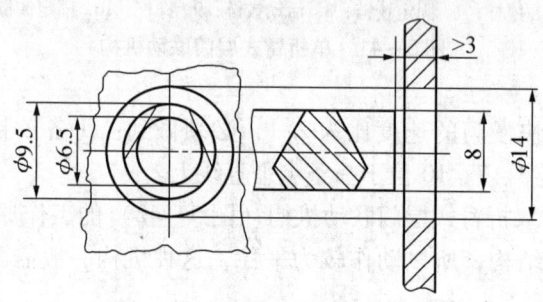

图 5-44 层门应急开锁三角孔

层门自闭装置在电梯安全运行过程中具有非常重要的作用。电梯正常运行时，轿门驱动层门关闭，轿厢方可驶离开锁区。当轿门驱动层门关闭锁合后，层门无论何种原因开启，层门上必须具有一套机构使层门迅速自动关闭，防止安全事故发生，这套机构称为层门自闭装置。

层门自闭装置较常用的有重锤式、拉簧式和压簧式等几种（图 5-45）。其中，重锤式是在层门侧面悬挂重锤，在层门开启时，将重锤提高位置，关闭时则依靠重锤的重力作用，迫使层门关闭的装置；拉簧式是当层门打开时，拉簧被强行拉伸，在无门刀或其他阻力作用的情况下，弹簧收缩力使层门迅速关闭的装置；压簧式与拉簧式工作原理相同。

当前在层门自闭装置中，重锤式采用得较多。这是因为重锤式的闭门力始终保持如一，弹簧式则会在关门终了时闭门力变小。

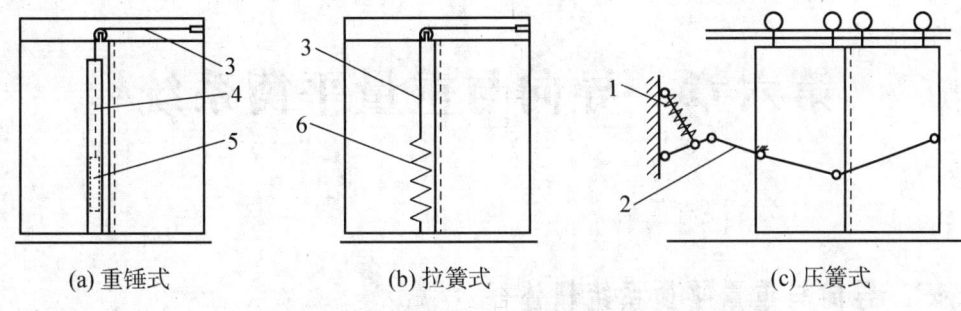

(a) 重锤式 (b) 拉簧式 (c) 压簧式

1. 压簧；2. 连杆；3. 钢丝绳；4. 导管；5. 重锤；6. 拉簧

图 5-45 层门自闭装置

复习思考题

5-1 电梯轿厢的主要功能是什么，它主要由哪些部件组成？

5-2 电梯门系统由哪几个部件构成？其主要作用是什么？为什么说门系统对电梯安全运行意义重大？

5-3 说明轿门、层门之间的关系。

5-4 电梯滑动门一般有几种型式？说明其特点。

5-5 层门门锁的功能和作用是什么？常见的层门门锁有哪两种型式？

5-6 从你搭乘电梯的体会，谈谈目前客梯轿厢中还有哪些方面应改进提高。

5-7 电梯超载控制装置一般分为几类？分别说明其工作原理。

5-8 自动门机的驱动有哪几种传动机构？

电 梯 结 构 与 原 理

第六章　导向与重量平衡系统

一、导向与重量平衡系统概述

（一）导向系统功能

导向系统在电梯运行过程中，限制轿厢和对重的活动自由度，使轿厢和对重只沿着各自的导轨作升降运动，不会发生横向的摆动和振动，保证轿厢和对重运行平稳不偏摆。电梯的导向系统包括轿厢导向和对重导向两个部分。

（二）导向系统的组成及其位置

不论是轿厢导向还是对重导向均由导轨、导靴和导轨架组成（图6-1、图6-2）。

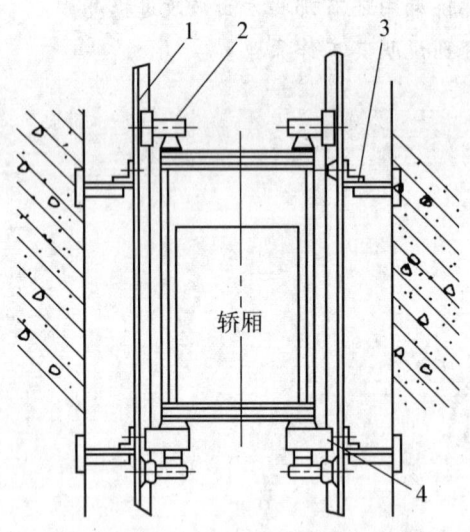

1. 导轨；2. 导靴；3. 导轨支架；4. 安全钳

图6-1　轿厢导向系统

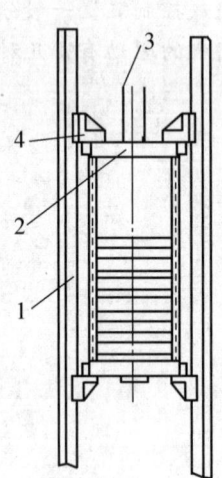

1. 导轨；2. 对重；3. 曳引绳；4. 导靴

图6-2　对重导向系统

轿厢导轨和对重导轨限定了轿厢与对重在井道中的相互位置；导轨架作为导轨的支撑件，被固定在井道壁上；导靴安装在轿厢和对重架的两侧（轿厢和对重各自装有至少四个导靴），导靴的靴衬（或滚轮）与导轨工作面配合，使一部电梯在曳引绳的牵引下，一边为轿厢，另一边为对重，分别沿着各自的导轨作上、下运行。

（三）重量平衡系统

重量平衡系统分为两个部分，即对重装置和重量补偿装置。

轿厢与对重通过钢丝绳分别悬挂在曳引轮的两侧，保证了曳引力的产生，相对平衡了两侧的重量，有效地降低了电梯的驱动力，此部分称为对重装置。

另外，曳引钢丝绳连接轿厢和对重，如果楼层高则钢丝绳就长，钢丝绳自身重量很大，同时随轿厢运行钢丝绳重量在不断地改变位置。为补偿此重量变化对电梯运行带来的影响，于是又通过连接在轿底和对重底的补偿链起着两边重量补偿作用。这样，上述两个部分构成了电梯的重量平衡装置，保证了电梯曳引传动正常，运行平稳可靠。

二、导 轨

（一）导轨的作用

（1）导轨是轿厢和对重在竖直方向运动时的导向，限制轿厢和对重的活动自由度。轿厢运动导向和对重运动导向使用各自的导轨，通常轿厢用导轨要稍大于对重用导轨。

（2）当安全钳动作时，导轨作为固定在井道内被夹持的支承件，承受着轿厢或对重产生的强烈制动力，使轿厢或对重制停可靠。

（3）防止由于轿厢的偏载而产生歪斜，保证轿厢运行平稳并减少振动。

（二）导轨的种类和标识

1. 导轨的横截面（断面）形状

一般钢质导轨常采用机械加工或冷轧加工方式制作，其常见的导轨横截面形状如图6-3所示。

电梯中大量使用T形导轨（图6-3中的a），但对于货梯对重导轨和额定速度为1 m/s以下的客梯对重导轨，一般多采用L形（图6-3中的b）导轨。

图 6-3 中，c、d、e 常用于速度低于 0.63 m/s 的电梯，导轨表面一般不作机械加工；f、g 为冷轧成型的导轨。

2. 导轨的标识

T 形导轨是电梯常见的专用导轨，具有良好的抗弯性能及加工性能。T 形导轨的主要参数是底宽 b、高度 h 和工作面厚度 k（图 6-4）。我国原先用 $b \times k$ 作为导轨规格标识，现已推广使用国际标准 T 形导轨，共有 13 个规格，以底面宽度和工作面加工方法作为规格标志（表 6-1 至表 6-3）。

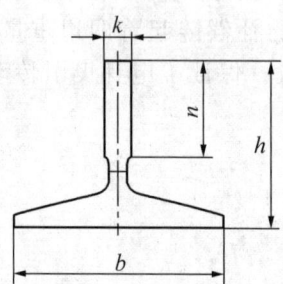

图 6-4 T 形导轨横截面

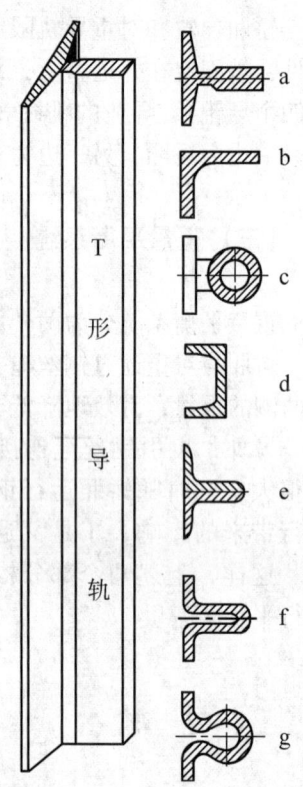

图 6-3 导轨及其横截面形状

表 6-1 标准 T 型导轨规格   单位：mm

规格标志	底宽 b	高度 h	工作面厚度 k
T45/A	45	45	5
T50/A	50	50	5
T70-1/A	70	65	9
T70-2/A	70	70	8
T75-1/A	75	55	9
T75-2/A	75	62	9
T75-3/A（B）	75	62	10
T82/A（B）	82.5	68.25	9

续表 6-1

规格标志	底宽 b	高度 h	工作面厚度 k
T89/A（B）	89	62	15.88
T90/A（B）	90	75	16
T125/A（B）	125	82	16
T127-1/A（B）	127	88.9	15.88
T127-2/A（B）	127	88.9	15.88

注：表中 A 为冷轧加工方式；B 为机械加工方式，每根导轨长度 3 m 或 5 m。以下各表同此。

表 6-2 优先选用导轨的主要尺寸　　　　　　　　　　单位：mm

规格标志	b	h	n	k
T50/A	50	50	—	5
T75-3/B	75	62	30	10
T89/B	89	62	33.4	15.88
T90/B	90	75	42	16
T127/B	127	88.9	50.8	15.88

表 6-3 我国原有常用导轨尺寸　　　　　　　　　　单位：mm

规格代号	b	h	k
T74×16	90	74	16
T90×16	120	90	16

有的国家（如日本）是以导轨最终加工后每 1 m 长度重量多少 kg 作为规格区分，如 8 kg、13 kg 导轨等。

（三）导轨的技术性能要求

1. 材质要求

电梯导轨多采用普通碳素钢轧制，要求具有足够的强度和韧性，在受到突发性冲击时，不致发生断裂。导轨材料应符合 GB 700—2006 中关于 Q235 钢的要求，其强度应为 370～500 MPa，有些国家还对导轨用钢规定了延伸率要求，其意义与我国规定强度值一样,目的是为了保证材料的韧性。

2. 截面几何特性

导轨的抗弯扭能力取决于横截面的几何特性;承受弯矩是电梯导轨的主要受力形式,导轨的抗弯强度与截面的抗弯模量有关,抗弯刚度与截面的轴惯性矩有关。T形导轨能得到广泛应用,原因就是其截面形状具有理想的抗弯模量与轴惯性矩,从而使导轨具有良好的抗弯能力。

3. 工作面的粗糙度

导轨的工作面就是指导轨与导靴接触并作用的表面。导轨工作面的粗糙度对电梯运行平稳性有不可忽视的影响,特别是对高速电梯影响尤为显著。对机械加工导轨,加工纹路的形状和方向也会影响到电梯的运行。实践证明,导轨宜采用刨削加工,其加工刀痕的方向与电梯运动方向一致,而不宜采用铣加工。

我国导轨标准规定,导轨加工方法有机械加工和冷轧加工两种。对机械加工导轨,长度方向的粗糙度要求高于横向,其意义是考虑加工刀痕的方向对电梯运行的影响,其具体规定如下:

纵向机械加工导轨: $Ra = 1.6\ \mu m$;

冷轧导轨: $3.2\ \mu m \leqslant Ra \leqslant 6.3\ \mu m$;

横向机械加工导轨和冷拉导轨均为: $3.2\ \mu m \leqslant Ra \leqslant 6.3\ \mu m$。

对工作面粗糙度不作要求的导轨,只能应用在杂物梯、低速梯的对重侧等。

4. 几何形状精度

导轨的几何形状误差主要指工作面的直线度和扭曲。

(1) 直线度。导轨工作面的粗糙度是工作面的微观不平,直线度表示工作面的宏观不平,后者对电梯的运行平稳性影响自然更大。

我国导轨标准以 B/A 的比值来评价导轨的直线度。A 为测量点与基准点之间的最短距离,B 为测量点与基准平面之间的最大距离;a 是检查最短长度,为 1 m(图 6-5)。B/A 的值应符合表 6-4 的规定。

表 6-4 标准导轨的 B/A 值　　　　　　　　　　　　　　　　单位:mm

导轨加工方法和规格		B/A(最大值)
冷 拉 导 轨	T45/A、T50/A	0.0016
	其他	0.0014
机 械 加 工 导 轨		0.0010

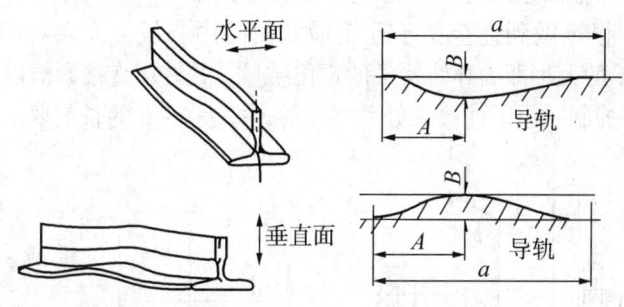

图6-5 导轨A、B值示意

(2) 扭曲。导轨的扭曲是导轨在内部应力作用下的一种永久性变形,变形过大的导轨将无法安装和使用。我国导轨标准以导轨的扭转角 γ(图6-6)来评价扭曲程度,在测量时,要求在导轨长度不小于1 m的条件下进行,并应符合表6-5的要求。

表6-5 导轨的扭转角 γ

导轨加工方法和规格		γ
冷轧导轨	T45/A、T50/A	50′/m
	其他	40′/m
机械加工导轨		30′/m

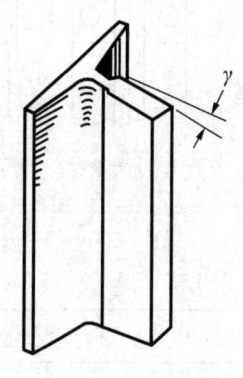

图6-6 导轨的扭转角

(3) 厚度偏差。导轨厚度 K 的偏差应不大于0.1 mm。

(四) 导轨的安装技术要求

1. 导轨的连接

架设在井道内的导轨从下而上贯穿整个井道高度,由于每根导轨一般为3~5 m长,因此必须进行连接安装。安装时两根导轨的端部要加工成凹凸形的榫头与榫槽楔合定位,底部用连接板固定。图6-7所示为两根导轨端部连接结构图。

榫头与榫槽具有很高的加工精度,起到连接定位作用;接头处的强度由连接板和连接螺栓来保证。

(1) 接头处的定位质量。为使榫头与榫槽的定位准确,应使榫头完全楔入榫槽,在连接后,接头处不应存在连续缝隙(但允许存在不大于 0.5 mm 的局部缝隙)。由于榫头和榫槽在加工时,很难做到完全位于导轨横截面的中心线上,在对接时常会出现台阶(图 6-8)。台阶 a 的大小即为导轨接头的定位质量,其好坏直接影响电梯的运行平稳性,因此必须加以严格控制。为了使接头处平顺光滑,按表 6-6 的长度要求进行修光。

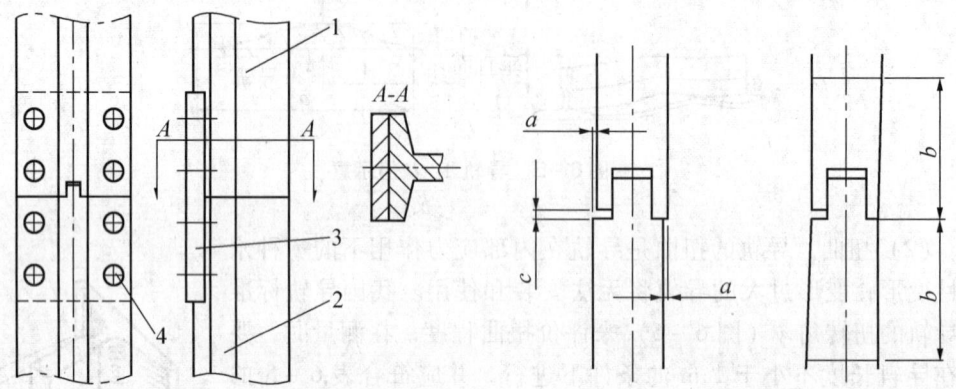

1. 上导轨; 2. 下导轨; 3. 连接板; 4. 螺栓孔

图 6-7 导轨的连接　　　　　图 6-8 导轨接头的台阶及修光

表 6-6 导轨接头处修光长度

电梯类型	高速梯	快、低速梯
修光长度 b/mm	500	200

(2) 接头处的强度和刚度。导轨接头处的强度和刚度应足以承受电梯的偏重力及安全钳动作的冲击力,其强度与连接板的厚度、连接螺栓的直径与数目、连接板与导轨螺栓孔径等有关。连接螺栓的数目一般每边不少于 4 个,连接板的厚度及螺栓直径因导轨规格而异(表 6-7)。

表 6-7 标准导轨连接板厚度、螺栓直径　　　　　　　　　　　单位:mm

导轨规格	连接板厚度	螺栓直径	螺栓孔直径
T45～50/A	8	8	9
T70～80/A（B）	8.5	12	13
T89～90/A（B）	13	12	13
T125～127/A（B）	17	16	17

2. 导轨的固定

导轨不能直接紧固在井道壁上，它需要固定在导轨架上，固定方法一般不采用焊接或直接用螺栓连接，而是采用压板固定法（图6-9）。

压板固定法是用导轨压板将导轨压紧在导轨架上，当井道下沉或导轨热胀冷缩，导轨受到的拉伸力超出压板的压紧力时，导轨就能作相对移动，从而避免了弯曲变形。这种方法被广泛运用在导轨的安装上。压板的压紧力可通过螺栓的拧紧程度来调整，其中拧紧力大小的确定与电梯的规格、导轨上下端的支承形式等有关。

另外，对于杂物梯、低速小吨位电梯的对重导轨，也可以采用螺栓固定法，把螺栓直接穿过导轨，将它紧固在导轨架上（图6-10）。这种方法安装简单，但导轨不能移动，如果当井道下沉或导轨热胀冷缩时，会造成弯曲，因此只有在一些不重要的地方才可使用。

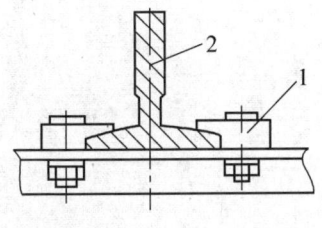

1. 压板；2. 导轨

图6-9　压板固定法

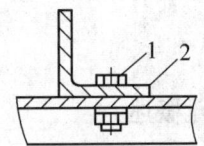

1. 螺栓；2. 导轨

图6-10　螺栓固定法

3. 导轨安装后的位置精度

位置精度包括导轨工作面与铅垂线的相对位置以及两条导轨之间的相对位置。

（1）导轨工作面与铅垂线的相对位置：导轨在安装后，其工作侧面应平行于铅垂线，如偏差太大，就会使运行阻力增大，导轨受力增大。要求其偏差在每5 m长度中，不应超过0.7 mm。

（2）两条导轨之间的相对位置：其内容包括在整个安装高度上，侧工作面之间的偏差和端工作面之间的偏差。

1）侧工作面之间的偏差：每根导轨侧工作面对安装基准的偏差，每5 m不应超过0.7 mm，相互偏差在整个导轨高度上不应超过1 mm。

2）端工作面间的距离偏差：在安装后，两条导轨端工作面间的距离，在整个导轨安装高度上应一致，以保证电梯在运行中，导靴不会卡住，也不会脱出（图6-11）。目前要求其偏

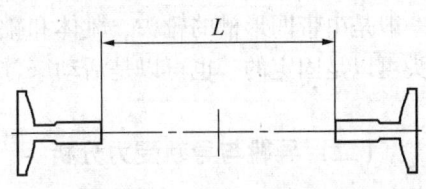

图6-11　导轨端工作面间距

差值不应大于表6-8的要求。

表6-8 导轨端工作面间距

电梯类型	高速电梯		快、低速电梯	
导轨用途	轿厢	对重	轿厢	对重
最大偏差 L/mm	±0.5	±1	±1	±2

（3）导轨对井道上下相对位置：两根轿厢导轨接头不应在同一水平面上，且两根轿厢导轨下端距底坑地平面应有60～80 mm悬空；导轨的上端离井道顶面应有30～50 mm距离。

三、导　靴

（一）导靴概述

1. 功能

导靴是为了防止对重和轿厢在上下运行时发生偏斜，保证电梯的平稳运行的装置。工作时导靴的凹形槽（或滚轮）与导轨的凸形工作面配合，使轿厢和对重装置仅沿着导轨上下运动，防止轿厢和对重装置运行过程中偏斜或摆动。

2. 位置

导靴分别装在轿厢和对重装置上。轿厢导靴安装在轿厢上梁和轿厢底部安全钳座（嘴）的下面，共四个（图6-1）；对重导靴安装在对重架的上部和底部，共四个（图6-2）。运行中导靴与导轨均为接触状态。目前有些电梯正在尝试使用非接触导靴，如采用磁悬浮技术等，使导靴和导轨之间保持一个距离。这适用于超高速电梯。

3. 组成

根据导靴在导轨上运动方式的不同，导靴分为滑动导靴和滚动导靴两类。滑动导靴一般是由带凹形槽的靴头、靴体和靴座组成，在靴头凹槽中一般均镶有耐磨的靴衬，靴头可以是固定的，也可以是活动（浮动）的；滚动导靴则用三个滚轮沿导轨滚动运行。

（二）导靴与导轨受力分析

当轿厢或对重装置的悬挂中心与轿厢或对重重心位于同一铅垂线上时，导靴几乎不受力，载荷为垂直方向作用且只是通过悬吊装置来承受，但这种理想的情况几乎是不存在的。在一般情况下，导靴总是因轿厢偏载作用与导轨间有着接触，即轿厢宽度和深度方向上的偏重力传递给导轨。特别是轿厢的导轨，由于轿厢的载荷总是与轿厢的悬挂中心存在偏距，而使轿厢导靴在工作中承受着 F_x 和 F_y 两个方向的偏重力。

作用在导轨端工作面上的偏重力 F_x 的计算：
$$F_x = Qe/H。$$
式中：Q——电梯额定载重量（kg）；
e——载荷在轿厢宽度方向的偏心距（mm）；
H——轿厢上下导靴间距（mm）。

作用在导轨侧工作面上的偏重力 F_y 的计算：
$$F_y = Qe'/2H。$$
式中：e'——载荷在轿箱深度方向的偏心距（mm）；
其他符号同上式。

在轿厢宽度方向偏重作用下，力矩 Qe 通过轿厢对角两个导靴作用在导轨上；在深度方向，力矩 Qe' 是以全部四个导靴作用在导轨上。故在偏心距相等时（即 $e = e'$），有
$$F_y = 0.5F_x。$$

（三）导靴的种类

1. 导靴的分类

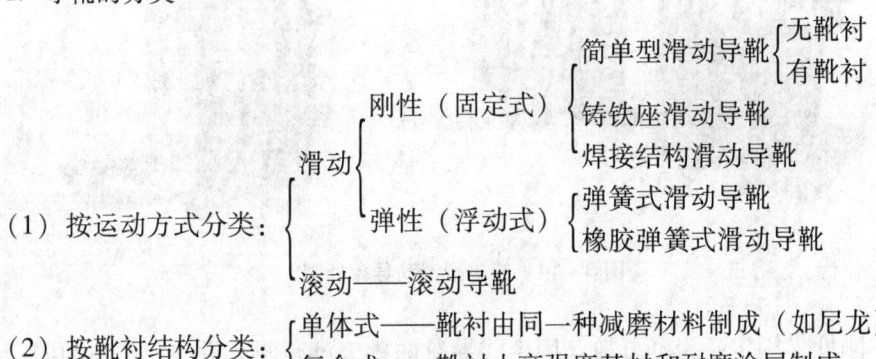

2. 固定式（刚性）滑动导靴

固定式导靴的靴头是不动的，直接由靴头中的凹形槽与导轨工作面配合，三个配合的面需保留一定量的间隙（0.5～1.0 mm）。

（1）简单型无靴衬滑动导靴。这种导靴结构比较简单，靴头和靴座制成一体，用一块铸铁经刨削加工而成（图 6-12）。这种导靴靴头的凹形槽与导轨的接触面要求有

较高的加工精度和表面粗糙度,并需定期涂沫适量润滑油脂,以提高其润滑能力。

(2)简单型有靴衬滑动导靴。这种导靴总体构造与上一种相同,但在靴头的凹形槽内镶嵌有减磨材料如尼龙等制成靴衬,必要时可仅更换靴衬(图6-13)。

简单型滑动导靴的外观如图6-14所示。

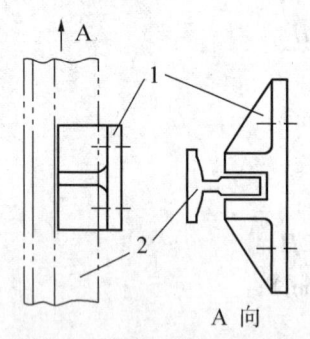

1. 导靴;2. 导轨

图6-12 简单型无靴衬导靴

1. 导靴;2. 尼龙靴衬;3. 导轨

图6-13 简单型有靴衬导靴

图6-14 简单型滑动导靴外观

(3)刚性(固定)滑动导靴。固定式导靴的靴头没有调节机构,是不动的,导靴与导轨之间必须存有一定间隙。随着运行时间的增长,其间隙会越来越大。这样轿厢在运行中就会产生一定的晃动甚至冲击,因此固定式导靴只用于额定速度低于0.63 m/s的轿厢或对重。

3. 弹性(浮动式)滑动导靴

弹性滑动导靴由靴座、靴头、靴衬、靴轴、压缩弹簧或橡胶弹簧、调节套或调节螺母等组成。

（1）弹簧式滑动导靴。弹簧式滑动导靴的靴头只能在弹簧的压缩方向上作轴向浮动，因此又称为单向弹性导靴，如图 6-15 所示。在弹簧力的作用下，靴衬的底部始终压贴在导轨端面上，因此能使轿厢保持较稳定的水平位置，同时在运行中具有吸收振动与冲击的作用。

对于单向浮动性的弹簧式滑动导靴，由于在导轨侧工作面方向没有浮动性，因此只能对垂直于导轨端面的力 F_x 起缓冲作用；为了补偿导轨侧工作面的直线性偏差及接头处的不平顺性，其与导轨侧工作面间仍要留有约 0.5 mm 以上的间隙（单侧），这就使得它对导轨侧工作面方向上的振动与冲击没有减缓作用。这种导靴的适应速度一般为 1.75 m/s 以下。

（2）橡胶弹簧式滑动导靴。橡胶弹簧式滑动导靴的靴头除了能作轴向浮动外，在其他方向上也能作适量的位置调整，因此具有多方向的适应性，如图 6-16 所示。

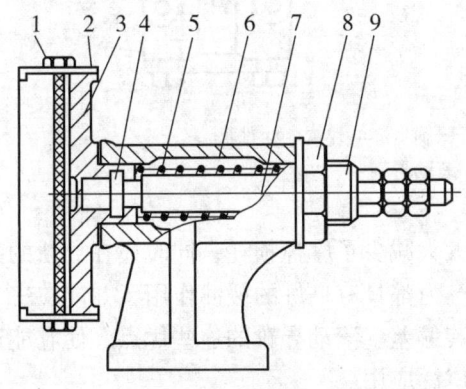
1. 靴衬；2. 座盖；3. 靴头；4. 销；5. 弹簧；
6. 靴座；7. 靴轴；8. 六角扁螺母；9. 调节套筒
图 6-15 弹簧式滑动导靴的结构

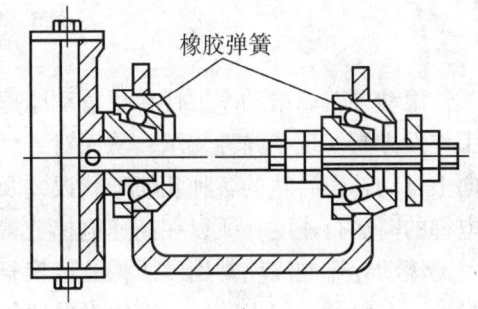
图 6-16 橡胶弹簧式滑动导靴

由于靴头具有多方向的适应，因此对导轨侧工作面方向上的力 F_y 也有一定的减缓性，同时侧工作面上的间隙值常为 0.25 mm（单侧），从而使橡胶弹簧式滑动导靴的工作性能较优秀，适用的速度范围也相应增大。

4. 滚动导靴

刚性滑动导靴和弹性滑动导靴的靴衬无论是用铸铁还是尼龙等高分子耐磨材料制成，在电梯运行过程中，靴衬与导轨之间总有摩擦力存在，间隙只会因磨损逐渐变大。这个现象不但增加曳引机的负荷，而且是轿厢运行时引起振动和噪声的原因之一。为了减少导靴与导轨之间的摩擦力,节省能量,提高乘坐舒适感,在运行速度大于 2.0 m/s 的高速电梯中,常采用滚动导靴。

滚动导靴由滚轮、弹簧、靴座、轮臂等组成,如图 6-17 所示。滚动导靴以三个滚轮代替了滑动导靴的三个工作面,三个滚轮在弹簧力的作用下,压贴在导轨三个工作面上,电梯运行时,滚轮在导轨面上滚动。

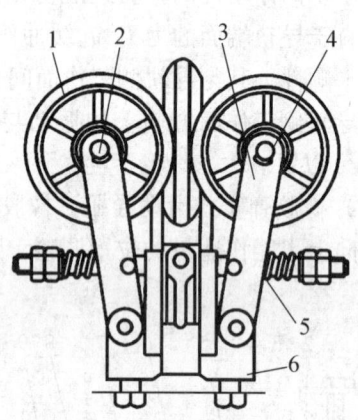

1. 滚轮;2. 轮轴;3. 轮臂;4. 轴承;5. 弹簧;6. 靴座

图 6-17 滚动导靴

滚动导靴以滚动摩擦代替了滑动摩擦,大大减少了摩擦损耗,同时还在导轨的三个工作面方向实现了弹性支承,从而对 F_x 及 F_y 力都具有良好的缓冲作用,并能在三个方向上自动补偿导轨的各种几何形状误差及安装偏差。滚动导靴的这些优点,使它能适应电梯的高运行速度,所以在高速电梯上得到广泛应用。

滚动导靴的滚轮常用硬质橡胶或聚氨酯材料制成,为了提高与导轨的摩擦力和减少噪声,在轮圈上制出花纹。滚轮对导轨的压力,其意义与滑动导靴相同,初压力的大小可以通过调节弹簧的被压缩量加以调整。

滚动导靴不允许在导轨工作面上加润滑油,否则会使滚轮打滑,无法工作。滚轮转动应灵活、平稳、可靠,当发现滚轮橡胶有脱层、剥离等现象时必须更换。

对于重载高速电梯,为了提高导靴的承载能力,有时也采用六个滚轮的滚动导靴。滚动导靴必须在干燥的不加润滑的导轨上工作,因此不存在油污染,减少了火灾的危险。为了降低运行噪声,减少运行中的摩擦阻力,宜采用尽量大的滚轮直径。一般当额定速度为 5 m/s 时,轿厢的导靴滚轮直径至少为 250 mm,对重导靴滚轮至少为 150 mm;当额定速度为 2.5 m/s 时,轿厢和对重边的导靴滚轮直径至少分别为 150 mm 和 75 mm。

（四）导靴的使用要求

1. 滑动导靴靴衬的要求

靴衬是滑动导靴的主要零件，与导轨滑动摩擦而导向，故易磨损。靴衬的使用寿命在很大的程度上取决于导轨表面是否光洁平整、加工纹理走向、安装质量高低以及靴衬材质。一般靴衬有整体和嵌片两种型式，所用材质有锡青铜、铸铁、酚醛树脂、尼龙等，目前广泛采用尼龙作为靴衬。

2. 滑动导靴与导轨配合的尺寸要求

对于刚性滑动导靴而言，因靴头是固定的，为保证电梯的正常运行，同时考虑到导轨安装时存在的安装偏差，要求这种导靴衬与导轨之间有一定间隙，其三面间隙均不应超过 1 mm。对于弹性滑动导靴，其靴头是浮动的，但在弹簧的作用下，靴衬始终贴压在导轨上，于是就必须考虑靴衬对导轨面初始压力是否合理，初始压紧力过大，则使导靴失去减振作用，过小则会失去弹性支承能力。为此，对初压力必须有一定的要求（初压力由弹簧张紧程度决定，通过调节弹簧压缩量而得到最佳压力，电梯额定载重量不同，所要求的初压力也不同）。又因弹性滑动导靴在电梯运行时，受导轨间距及偏重力变化的影响，其靴头作轴向浮动，所以导靴在结构上必须允许靴头有合适的伸缩间隙值，其值必须与调节初压力的规定相配合。

3. 滑动导靴润滑的要求

为减小滑动导靴工作中摩擦阻力，延长靴衬的使用寿命，通常在导靴的顶部安装润滑油盒，通过油盒向导轨润油（其安装示意参看图 6-18），也可以直接在导轨和靴衬中涂加润滑脂来实现润滑。

4. 滚动导靴配用导轨的要求

凡是采用滚动导靴的高速电梯，其相应的导轨工作面上绝不允许加润滑油。对滚轮而言，滚轮对导轨的工作面不应有歪斜，在整个轮缘的宽度上与导轨工作面接触应均匀、平稳。

当滚轮外缘有剥落时，轿厢在运行中的水平振动明显增大，滚轮外缘的剥落点成为运行中的干扰力，因此滚轮一旦有剥落现象应及时更换。

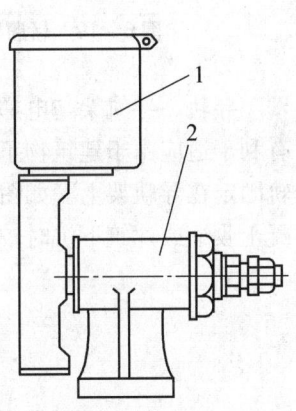

1. 油盒；2. 导靴

图 6-18 滑动导靴与油盒

四、导轨架

导轨架按电梯安装平面图的要求,固定在电梯井道内侧的墙壁上,是固定导轨的部件。每根导轨上至少应设置两个导轨架,两相邻导轨架之间距不得大于 2.5 m。

固定导轨用的导轨架由金属制成,必须有足够的强度和刚性,同时具有因电梯井道存在建筑误差而进行调整的功能。较常见的轿厢导轨架如图 6-19 所示,对重导轨架如图 6-20 所示。

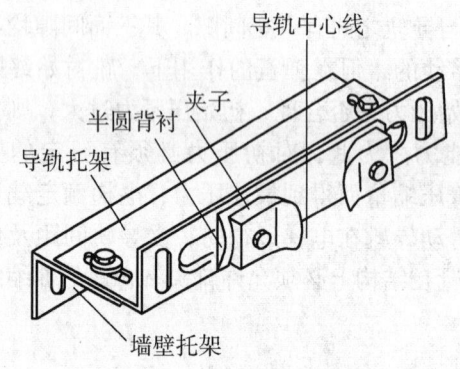

图 6-19 轿厢导轨支架结构

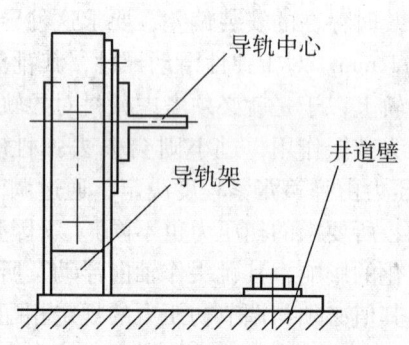

图 6-20 对重导轨支架结构

导轨、导轨架与电梯井道建筑之间的固定,应具有自动调整或调节简便的功能,以有利于适应由于建筑物正常下沉、混凝土收缩及建筑偏差等问题。一般采用压道板将导轨固定在导轨架上,如图 6-21 所示。两压道板与导轨之间为点接触,使导轨能够在混凝土收缩或建筑下沉时较为容易地在压道板间滑动。

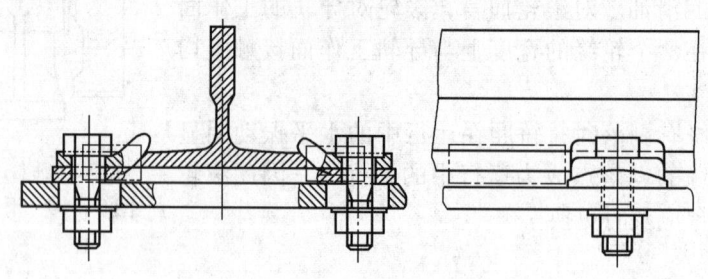

图 6-21 导轨与导轨支架连接结构

导轨及其附件不仅能保证轿厢与对重之间的导向,同时将导轨的变形限制在一定的范围内,不出现由于导轨变形过大导致轿门的意外开启、安全装置动作及移动部件与其他部件碰撞等不安全隐患,确保电梯安全运行。

导轨架在井道墙壁上的固定方法有预埋螺栓式、膨胀螺栓式、焊接式、对穿螺栓固定式及埋入式等几种。

1. 预埋螺栓式

将尾部预先开叉或折弯的地脚螺栓埋在井道壁中,埋深不小于 120 mm,然后将导轨架旋紧固定,如图 6-22 所示。

2. 膨胀螺栓式

以膨胀螺栓代替地脚螺栓(图 6-23),只需在现场安装时在井道墙壁上打孔,放入膨胀螺栓,将导轨架安装定位后拧紧螺母,至螺杆外侧开槽套管被胀开固死即可,因此具有简单、方便、灵活可靠的特点,是目前常用的一种方法。

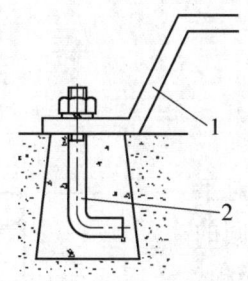

1. 导轨架; 2. 地脚螺栓

图 6-22 用地脚螺栓固定

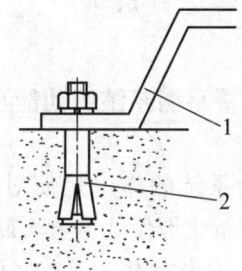

1. 导轨架; 2. 膨胀螺栓

图 6-23 用膨胀螺栓固定

预埋螺栓式和膨胀螺栓式一般用于整体式导轨架。为了调整架的离度,允许在导轨架与墙面之间加金属垫板,但当垫板厚度超过 10 mm 时,应与撑臂焊成一体。

3. 焊接式

预先将钢板弯钩按导轨架安装位置在建筑施工时预埋在井道壁中,在安装导轨时将导轨架焊在上面,如图 6-24 所示。

4. 对穿螺栓固定式

当井道壁的厚度小于 100 mm 时,以上几种方法都不能采用,这时可采用螺栓穿过井道壁,同时要在外部加垫尺寸不小于 100 mm × 100 mm × 10 mm(长×宽×厚)的钢板,如图 6-25 所示。

5. 埋入式

土建时在井道壁上预留埋入孔,然后在安装时将导轨架端部开叉埋入,深度不小于

120 mm，如图 6-26 所示。

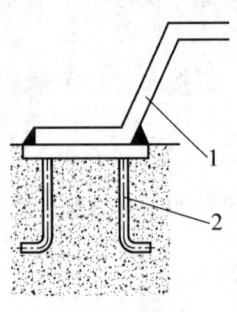

1. 导轨架；2. 钢板弯钩

图 6-24　预埋钢板弯钩

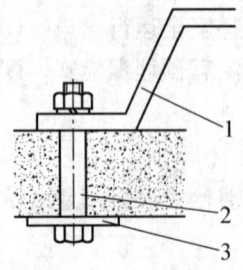

1. 导轨架；2. 螺栓；3. 钢板垫

图 6-25　螺栓穿入紧固

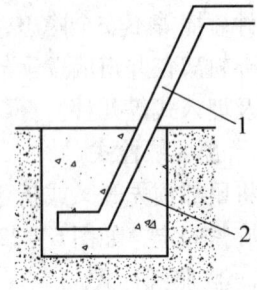

1. 导轨架；2. 井道壁混凝土

图 6-26　预埋导轨架

五、重量平衡系统

（一）重量平衡系统的功能及其组成

重量平衡系统的作用是使对重与轿厢能达到相对平衡，在电梯运行中即使载重量不断变化，仍能使两者间的重量差保持在较小限额之内，保证电梯的曳引传动平稳、正常。重量平衡系统一般由对重装置和重量补偿装置两部分组成，如图 6-27 所示。

对重（又称平衡重）相对于轿厢悬挂在曳引绳的另一侧，起到相对平衡轿厢的作用，并使轿厢与对重的重量通过曳引钢丝绳作用于曳引轮，保证足够的驱动力。由于轿厢的载重量是变化的，因此不可能做到两侧的重量始终相等并处于完全平衡状态。一般情况下，只有轿厢的载重量达到 50% 的额定载重量时，对重一侧和轿厢一侧才处于完全平衡，这时的载重量称电梯的平衡点，此时由于曳引绳两端的静荷重相等，使电梯处于最佳的工作状态。但是在

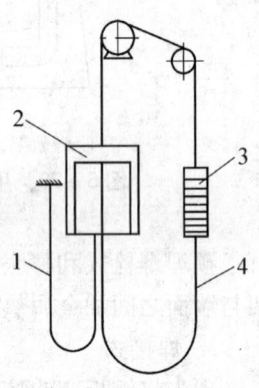

1. 随行电缆；2. 轿厢；
3. 对重；4. 重量补偿装置

图 6-27　重量平衡系统

电梯运行中的大多数情况下，曳引绳两端的荷重是不相等且是变化的，因此对重的作用只能使两侧的荷重之差处于一个较小的范围内变化。

在电梯运行过程中，当轿厢位于最低层、对重升至最高时，曳引绳长度基本都转移到轿厢一侧，曳引绳的自重大部分也集中在轿厢一侧；相反，当轿厢位于顶层时，曳引

绳长度及自重大部分转移到对重一侧；同时，电梯随行控制电缆一端固定在井道高度的中部，另一端悬挂在轿厢底部，其长度和自重也随电梯运行而发生转移。上述因素都给轿厢和对重的平衡带来影响。尤其当电梯的提升高度超过 30 m 时，两侧的重量变化就变得不容忽视了，因而必须增设重量补偿装置来控制。

重量补偿装置是悬挂在轿厢和对重底面的补偿链条、补偿绳等。在电梯运行时，其长度的变化正好与曳引绳长度变化趋势相反，当轿厢位于最高层时，曳引绳大部分位于对重侧，补偿链（绳）大部分位于轿厢侧；当轿厢位于最低层时，情况与上述正好相反。这样轿厢一侧和对重一侧就有了补偿的平衡作用。例如，60 m 高建筑物内使用的电梯，使用 6 根 Φ13 mm 的钢丝绳，其中不可忽视的是绳的总重约 360 kg，随着轿厢和对重位置的变化，这个重量将不断地在曳引轮的两侧变化，其对电梯安全运行的影响是相当大的。

（二）对重装置

1. 对重装置的作用

（1）可以相对平衡轿厢和部分电梯载荷重量，减少曳引机功率的损耗；当轿厢负载与对重匹配较理想时，还可以减小曳引力，延长钢丝绳的寿命。

（2）对重的存在保证了曳引绳与曳引轮槽的压力，保证了曳引力的产生。

（3）由于曳引式电梯有对重装置，当轿厢或对重撞在缓冲器上后，曳引绳对曳引轮的压力消失，电梯失去曳引条件，避免冲顶（或蹾底）事故的发生。

（4）由于曳引式电梯设置了对重，使电梯的提升高度不同于强制式驱动电梯那样受到卷筒尺寸的限制和速度不稳定，因而提升高度也大大提高。

2. 对重装置的种类及其结构

对重装置一般分为无反绳轮式（曳引比为1∶1的电梯）和有反绳轮式（曳引比非1∶1的电梯）两类。不论是有反绳轮式还是无反绳轮式的对重装置，其结构组成是基本相同的。对重装置一般由对重架、对重块、导靴、缓冲器碰块、压块以及与轿厢相连的曳引绳和反绳轮组成，各部件安装位置如图 6-28 所示。

对重架多是用槽钢等制成，其高度一般不宜超出轿厢高度。对重块由铸铁制造（也有部

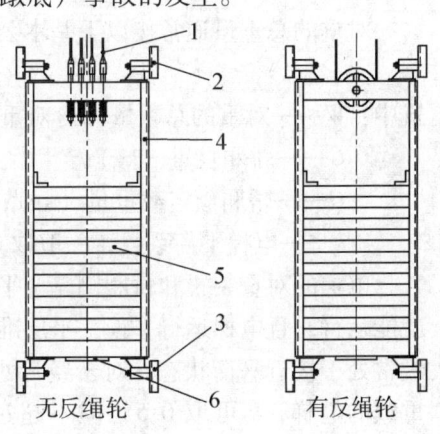

1. 曳引绳；2、3. 导靴；4. 对重架；
5. 对重块；6. 缓冲器碰块

图 6-28 对重装置

分电梯采用加重混凝土对重块），安装在对重架上后，要用压板压紧，以防运行中移位和振动并产生噪声。

常见的对重块（砣块）规格见表6-9。

表6-9 常用对重架、对重块（砣块）规格

项 目	规 格 尺 寸				
砣块长度/mm	500	760	760	910	1105
砣块宽度/mm	110	200	250	300	400
砣块厚度/mm	75	75	75	75	40
砣块重量/kg	27	71	87	125	149
对重架槽钢型号	8	14	14	18	22

注：对重砣块还有以重量为规格的，一般有50、75、100、125 kg等几种，分别适用于1000、2000、3000、5000 kg载重量的电梯。

3. 对重重量值的计算和确定

为了使对重装置能起到最佳的平衡作用，必须正确计算其重量，保证使电梯分别处在满载和空载状态时，曳引钢丝绳两端重量差值最小，曳引机消耗功率最少，钢丝绳也不易打滑。

对重的总重量通常按以下基本公式计算：
$$W = G + kQ。$$

式中：W——对重的总重量（含对重砣块及对重架）（kg）；

G——轿厢自重（kg）；

Q——轿厢额定载重量（kg）；

k——电梯平衡系数，一般取0.4～0.5。

电梯的对重装置和轿厢侧完全平衡时，电梯只需克服各部分摩擦力和加减速惯性力就能运行，且电梯运行平稳，平层准确度高。因此对平衡系数 k 的选取，应尽量使电梯经常处于接近平衡状态。对于经常处于轻载的电梯，k 可取0.4～0.45；对于经常处于重载的电梯，k 可取0.5，但不超过0.55。这样有利于节省能源，延长机件的使用寿命。

例：有一部客梯的额定载重量为1000 kg，轿厢净重为1100 kg，若平衡系数取0.5，求对重装置的总重量。

解：已知 $G = 1100$ kg，$Q = 1000$ kg，$k = 0.5$。代入上面的公式得：

$$W = G + kQ = 1100 + 0.5 \times 1000 = 1600 \text{ (kg)}。$$

（三）重量补偿装置

1. 重量补偿装置的种类

（1）补偿链。这种补偿装置以铁链为主体，为了减少电梯运行中铁链链环之间的碰撞噪音，常用麻绳穿在铁链环中。补偿链在电梯中通常采用一端悬挂在轿厢下面，另一端挂在对重装置的下部，其示意见图6-27。这种补偿装置的特点是结构简单，成本较低，但不适用于梯速超过1.75 m/s的电梯。

（2）补偿绳。这种补偿装置以钢丝绳为主体，即将数根钢丝绳经过钢丝绳绳夹和挂绳架，一端悬挂在轿厢底梁上，另一端悬挂在对重架上。这种补偿装置的特点是电梯运行稳定、噪音小，故常用在额定速度超过1.75 m/s的电梯上；缺点是装置比较复杂，成本相对较高，并且除了补偿绳外，还需张紧装置等附件。张紧装置必须保证在电梯运行时，张紧轮能沿导向上下自由移动，并始终张紧补偿绳。正常运行时，张紧轮处于垂直浮动状态，本身可以转动。

（3）补偿缆。补偿缆是一种新型的高密度的补偿装置（图6-29为补偿缆的断面图）。补偿缆中间为低碳钢制成的环链，在链环周围装填金属颗粒以及聚乙烯等高分子材料的混合物，最外侧制成圆形塑料保护链套，要求链套具有防火、防氧化、耐磨性能较好的特点。这种补偿缆质量密度较高，最重的可达6 kg/m，最大悬挂长度可达200 m，运行噪音小，可适用各种中、高速电梯的补偿装置。

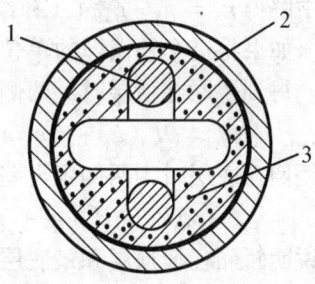

1. 链条；2. 护套；
3. 金属颗粒和聚乙烯混合物

图6-29 补偿缆断面

2. 补偿重量的计算

补偿重量的大小必须通过计算确定，下面以图6-30所示的系统来计算其的补偿重量。假设：轿厢侧的钢丝绳张力为P_1，对重侧的钢丝绳张力为P_2，曳引绳的单位长度重量为g_r，随行电缆的单位长度重量为g_a，补偿绳的单位长度重量为g_b，电梯的总行程为H，轿厢上端钢丝绳总长度为L。

（1）轿厢侧不考虑轿厢自重和载荷时，其张力

$$P_1 = Lg_r + (H - L)g_b + 0.5(H - L)g_b。$$

这里忽略了随行电缆部分长度变化对张力的影响，近似地把轿底电缆和电缆输出端的悬挂张力视为相同，这种影响在提升高度很大的电梯中是很小的。

（2）对重侧不计对重重量时，其张力

$$P_2 = (H-L)g_r + Lg_b。$$

(3) 两侧钢丝绳的张力差为 ΔP:

$$\Delta P = P_1 - P_2$$
$$= (2L-H)g_r + (H-2L)g_b + 0.5(H-L)g_a。$$

(4) 当轿厢在最高层站时（$L=0$），两侧张力差

$$\Delta P = H(g_b - g_r + 0.5g_a)。$$

(5) 当轿厢在井道中间高度时（$L=H/2$），两侧张力差

$$\Delta P = Hg_a/4。$$

(6) 当轿厢在最底层站时（$L=H$），两侧张力差

$$\Delta P = H(g_r - g_b)。$$

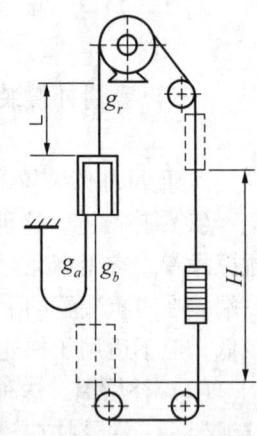

图6-30 补偿重量计算

从以上的计算中可以看出，当轿厢处在井道中间高度时，与补偿重量无关，仅有随行电缆的重量。

为了使轿厢在顶层和底层时的曳引力（张力）差达到平衡，则应满足：

$$H(g_b - g_r + g_a/2) = H(g_r - g_b)。$$

从中解得 $g_b = g_r - g_a/4$（补偿绳的单位长度重量）。

如果将这个补偿绳的单位长度重量分别代入轿厢在顶层和轿厢在底层时的关系式中，得到轿厢在顶层时，两侧张力差

$$\Delta P = H(g_b - g_r + g_a/2) = H(g_r - g_a/4 - g_r + g_a/2) = H(g_a/4);$$

当轿厢在底层时，两侧张力差

$$\Delta P = H(g_r + g_b) = H[g_r - (g_r - g_a/4)] = H(g_a/4)。$$

这说明轿厢在最顶层和最底层时，其两侧的张力差均为 $Hg_a/4$。所以在曳引重量平衡系统中，为了平衡随行电缆的重量，其对重重量 W 应修正为：

$$W = G + Qk + Hg_a/4。$$

式中：G——轿厢自重（kg）；

Q——轿厢额定载重量（kg）；

k——电梯平衡系数，一般取 0.4~0.5；

H——电梯总行程（m）；

g_a——随行电缆单位长度重量（kg/m）。

3. 常用的平衡补偿法

(1) 对称补偿法。这是使用比较广泛的一种补偿方法。

补偿装置（补偿链）的一端挂在轿厢底部，另一端挂在对重的底部（图6-31），这种补偿法称为对称补偿法。其优点是不需要增加对重的重量，补偿装置的重量等于曳引绳的总重量（未考虑随行电缆重量），也不需要增加井道的空间。

如果采用补偿绳（钢丝绳）的对称补偿法，还需要在井道的底坑加设张紧轮装置（图6-32），张紧轮的重量也应包括在补偿绳内。张紧轮装置设有导轨，在电梯运行时，必须能沿导轨上、下自由移动，并且要有足够重量张紧补偿绳（在计算补偿绳重量时，应加上张紧装置重量）。导轨的上部装有一个行程开关，在电梯正常运行时，张紧轮处于垂直浮动状态，只作转动而不作上、下移动；当电梯发生撞底时，对重在惯性力作用下冲向楼板，张紧轮沿着导轨被提起，导轨上部的行程开关动作，切断电梯控制电路。

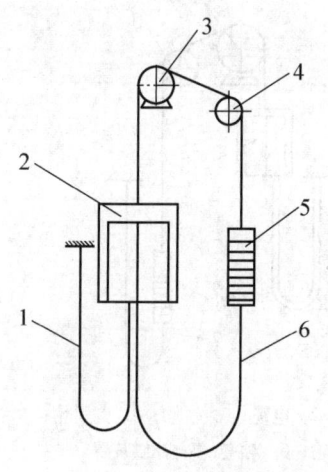

1. 电缆；2. 轿厢；3. 曳引轮；
4. 导向轮；5. 对重；6. 补偿链

图6-31 用补偿链的对称补偿法

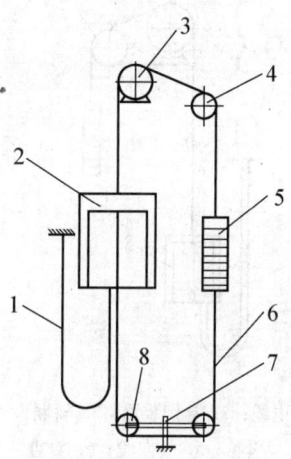

1. 补偿绳；2. 轿厢；3. 曳引轮；4. 导向轮；
5. 对重；6. 补偿绳；7. 张紧轮导轨；8. 张紧轮

图6-32 用补偿绳的对称补偿法

（2）单侧补偿法。补偿装置一端连接在轿厢底部，另一端悬挂在井道壁的中部，如图6-33所示。采用这种方法时，对重的重量需加上曳引绳的总重T_y。其中，对重的重量

$$W = G + kQ + T_y;$$

补偿装置（补偿链或补偿绳）的重量可按下式计算（未考虑随行电缆重量）：

$$补偿装置的重量 T_y = T_p。$$

式中：G——轿厢自重（kg）；

Q——轿厢额定载重量（kg）；

k——电梯平衡系数，一般取0.4～0.5；

T_y——曳引绳总重量（kg）；

T_p——补偿装置重量（kg）。

采用单侧补偿法,轿厢满载运行,不论轿厢处于何位置,曳引绳两端的负重差均为 $Q(1-k)$;当轿厢空载时,曳引绳两端负重差均为 kQ。

这种方法比较简单,但由于要增加对重的重量,使曳引轮上的悬挂总重量增加。

(3) 双侧补偿法。轿厢和对重各自设置补偿装置,如图 6-34 所示,其安装方法与单侧补偿法基本相同。采用这种方法时,对重不需要增加重量,每侧补偿装置的重量可按下式计算(未考虑随行电缆重量):

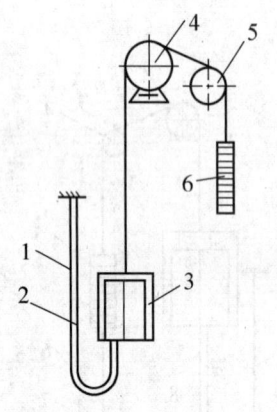 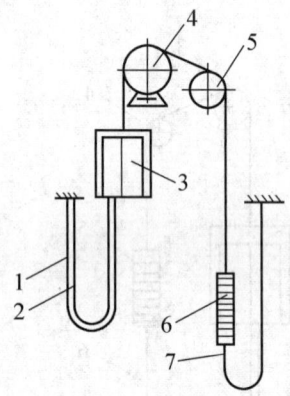

1.电缆;2.补偿装置;3.轿厢;　　1.补偿装置;2.电缆;3.轿厢;4.曳引轮;
4.曳引轮;5.导向轮;6.对重　　　5.导向轮;6.对重;7.补偿装置

图 6-33　单侧补偿法　　　　　图 6-34　双侧补偿法

$$每侧补偿装置的重量 T_p = T_y,$$
$$两侧共需补偿装置的重量为 2T_p = 2T_y。$$

式中：T_p——补偿装置的重量;
　　　T_y——曳引绳总重量。

这种补偿法的优点是不需要增加对重的重量,但要求有足够的井道空间。

(四) 随行电缆与中间接线箱

1. 随行电缆

随行电缆是电梯机房的电气器件与轿厢、井道及层门等处电气器件相连接的导线,它的一端安装在电梯正常提升高度的 1/2 加 1.5~1.7 m 处的井道壁(电缆架)上,另一端安装在轿厢底部的电缆架上,也有的电缆直接从机房引至中间接线盒,电缆随轿厢的运行而升降。

目前我国 GB 5013.5—1997《额定电压 450/750V 及以下橡皮绝缘电缆第五部分：电梯电缆》中，对电梯用电缆的型号规格参数作出了规定。国产的电梯电缆有 3 种规格，分别是 245IEC70（YTB）、245IEC74（YT）和 245IEC（YTF）型，导线芯数有 6、9、12、18、24、30 等多种。导线截面为 0.75 mm^2 和 1.0 mm^2 两类，单根铜丝直径都是 0.2 mm。为加强电缆的拉伸强度，电缆的中心有尼龙加强绳，以承受电缆的自重并可使电缆柔软（其结构如图 6-35 所示）。除圆形电缆外，我国已有扁形护套电梯电缆产品，采用扁平截面的随行电缆则有弯曲应力较小、弯折时相对柔软等特点，目前在高速电梯上的运用日益广泛。

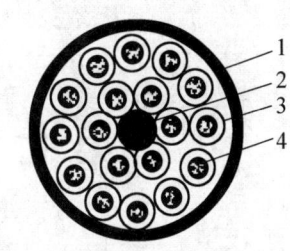

1. 橡胶护套；2. 尼龙加强芯；
3. 绝缘层；4. 多芯铜线

图 6-35　YT、YTF 圆形电缆结构

2. 中间接线箱

中间接线箱是将由机房引来的导线与层楼分线箱和随行电缆连接的接线装置。中间接线箱安装在电梯正常运行高度的 1/2 加 1.5～1.7 m 高的井道壁上。中间接线箱内设有压线的端子板，铁皮制成的接线箱应有良好的接地，其接地电阻不应大于 4 Ω。

复习思考题

6-1　导向系统的功能是什么？其主体构件是什么？

6-2　电梯导轨有何作用？导轨的技术性能要求有哪些？请说明。

6-3　导轨架一般采用哪几种方式固定？

6-4　导轨在导轨架上固定时，为什么要采用压板固定而不是采取直接螺栓固定或焊接方式？

6-5　导靴的功能与组成是什么？导靴主要分为几个种类？

6-6　重量平衡系统有什么功能？其主要组成部分是什么？

6-7　对重有什么作用？

6-8　重量补偿装置有哪些种类？常见的补偿方法有哪几种？

第七章　安全保护系统

电梯是高层建筑中必不可少的垂直运输工具，其运行质量直接关系到人员的生命安全和货物的完好，所以电梯运行的安全性必须放在首位。为保障电梯的安全运行，从电梯设计、制造、安装及日常维保等各个环节都要充分考虑到防止危险发生，并针对各种可能发生的危险，设置专门的安全装置。根据 GB 7588—2003《电梯制造与安装安全规范》中的规定，现代电梯必须设有完善的安全保护系统，包括一系列的机械安全装置和电气安全装置，以防止任何不安全情况的发生。在电梯的安全系统中，包括有高安全系数的曳引钢丝绳、限速器、安全钳、缓冲器、多道限位开关、防止超载系统及完善严格的开关门系统等。

一、安全保护系统概述

（一）电梯可能发生的事故和故障

（1）轿厢失控、超速运行。当曳引机电磁制动器失灵，减速器中的的轮齿、轴、销、键等折断，以及曳引绳在曳引轮绳槽中严重打滑等情况发生，正常的制动手段已无法使电梯停止运动，轿厢失去控制，造成运行速度超过额定速度。

（2）终端越位。由于平层控制电路出现故障，轿厢运行到顶层端站或底层端站时，未停车而继续运行或超出正常的平层位置。

（3）冲顶或蹾底。当上终端限位装置失灵等，造成轿厢或对重冲向井道顶部，称为冲顶；当下终端限位装置失灵或电梯失控，造成电梯轿箱或对重跌落井道底坑，称为蹾底。

（4）不安全运行。由于限速器失灵、层门和轿门不能关闭或关闭不严时电梯运行、轿厢超载运行、曳引电动机在缺相或错相等状态下运行等。

（5）非正常停止。由于控制电路出现故障、安全钳误动作、制动器误动作或电梯停电等原因，都会造成在运行中的电梯突然停止。

（6）关门障碍。电梯在关门过程中，门扇受到人或物体的阻碍，使门无法关闭。

(二) 电梯安全保护系统的组成

(1) 超速（失控）保护装置：限速器、安全钳。
(2) 超越上下极限工作位置保护装置：强迫减速开关、限位开关、极限开关，上述三个开关分别起到强迫减速、切断控制电路、切断动力电源三级保护。
(3) 蹾底（与冲顶）保护装置：缓冲器。
(4) 层门、轿门门锁电气联锁装置：确保门不可靠关闭电梯不能运行。
(5) 近门安全保护装置：层门、轿门设置光电检测或超声波检测装置、门安全触板等，保证门在关闭过程中不会夹伤乘客或货物，关门受阻时保持门处于开启状态。
(6) 电梯不安全运行防止系统：轿厢超载控制装置、限速器断绳开关、安全钳误动作开关、轿顶安全窗和轿厢安全门开关等。
(7) 供电系统断相、错相保护装置：相序保护继电器等。
(8) 停电或电气系统发生故障时，轿厢慢速移动装置。
(9) 报警装置：轿厢内与外联系的警铃、电话等。

除上述安全装置外，还会设置轿顶安全护栏、轿厢护脚板、底坑对重侧防护栏等设施。综上所述，电梯安全保护系统一般由机械安全装置和电气安全装置两大部分组成，但是机械安全装置往往也需要电气方面的配合和联锁，才能保证电梯运行安全可靠。

(三) 电梯安全保护装置的动作关联关系

由图 7-1 可知，当电梯出现紧急故障时，分布于电梯系统各部位的安全开关被触发，切断电梯控制电路，曳引机制动器动作，制停电梯。当电梯出现极端情况如曳引绳断裂，轿厢将沿井道坠落，当到达限速器动作速度时，限速器会触发安全钳动作，将轿厢制停在导轨上。当轿厢超越顶、底层站时，首先触发强迫减速开关减速；如无效则触发限位开关使电梯控制线路动作将曳引机制停；若仍未使轿厢停止，则会采用机械方法强行切断电源，迫使曳引机断电并制动器动作制停。当曳引钢丝绳在曳引轮上打滑时，轿厢速度超限会导致限速器动作触发安全钳，将轿厢制停；如果打滑后轿厢速度未达到限速器触发速度，最终轿厢将触及缓冲器减速制停。当轿厢超载并达到某一限度时，轿厢超载开关被触发，切断控制电路，导致电梯无法启动运行。当安全窗、安全门、层门或轿门未能可靠锁闭时，电梯控制电路无法接通，会导致电梯在运行中紧急停车或无法启动。当层门在关闭过程中，安全触板遇到阻力，则门机立即停止关门并反向开门，稍作延时后重新尝试关门动作,在门未可靠锁闭时电梯无法启动运行。

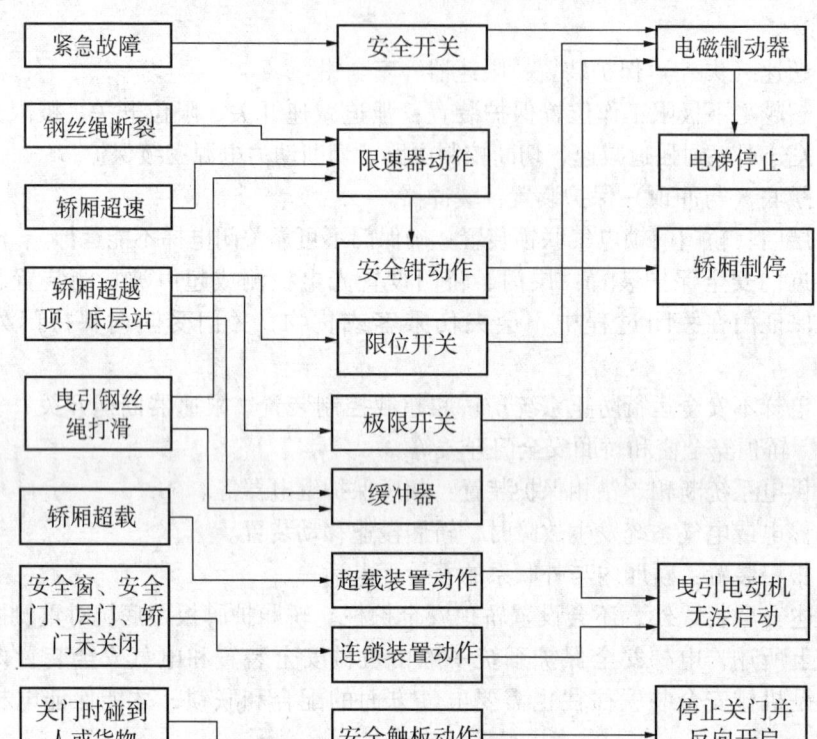

图 7-1 电梯安全系统关联

二、限 速 器

限速器是电梯安全运行中最为重要的安全装置之一,它随时监测控制着轿厢的运行速度,当出现超速情况时,能及时发出(电气系统停车)信号,继而产生机械动作,切断供电电路或驱动安全钳(夹绳器)将轿厢强制制停或减速。限速器是指令发出者并非执行者。

控制轿厢超速的限速器触发速度和相关要求,在 GB 7588—2003 中有明确的规定:该速度至少等于电梯额定速度的 115%;限速器动作时,限速器绳的张力不得小于安全钳起作用所需力的两倍或 300 N;限速器绳的最小破断载荷与限速器动作时产生的限速器绳张力安全系数应大于8，限速器绳公称直径不应小于6 mm；限速器绳必须配有张紧装置，且在张紧轮上装设导向装置。

限速器与安全钳组合方式和工作原理如图7-2所示。限速器装置由限速器、限速器绳及绳头、限速器绳张紧装置等组成。限速器一般安装在机房内，限速器绳绕过限速器绳轮后，穿过机房地板上开设的限速器绳孔，竖直穿过井道总高，一直延伸到装设于电梯底坑中的限速器绳张紧轮并形成回路；限速器绳绳头处连接到位于轿厢顶的连杆系统，并通过一系列安全钳操纵拉杆与安全钳相连；电梯正常运行时，电梯轿厢与限速器绳以相同的速度升降，两者之间无相对运动，限速器绳绕两个绳轮运转；当电梯出现超速并达到限速器设定值时，限速器中的夹绳装置动作，将限速器绳夹住，使其不能移动，但由于轿厢仍在运动，于是两者之间出现相对运动，限速器绳通过安全钳操纵拉杆拉动安全钳制动元件，安全钳制动元件则紧密地夹持住导轨，利用其间产生的摩擦力将轿厢制停在导轨上，保证电梯安全。

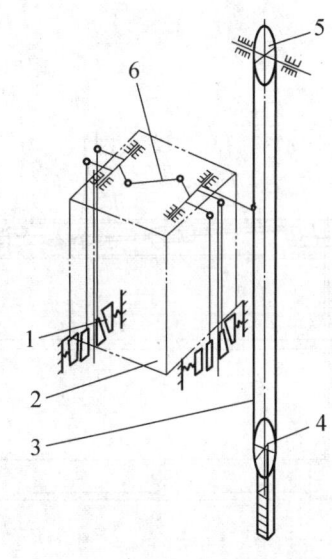

1. 安全钳；2. 轿厢；3. 限速器绳；
4. 张紧装置；5. 限速器
6. 安全钳操纵拉杆系统

图7-2 限速装置与安全钳联动示意

对于传统的电梯，都必须使用限速器来随时监测并控制轿厢的下行超速。随着电梯的使用，人们发现轿厢上行超速并且冲顶的危险也确实存在，其原因是轿厢空载或极小载荷时，对重侧重量大于轿厢，一旦制动器失效或曳引机轴、键、销等折断，或由于曳引轮绳槽严重磨损导致曳引绳在其中打滑，就会导致轿厢上行超速发生。所以GB 7588—2003中规定，曳引驱动电梯应装设上行超速保护装置，该装置包括速度监控和减速元件，应能检测出上行轿厢的失控速度，当轿厢速度大于等于电梯额定速度115%时，应能使轿厢制停，或至少使其速度下降至对重缓冲器的允许使用范围。该装置可作用于轿厢、对重、钢丝绳系统（悬挂绳或补偿绳）或曳引轮上，当该装置动作时，应使电气安全装置动作或控制电路失电，电机停止运转，制动器动作。通过图7-3可以清楚地了解到限速器与安全钳联合动作的过程。

近年来电梯用限速器装置的结构和技术发展较快，目前使用较多的限速器的种类、相应的特点和适用范围如表7-1所示。

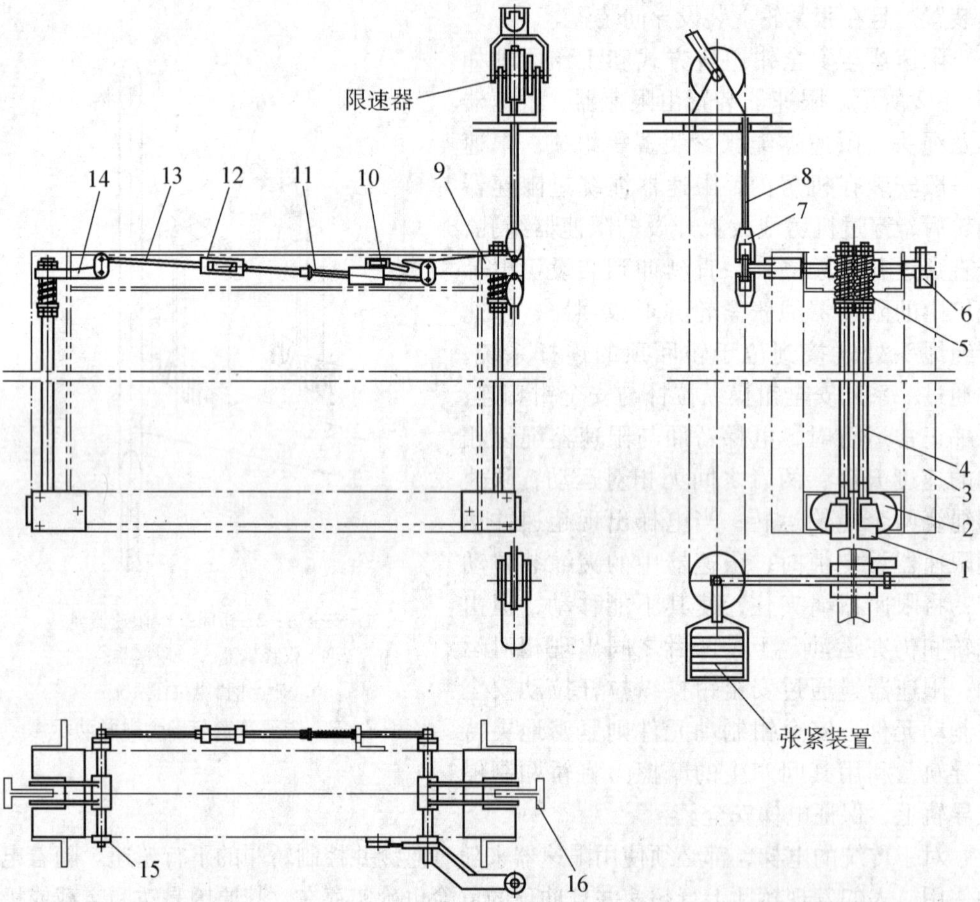

电梯结构与原理

限速器

1. 安全钳楔块；2. 安全钳座；3. 轿厢架；4. 垂直拉杆；5. 复位弹簧；
6. 防跳器；7. 绳头；8. 限速器绳；9. 主动拉杆；10. 安全钳急停开关；
11. 复位弹簧；12. 正反旋螺母；13. 横拉杆；14. 从动拉杆；15. 转轴；16. 导轨

图7-3 限速装置与安全钳

表7-1 常用限速器种类及适用范围

种 类		适用速度	适用安全钳	使 用 特 点
摆锤式	下摆杆凸轮棘爪式	1 m/s以下	瞬时式	结构简单制造维护方便，缺乏可靠的夹绳装置，多用于低速电梯
	上摆杆凸轮棘爪式			

续表 7-1

种 类		适用速度	适用安全钳	使 用 特 点
离心式	甩块式 刚性夹持式	1 m/s 以下	渐进式	夹持力不可调，工作时对钢丝绳损伤较大
	甩块式 弹性夹持式	1 m/s 以上	渐进式	工作时对钢丝绳损伤小，多用于快速梯
	甩球式（多为弹性夹持式）	各种速度	渐进式	结构简单可靠，反应灵敏，用于快、高速梯

（一）摆锤式限速器及工作原理

当限速器轮转动时，因其中的摆杆不断地摆动而得名为摆锤式。摆锤式限速器按结构的形式特点又称为凸轮式或惯性式。根据摆杆与凸轮的相对位置，限速器可分为下摆杆凸轮棘爪式和上摆杆凸轮棘爪式限速器。

1. 下摆杆凸轮棘爪式限速器

该限速器结构如图 7-4 所示，当轿厢下行时，限速器绳带动限速器绳轮旋转，五边形盘状凸轮与绳轮及棘轮制为一体旋转，盘状凸轮的轮廓线与装在摆杆 6 左侧的胶轮接触，凸轮轮廓线的变化使摆杆 6 猛烈地摆动。由于胶轮轴被调速弹簧 4 拉住，在额定

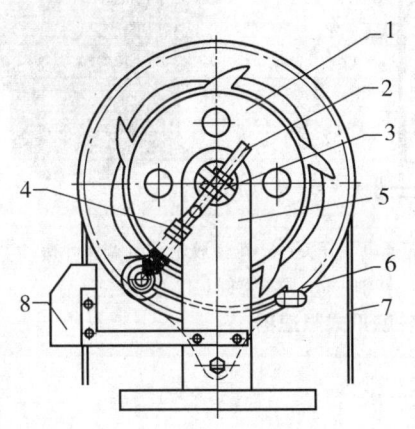 

1. 制动轮；2. 拉簧调节螺钉；3. 制动轮轴；4. 调速弹簧；
5. 支座；6. 摆杆；7. 限速器绳；8. 超速开关

图 7-4 下摆杆凸轮棘爪式限速器

速度范围内，胶轮始终与盘状凸轮贴合，摆杆右边的棘爪与棘轮上的齿无法接触到。当轿厢超速并达到规定值时，凸轮转速加快，摆杆惯性力加大，使摆杆摆动的角度增大，首先导致胶轮触动超速开关8，触发电梯控制电路，制动器动作使电梯停止；如果此时仍未将电梯有效制动，超速继续加剧，则使摆杆右端的棘爪与棘轮上的齿相啮合，限速器轮被迫停止转动，缠绕在其上的限速器绳随即停止运动；随着轿厢继续下行，限速器绳与轿厢之间产生相对运动，限速器绳拉动安全钳操纵拉杆系统，安全钳动作，轿厢被制停在导轨上。

调节拉簧4的张力，可调节限速器的动作速度。当限速器动作后需要复位时，可以使轿厢慢速上行，限速器绳轮（凸轮、棘轮）反向旋转，棘爪与棘齿脱开，安全钳即可复位。

2. 上摆杆凸轮棘爪式限速器

图7-5为上摆杆凸轮棘爪式限速器，其工作原理与下摆杆式相同，仅是将摆杆装于限速器较上部位。由于其采用八边形凸轮，并且设有8个棘爪，所以其对于超速现象更为敏感。

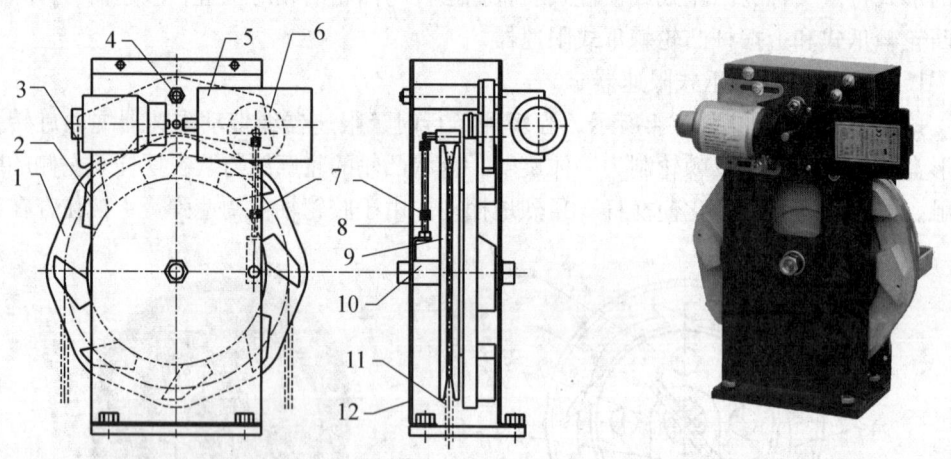

1. 凸轮；2. 棘爪；3. 摆杆；4. 摆杆转轴；5. 超速电气开关；6. 限速胶轮；7. 调速弹簧；8. 拉簧调节螺杆；9. 限速器绳轮；10. 转轴；11. 限速器绳；12. 机架

图7-5 上摆杆凸轮棘爪式限速器

（二）甩块式限速器及工作原理

甩块式限速器是利用旋转离心力随着转速变快而加大的原理来完成动作的。当限速器绳轮转动时，由于离心力的作用导致其中的甩块产生远离回转中心的趋势，一旦超速到限定值时，甩块外摆触发超速安全开关，继而带动安全钳动作。根据在动作时对钢丝绳的夹持形式，甩块式限速器分为刚性夹持式和弹性夹持式两种。

1. 刚性夹持式限速器

刚性夹持式限速器的结构如图 7-6 所示。限速器底座上装有心轴，限速器绳轮和制动圆盘各自均可在心轴上转动。在限速器绳轮上固定着两个销轴，两个离心重块（甩块）通过连接板和拉簧绞接在销轴上，它们可以绕各自的销轴摆动。在甩块的外缘面上各有一个棘爪，在制动圆盘的内圆面上有 5 个均匀分布的棘齿。

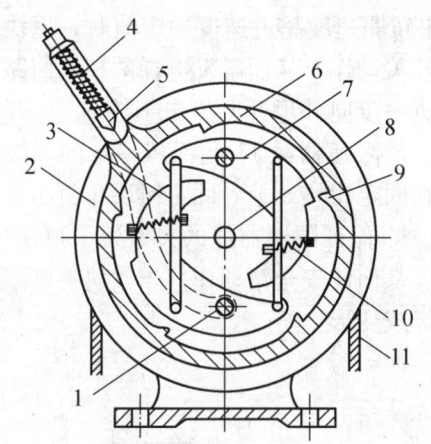
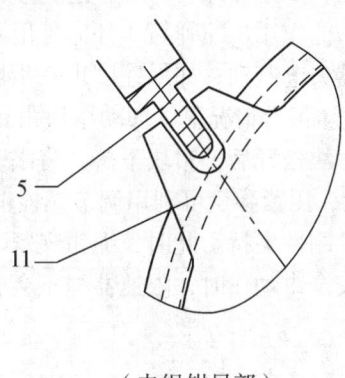

（夹绳钳局部）

1. 销轴；2. 限速器绳轮；3. 连接板；4. 绳钳弹簧；5. 夹绳钳；6. 制动圆盘（棘齿罩）；
7. 甩块（离心重块）；8. 心轴；9. 棘齿；10. 拉簧；11. 限速器钢丝绳

图 7-6 刚性夹持式甩块限速器

刚性夹持式限速器的动作原理如下（图 7-6）：当限速器绳轮静止不动时，甩块在拉簧作用下保持向中心缩紧的位置，甩块的棘爪与制动圆盘内的棘齿之间保持一定间隙。电梯运行时，轿厢通过限速器绳带动限速器绳轮顺时针转动，轿厢速度正常时，离心力使甩块绕销轴向外摆动并与弹簧力保持平衡，棘爪与棘齿之间的径向空隙缩小。当轿厢超速到达限速器设定的速度时，在离心力的作用下，限速器内的甩块向外摆动到使甩块上的棘爪与制动圆盘内的棘齿啮合，进而带动偏心拨叉一起顺时针方向摆动。由于拨叉摆动中心同限速器绳轮和制动圆盘的回转中心存在一个偏距，偏心拨叉在回转一定角度后，夹绳钳即将限速器钢丝绳压住且愈压愈紧，直至限速器绳不能移动。此时轿厢仍在下降，于是已被卡紧的限速器绳将安全钳的操纵拉杆提起，带动轿厢两边的安全钳楔块同步动作，将超速下滑的轿厢夹持在导轨上。

限速器、安全钳动作瞬间会触发控制电路,使制动器失电制动,只有当所有安全开关复位,轿厢向上提起时,才能释放安全钳,安全钳未恢复到正常位置,电梯不能启动。

刚性夹持式限速器在动作时,对限速器钢丝绳的夹持是刚性的,动作灵敏可靠,但相对来说冲击大,对限速器绳损伤大,仅适用于低速电梯,必须配用瞬时式安全钳。通过调整弹簧4的张力,可以允许限速器绳被夹后有少许的滑动,减少冲击。

2. 弹性夹持式限速器

弹性夹持式限速器的动作原理如下(图7-7):两个绕各自枢轴转动的甩块2由连杆3连接在一起,以保证两甩块同步运动;甩块2被螺旋弹簧4作用而收拢到靠近回转中心处,限速器绳轮1在垂直平面内转动。如果轿厢速度超过速度预定值时,甩块2因离心力的作用压缩弹簧4并向外甩开,使超速开关动作,从而触发电梯的控制回路,使制动器失电制动;如果速度进一步增大,甩块进一步向外甩开并撞击锁栓6,松开摆动钳块7。正常情况下,摆动钳块由锁栓6栓住,与限速器绳11间保持一定的间隙,当摆动钳块松开后,钳块下落,将限速器绳夹持在固定钳块8上。固定钳块8由压紧弹簧9压紧,压紧弹簧可利用调节螺栓10进行调节,以保证限速器绳的夹紧处于弹性状态,避免了刚性夹持。此时,绳钳夹紧了限速器绳,从而使安全钳动作。当钳块夹紧限速器绳使安全钳动作时,限速器绳不会有明显的损坏或变形。

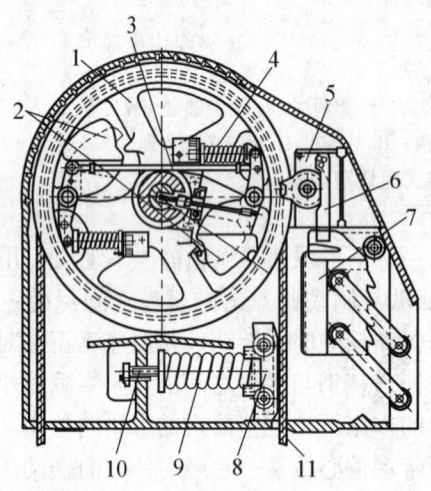

1. 限速器绳轮;2. 甩块;3. 连杆;4. 螺旋弹簧;
5. 超速开关;6. 锁栓;7. 摆动钳块;8. 固定钳块;
9. 压紧弹簧;10. 调节螺栓;11. 限速器绳

图7-7 甩块式弹性夹持限速器(1)

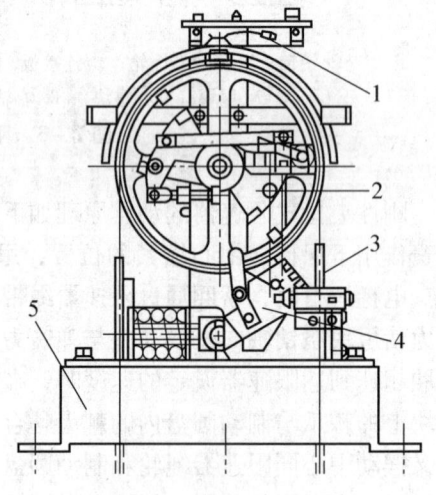

1. 超速开关;2. 锤罩;3. 限速器绳;
4. 夹绳钳;5. 底座

图7-8 甩块式弹性夹持限速器(2)

另一种较为多用的弹性夹持式限速器结构如图7-8所示，其工作原理与前种限速器类似，电梯运行速度的大小直接确定了甩块回转半径的大小。当电梯超速达到其额定值115%时，到达超速开关动作速度，通过杠杆触发超速开关动作将控制电路断开，对电梯实施制动；如果此时未能对电梯进行制动，超速继续时甩块机构则通过连杆推动卡爪动作将钢丝绳夹住，从而触发安全钳动作。此种限速器绳钳在压紧限速器绳之前与钢丝绳有一段同步运行的过程，使钢丝绳在被完全压紧前有一段滑移而得到缓冲，所以对保护钢丝绳有利。此种限速器目前在快速、高速电梯上得到了较多使用。图7-9为此种限速器的外形结构。

图7-9 弹性夹持式限速器（2）外形

（三）双向限速器及工作原理

轿厢上行超速保护装置是为防止电梯运行过程中出现轿厢冲顶事故而设置的安全装置，是对电梯安全保护系统的进一步完善。这是由于在电梯正常使用过程中，当载重量小于额定载荷的一半时，对重侧的重量将大于轿厢侧，此时一旦制动器失效或曳引机齿轮、轴、键、销等发生断裂，造成曳引轮不受制动器控制，或由于曳引轮绳槽严重磨损造成曳引绳在绳槽内打滑等，均会造成轿厢冲顶事故发生。在 GB 7588—2003 中规定，曳引驱动电梯应装设上行超速保护装置，该装置包括速度监控和减速元件，应能检测出上行轿厢的失控速度，当轿厢速度大于等于电梯额定速度的115%时，应能使轿厢制停或至少使其减速至对重缓冲器的设计范围。该装置应作用于轿厢、对重、钢丝绳系统（悬挂绳或补偿绳）或曳引轮上。该装置动作时，应使电气安全装置动作，使控制电路失电，电机停止运转，制动器动作。

轿厢上行超速保护装置按其制停和减速装置作用位置不同，可分为作用在轿厢、对重、钢丝绳和曳引轮上等四种。常见的有双向限速器-双向安全钳方式、双向限速器-曳引绳夹绳器、对重限速器-对重安全钳等，其中采用双向限速器配合双向安全钳方式较多，在旧梯改造过程中则采用双向限速器配合夹绳器方式较多。

1. 双向限速器工作原理

（1）双向限速器机械装置工作原理。限速器结构如图7-10所示。

根据双向限速器正视方向视图（图7-10（a）），电梯正常运行时，限速器绳轮3在限速器绳2的驱动下，绕限速器绳轮转轴13旋转（顺、逆时针），装于限速器绳轮3

上的两件离心锤 5 在通过离心锤联动拉杆 6 铰接，并在离心锤回位接头 10 和离心锤回位弹簧 11 的作用下，被压向最接近旋转中心位置并旋转。当电梯出现超速状况后，限速器绳轮 3 超速，离心锤 5 受到离心力的作用（由离心锤联动拉杆 6 协同动作），克服离心锤回位弹簧 11 的张力向远离旋转中心方向甩开，导致离心锤 5 绕离心锤转轴 9 作顺时针转动，同时推动触发锁舌 7 绕触发锁舌转轴 8 作顺时针转动。

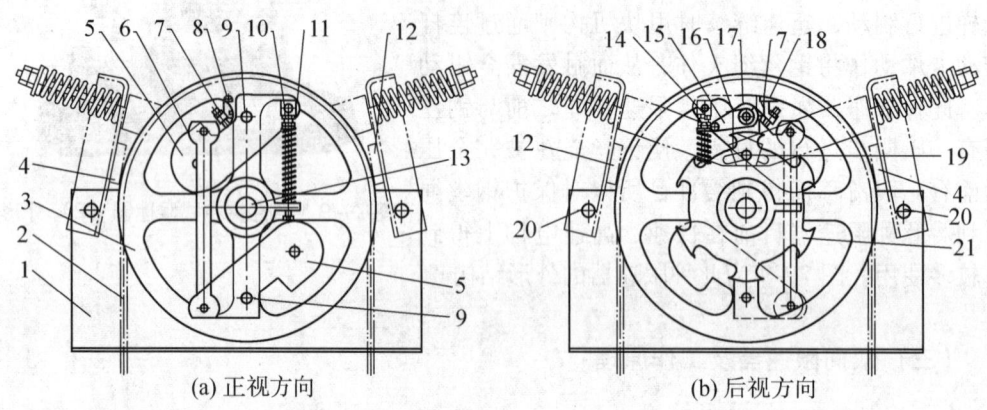

(a) 正视方向　　　　(b) 后视方向

1. 限速器体；2. 限速器绳；3. 限速器绳轮；4. 左夹绳臂与夹块；5. 离心锤；6. 离心锤联动拉杆；
7. 触发锁舌；8. 触发锁舌转轴；9. 离心锤转轴；10. 离心锤回位接头；11. 离心锤回位弹簧；
12. 右夹绳臂与夹块；13. 限速器绳轮转轴；14. 制动块销轴；15. 制动块；16. 制动块扭簧；
17. 制动块转轴；18. 触发锁舌扭簧；19. 花盘销轴；20. 夹绳臂转轴；21. 花盘

图 7-10　双向限速器结构

根据双向限速器后视方向视图（图 7-10（b）），触发锁舌 7 在离心锤 5 的推动下，克服触发锁舌扭簧 18 的张力，绕触发锁舌转轴 8 作逆时针转动，并随即解除对制动块 15 的滞卡。制动块 15 在制动块扭簧 16 的作用下，绕制动块转轴 17 作逆时针转动，与制动块制为一体的制动块销轴 14 倒向处于静止状态的花盘 21，并卡入花盘外圆周上开设的 6 个凹槽中的一个，花盘 21 被限速器绳轮带动绕绳轮转轴 13 旋转。与花盘制成一体的花盘销轴 19 驱动套装在其上的左、右夹绳臂与夹块（件号 4、12），可分别独立绕夹绳臂转轴 20 压向限速器绳轮 3，夹紧绳轮 3 上缠绕的限速器绳 2，实现对限速器绳 2 的制动。电梯上、下行驶时限速器绳轮转向相反，上行超速和下行超速则分别触动左或右侧的夹绳臂与夹块，独立夹绳制动，并驱动双向安全钳动作，即实现双向限速功能。

（2）双向限速器电气装置工作原理。限速器电气装置结构如图 7-11 所示。

根据 GB 7588—2003 中的规定，操纵电梯限速器的动作速度至少等于额定速度的 115%，同时在轿厢上行或下行的速度达到此速度之前，限速器或其他装置上的一个电

 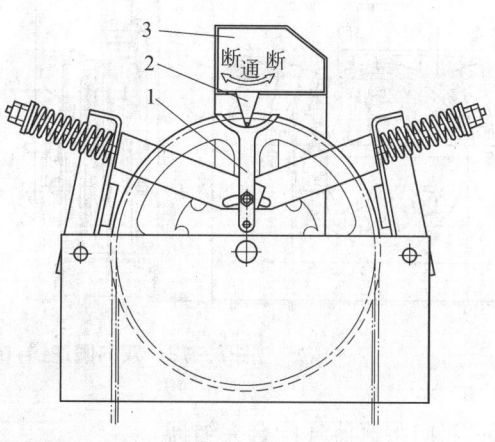

1. 电气开关拨叉； 2. 开关触点拨杆； 3. 电气装置开关

图 7-11 双向限速器电气装置

气安全装置使电梯曳引机停止运转。即要求电气安全装置在超速达到 115% 额定速度后，首先通过控制电路使曳引机断电并实施制动，如果超速仍然未得到控制时则实施安全钳、夹绳器等机械制动。图 7-11 所示的电气装置的工作原理如下：限速器机体上装设有电气装置开关 3、开关触点拨杆 2，电梯运行时开关触点拨杆 2 位于图示中立状态并保持控制电路接通，限速器离心锤上装设有开关触发螺钉与开关触点拨杆 2 相对。电梯正常运行时离心锤未甩开，回转半径小，离心锤开关触发螺钉无法与开关触点拨杆 2 接触；电梯超速并达到额定速度的 115% 以上后，离心锤向回转中心外侧摆开，开关触发螺钉与开关触点拨杆 2 相撞，导致拨杆（拨杆可以向左或右摆动）离开图 7-11 所示中立位置并切断控制电路，使曳引机断电并实施制动，电梯停车。如果此装置未能有效切断控制电路，电梯继续超速，则限速器机械装置动作（开始拉动安全钳实施制动），装设于限速器花盘 21（图 7-10）上的电气开关拨叉 1 随花盘摆动，再次推动开关触点拨杆 2 离开中立位置并切断控制电路，曳引机断电制动。

当限速器电气装置失效后，则机械装置拉动安全钳实施机械制动。

2. 双向限速器（配合双向安全钳）

此种双向限速器（图 7-12）是与双向安全钳配套使用的，其速度检测与触发原理相同。

无论出现上行或下行超速，此限速器均会首先触发电气开关，切断曳引机电源并使制动器动作。如果仍然未能将电梯超速现象控制住，则进而夹住限速器绳，触发安全钳动作将轿厢强制制停。此限速器必须配合双向安全钳工作，分别控制两个方向的超速。

电_梯_结_构_与_原_理

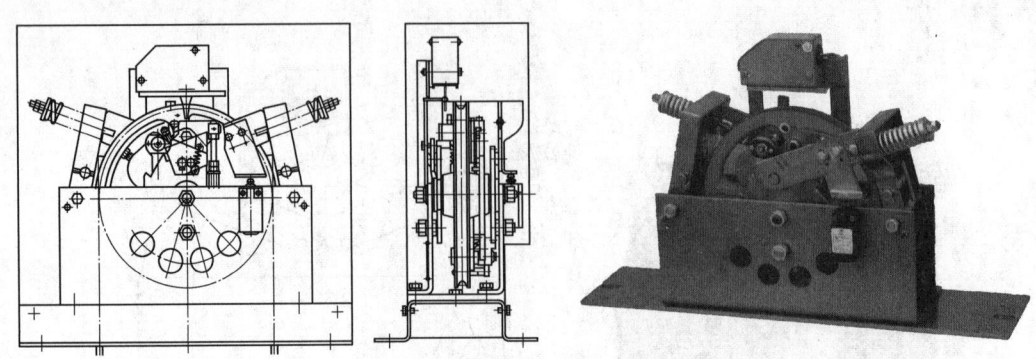

图 7-12　双向限速器（配合双向安全钳）

3. 双向限速器（配合夹绳器）

此种双向限速器（图 7-13）是专为配合夹绳器而设计的。当电梯轿厢下行超速时，其功能相当于一台普通的限速器。当轿厢下行超速后，首先触发电气开关，切断曳引机电源并使制动器抱闸将轿厢制停；如此时未能将电梯轿厢制停，则进而夹紧限速器绳，拉动安全钳操纵杆，触发安全钳动作将轿厢强制制停。当发生轿厢上行超速时，限速器则通过图中所示的钢丝软轴，拉动夹绳器动作，被固定安装在曳引机侧的夹绳器将曳引钢丝绳紧紧夹牢，实施夹绳器强制制停。此种限速器必须配合下行安全钳及夹绳器联合动作。

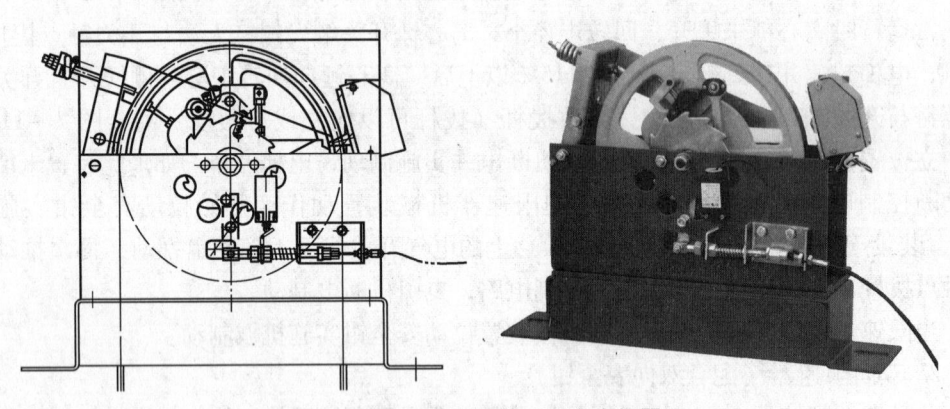

图 7-13　双向限速器（配合夹绳器）

（四）限速器张紧装置

通常限速器安装在机房内，限速器绳贯穿井道总高，上部绕在限速器绳轮上，下部绕在装于底坑的张紧轮上，限速器绳两端头经绳头部件和安全钳拉臂连接起来，形成封闭的回环，轿厢的运行速度通过限速器绳传递给限速器绳轮。为了保证限速器绳与限速器绳轮间有足够的摩擦力，准确地反映轿厢运行速度，在井道底坑内设有限速器绳张紧装置。张紧装置由支架、张紧轮、重砣及断绳开关等组成，工作时由张紧轮导向装置限位导向，以防止限速器绳扭转、限速器绳和张紧装置摆动。为了补偿限速器绳在工作中的伸长，张紧装置能在导向装置作用下作上下浮动。同时，为了防止限速器绳过分伸长使张紧装置碰到地面而失效，张紧装置底部距底坑应有合适的高度：低速电梯为 400 ± 50 mm，快速电梯为 550 ± 50 mm，高速电梯为 750 ± 50 mm。张紧轮安装在张紧装置支架轴上，可以灵活地转动。调整重砣的数量，可以调整限速器绳的张力。要求在限速器动作时，限速器绳的张力应大于安全钳启动时所需力的两倍，且不小于 300 N。在张紧装置的侧面装有断绳保护开关，若限速器绳断裂或限速器绳过度伸长，张紧装置向下落，断绳保护开关切断电梯控制电路，防止电梯在没有限速器和安全钳保护下行驶。

限速器张紧装置一般分为摆臂式张紧和垂直式张紧两种方式，具体如图 7 - 14 和 7 - 15 所示。

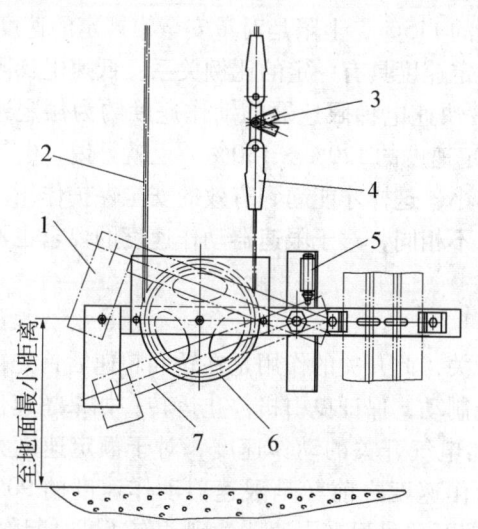

1. 配重块；2. 限速器绳；3. 安全钳操纵杆；
4. 绳头装置；5. 断绳触点开关；6. 张紧轮；
7. 配重摆臂

图 7 - 14 摆臂式限速器绳张紧装置

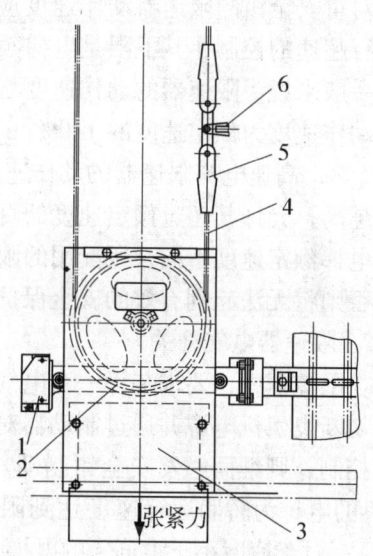

1. 断绳触点开关；2. 张紧轮；
3. 配重块；4. 限速器绳；
5. 绳头装置；6. 安全钳操纵杆

图 7 - 15 垂直式限速器绳张紧装置

（五）限速器使用技术要求

由于限速器是电梯安全运行保障系统中最重要的装置之一，GB 7588—2003 对其具体技术要求作出了非常严格的规定并要求强制执行。

1. 限速器动作速度

作为电梯的超速和失控保护，限速器在动作前的响应时间应足够短，不允许在安全钳动作前轿厢达到危险的速度。

操纵轿厢安全钳的限速器，其动作应发生在速度至少等于额定速度的115%，但应小于下列各值：

（1）对于除了不可脱落滚柱式以外的瞬时式安全钳为 0.8（m/s）；

（2）对于不可脱落滚柱式瞬时式安全钳为 1.0（m/s）；

（3）对于额定速度小于或等于 1.0 m/s 的渐进式安全钳为 1.5（m/s）；

（4）对于额定速度大于 1.0 m/s 的渐进式安全钳为 $1.25v+0.25/v$（m/s）（其中 v 为电梯额定速度）。

对重安全钳的限速器动作速度应大于上述值，但不得超过相应值的10%。关于轿厢上行超速的控制，其下限是电梯额定速度的115%，上限是对重安全钳规定的速度。

一般来说，限速器的动作速度与电梯额定速度具有一定的比例关系：低速电梯限速器的动作速度为额定速度的140%～170%，快速电梯限速器的动作速度约为额定速度的135%，高速电梯限速器的动作速度为额定速度的120%～130%。也就是说，电梯的速度越高，允许其超过额定速度的百分比越小，这样才能起到有效的安全保护作用。另外，电梯额定速度不同，所配用的限速器也不相同，对于限速器动作速度的要求也不相同，否则将无法起到有效的安全保护作用。

2. 限速器电气开关

在限速器中，要求装设一个电气超速开关，此开关的作用是在轿厢超速后首先被触发，切断曳引机电源并通过制动器对其实施制动，保证曳引机停止运转；如果超速仍未得到控制，则继而触发安全钳制动。限速器电气开关的动作速度，对于额定速度大于 1 m/s 的电梯为轿厢运行速度达到限速器动作速度之前（是限速器动作速度的90%～95%）；对于速度小于 1 m/s 的电梯，其超速开关最迟在限速器达到动作速度时起作用。

3. 限速器的响应时间

限速器动作之前的响应时间应足够短，不允许在安全钳动作之前使轿厢达到危险速度。

4. 限速器绳

限速器应由限速器钢丝绳驱动。限速器绳的最小破断载荷与限速器动作时产生的限速器绳的张力有关，其安全系数不应小于 8；对于摩擦型限速器，则宜考虑摩擦系数 $\mu_{max} = 0.2$ 时的情况；限速器绳的公称直径不应小于 6 mm；限速器绳轮的节圆直径与绳的公称直径之比不应小于 30；限速器绳应用张紧轮张紧，张紧轮（或配重）应有导向装置。在安全钳作用期间，即使制动距离大于正常值，限速器绳及其附件也应保持完整无损。

5. 限速器绳的张紧力和夹绳力

为了使限速器钢丝绳无滑动地带动绳轮转动，限速器绳每一分支中的张力应不小于 150 N，并由张紧装置来实现；为了防止绳的破断或过于伸长而失效，张紧装置上均设置有断绳电气安全开关（见图 7-14、7-15）。限速器动作时的夹绳力应至少为带动安全钳起作用所需力的两倍，并不小于 300 N。

三、安 全 钳

电梯安全钳装置是在限速器的操纵下，当电梯出现超速、断绳等非常严重的故障后，将轿厢紧急制停并夹持在导轨上的一种安全装置。它对电梯的安全运行提供有效的保护作用，一般将其安装在轿厢架或对重架上。随着轿厢上行超速保护要求的提出，现在双向安全钳有较多的使用。

（一）安全钳装置组成与安装位置

1. 安全钳装置组成

安全钳装置由安全钳操纵机构和安全钳体两部分组成（图 7-3）。安全钳及其操纵机构一般安装在轿厢架 3 上，安全钳座 2 装设在轿厢架下梁内，安全钳楔块 1 在安全钳动作时夹紧导轨使轿厢制停。轿厢架上梁的两侧各装有一根转轴 16，操纵机构的一组杠杆固定在这两根轴上。主动杠杆 10 的端部通过绳头 8 与限速器绳 9 连接。4 个从动拉杆 15 分别安装在两侧的转轴 16 上。横拉杆 14 连接两侧的转轴以保证两侧的从动杠杆同步摆动，横拉杆 14 上的正反旋螺母 13 可调节从动拉杆的位置。从动拉杆的端部各连接一条垂直拉杆 5，通过它带动安全钳楔块 1。横拉杆上的复位弹簧 12 使拉杆系统复位，垂直拉杆上的复位弹簧 6 促使安全钳楔块 1 在正常情况下处于松开状态。

当电梯超速达到限速器设定值时，限速器绳 9 被夹住不动，随着轿厢继续向下运动，主动拉杆 10 被限速器绳带动向上摆动，通过转轴 16 使 4 个从动拉杆 15 同时向上摆动，带动四根垂直拉杆 5 提起安全钳楔块 1，使楔块 1 与电梯导轨 17 发生接触，接着依靠自锁楔紧作用使楔块夹紧在导轨上，轿厢被制停。这里要注意操纵机构拉杆的作用只是移动一定距离,使安全钳楔块与导轨接触,一旦接触之后,将靠楔块的楔紧作用而产生制动力,不再依赖操纵机构。楔块在自锁楔紧过程中,将继续抬起垂直拉杆5,压缩复位弹簧6,那时从动拉杆15将不再起作用。主动拉杆10上附有碰铁,当操纵机构带动安全钳动作时,此碰铁使安全钳急停开关11被触发,制动器制动,曳引机断电停转。

2. 安全钳在轿厢上的安装位置

安全钳体一般安装在轿厢架的底梁或立柱上(图7-3),处于上下导靴之间,并保证其安装牢固可靠。垂直拉杆装在轿厢外壁两侧立柱上,两侧垂直拉杆之间采用横拉杆相连接以保证同步动作。一个轿厢设有两组安全钳及与之相配合的垂直拉杆;安全钳的操纵机构是装在轿厢架上梁,并通过主动拉杆10与限速器绳9相连。目前有些厂家将导靴和安全钳制成一个整体,此结构可以减少安装及调整的工作量。

如果轿厢和对重都需装置安全钳,其安全钳的动作应由各自的限速器来控制。

(二) 安全钳种类与结构特点

目前电梯用安全钳按照其制动元件结构形式的不同可分为楔块型、偏心轮型和滚柱型三种,按制停减速度(制停距离)的不同可分为瞬时式和渐进式两种。上述安全钳根据电梯额定速度和用途不同来区别选用。

1. 瞬时式安全钳

瞬时式安全钳也叫做刚性急停型安全钳,它的承载结构是刚性的,动作时产生很大的制停力,使轿厢立即停止。瞬时式安全钳的使用特点是:制停距离短,轿厢承受冲击严重,在制停过程中楔块或其他型式的卡块将迅速地卡入导轨表面,从而使轿厢瞬间停止。滚柱型瞬时安全钳的制停时间约为 0.1 s;双楔瞬时式安全钳的瞬时制停力最高时的区段只有 0.01 s 左右,整个制停距离也只有几十 mm 乃至几 mm,轿厢最大制停减速度在 $5 \sim 10g$ 甚至更大,而一般人员所能承受的瞬时减速度为 $2.5g$ 以下。由于上述特点,电梯及轿厢内的乘客或货物会受到非常剧烈的冲击,导致人员或货物伤损,因此瞬时式安全钳只能适用于额定速度不超过 0.63 m/s 的电梯(某些国家规定为 0.75 m/s 以下)。

瞬时式安全钳按照制动元件结构形式可分为楔块型、偏心块型和滚柱型三种。

(1) 楔块型瞬时式安全钳。此类安全钳的结构原理如图7-16所示,安全钳座一般用铸钢制成整体式结

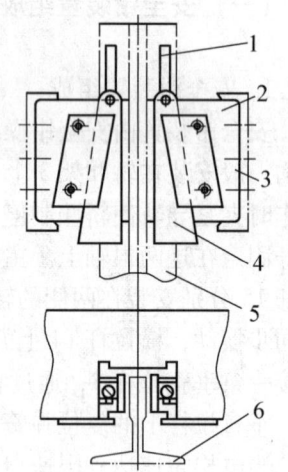

1. 拉杆;2. 安全钳座;3. 轿厢下梁
4. 楔(钳)块;5. 导轨;6. 盖板

图7-16 楔块型瞬时式安全钳

构,楔块用优质耐热钢制造,表面淬火使其有一定的硬度;为加大楔块与导轨工作面间的摩擦力,楔块工作面常制出齿状花纹。电梯正常运行时,楔块与导轨侧面保持2～3mm的间隙,楔块装于钳座内,并与安全钳拉杆相连。在电梯正常工作时,由于拉杆弹簧的张力作用,楔块保持固定位置,与导轨侧工作面的间隙保持不变。当限速器动作时,通过传动装置将拉杆提起,楔块沿钳座斜面上行并与导轨工作面贴合楔紧,随着轿厢的继续下行,楔紧作用增大,此时安全钳的制停动作就已经和操纵机构无关了,最终将轿厢制停。

为了减小楔块与钳体之间的摩擦,一般可在它们之间设置表面经硬化处理的镀铬滚柱,当安全钳动作时,楔块在滚柱上相对钳体运动。

(2)偏心块型瞬时式安全钳。偏心块型安全钳由两个硬化钢制成的带有半齿的偏心块组成(图7-17),它有两根联动的偏心块连接轴,轴的两端用键与轿厢左、右两侧的安全钳偏心块相连。当安全钳动作时,两个偏心块连接轴相对转动,并通过连杆使四个偏心块保持同步动作;偏心块的复位由一弹簧来实现,通常在偏心块上装有一根提拉杆。应用这种类型的安全钳,偏心块卡紧导轨的面积很小,接触面压力极大,动作时往往使偏心块或导轨表面受到破坏。

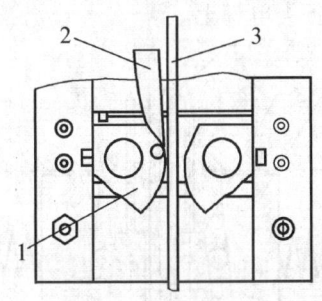

1. 偏心轮;2. 提拉杆;3. 导轨

图7-17 偏心块型瞬时式安全钳

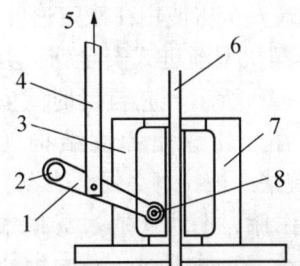

1. 连杆;2. 支点;3. 爪;4. 操纵杆;
5. 提拉杆;6. 导轨;7. 钳体;8. 滚子

图7-18 滚柱型瞬时式安全钳

(3)滚柱型瞬时式安全钳。如图7-18所示,当提拉杆提起时,淬硬的(表面硬度为HRC 40～45)滚花钢制滚柱在钳体楔形槽内向上滚动,当滚柱贴上导轨时,钳座就在钳体内作水平移动,这样就消除了另一侧的间隙;为了使两根导轨上的滚柱同时动作,两边的连杆用一根共用轴。滚柱型安全钳常用在低速重载的货梯上。图7-19为两种较为常见的瞬时式安全钳外形。

2. 渐进式安全钳

渐进式安全钳又称为滑移动作式安全钳、弹性滑移式安全钳。它能使制动力限制在

图7-19 两种常见的瞬时式安全钳

一定范围内,并使轿厢在制停时有一定的滑移距离,它的制停力是有控制地逐渐增大或保持恒定值,使制停减速度不致很大。

渐进式安全钳与瞬时式安全钳的根本区别在于安全钳制动开始之后,其制动力并非刚性固定,而是增加了弹性元件,致使安全钳制动元件作用在导轨上的压力具有缓冲的余地,在一段较长的距离上制停轿厢,有效地使制动减速度减小,保证人员或货物的安全。渐进式安全钳使用在额定速度大于0.63 m/s的各类电梯上。

(1) 楔块型渐进式安全钳。其结构原理如图7-20所示,它与瞬时式安全钳的根本区别在于钳座是弹性结构(弹簧装置),当楔块3被拉杆2提起,贴合在导轨上起制动作用,楔块3通过导向滚柱7将推力传递给导向楔块4,导向楔块后侧装置有弹性元件(弹簧),使楔块作用在导轨上的压力具有了一定的弹性,产生相对柔和的制停作用。增加了导向滚柱7可以减少动作时的摩擦力,使安全钳动作后容易复位。

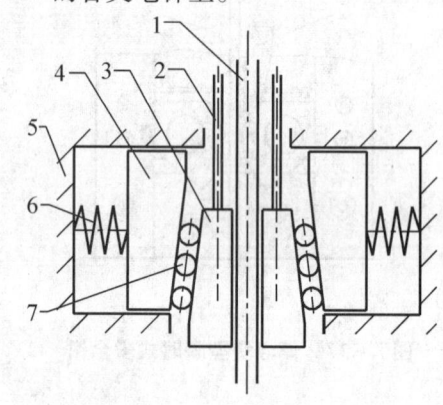

1. 导轨;2. 拉杆;3. 楔块;4. 导向楔块;
5. 钳座;6. 弹性元件;7. 导向滚柱

图7-20 楔块型渐进式安全钳

图7-21为楔块型渐进式安全钳的结构与外形,此种安全钳的制动元件采用楔块形式。当电梯超速后,限速器驱动安全钳拉杆将提拉楔块4向上提起,迫使其摩擦面与导轨侧面接触,导轨与楔块之间的摩擦力使楔块加速向上运行,更加紧密地贴合导轨侧面,同时安全钳左侧的楔块也与导轨另一侧面贴合产生摩擦力,最终使楔块夹死导轨,轿厢停止运动。在左侧楔块

的后部安装有一系列碟形弹簧（即碟簧），当左侧楔块工作时，对碟簧实施压缩，使楔块对导轨的压紧力具有相对的弹性，避免出现压紧力过大导致的瞬间制动现象，保证将电梯制动减速度控制在可以接受的范围内。复位弹簧5的作用是当电梯正常运行时，左侧楔块在其作用下，始终保持与导轨之间的间隙，避免由于电梯振动冲击等造成安全钳误动作。

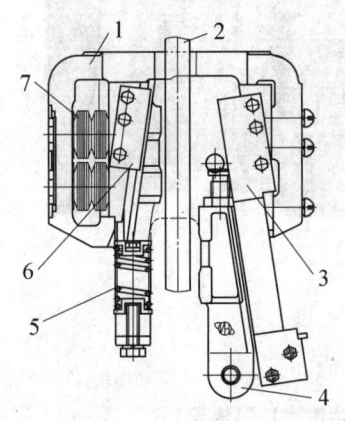 

1．安全钳体；2．导轨；3．提拉楔块盖板；4．提拉楔块；5．楔块复位弹簧；6．盖板；7．碟簧

图7-21 楔块型渐进式安全钳（碟簧）

图7-22所示的安全钳亦属楔块型渐进式安全钳，其弹性元件采用了弯制成U型的板式弹簧（即板簧），实现渐进式的制动。其工作过程如下：当电梯超速后，限速器通过安全钳提拉机构拉动楔块拉杆3向上提起，带动制动楔块6沿固定楔块2形成的斜面向上运动并压向导轨侧面，并在与导轨形成摩擦力的作用下，自行楔紧。在制动楔块6的作用下，固定楔块2带动与其连接的U形板簧向外侧张开，使夹紧力具有相对的弹性，避免出现瞬时制动现象，保证电梯的制动减速度始终处于可接受的状态。

（2）弹性导向夹钳式安全钳。此安全钳如图7-23所示，夹持件亦为两个制动楔块2，当安全钳提拉机构将制动楔块向上提起时，楔块沿导向楔块1形成的斜面向上移动并贴住导轨侧面，随即在导轨摩擦力的作用下，自行楔紧。在制动楔块2的作用下，导向楔块1带动与其连接的导向钳9，围绕固定于钳体8上的圆柱销7转动，导致导向钳尾端相对靠拢，压缩碟簧3，使制动夹钳处的夹紧力具有相对的弹性，避免出现瞬时制动现象，保证电梯的制动减速度始终处于可接受的状态。此安全钳制动夹钳处对导轨的夹紧力可通过调整螺母4调节，电梯正常运行时制动夹钳与导轨侧面的间隙可通过调整螺母5调节。

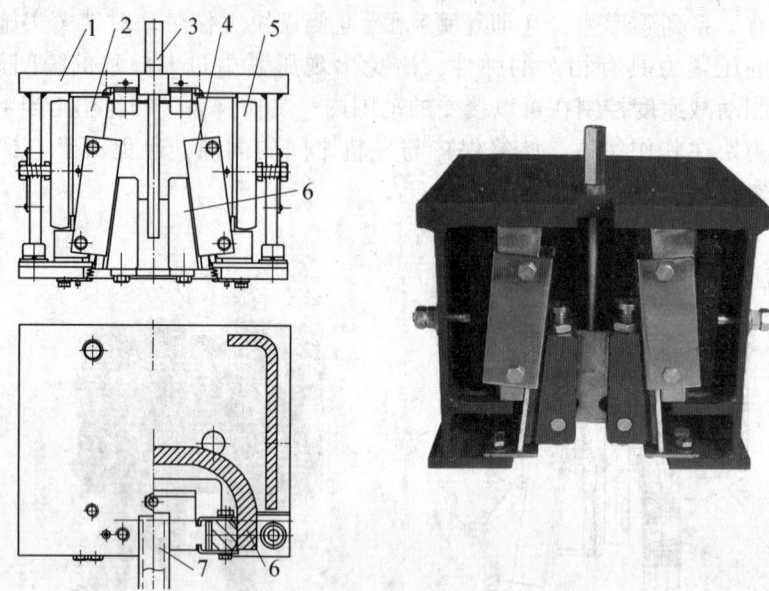

1. 安全钳体；2. 固定楔块；3. 楔块拉杆；4. 盖板；5. U形板簧；6. 制动楔块；7. 导轨

图 7-22 楔块型渐进式安全钳（U形板簧）

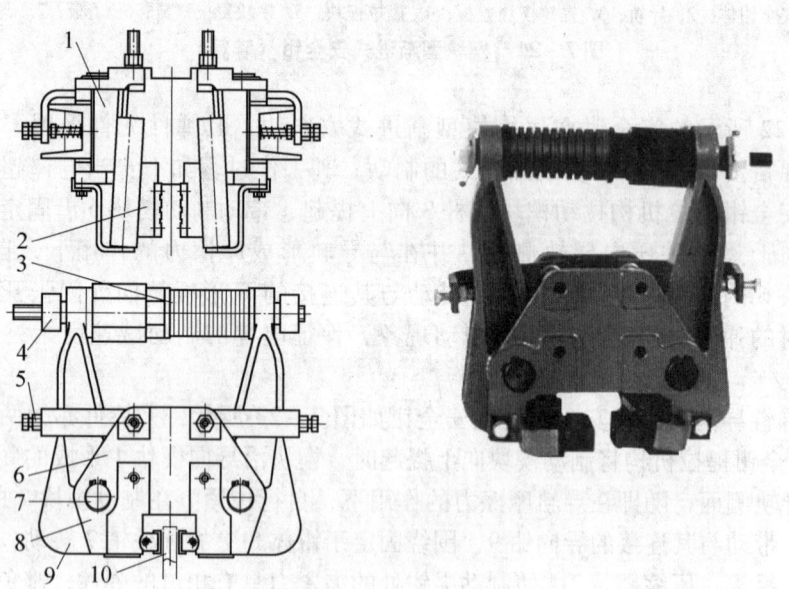

1. 导向楔块；2. 制动楔块；3. 碟簧；4. 碟簧张力调整螺母；5. 间隙调整螺母；
6. 钳体；7. 圆柱销；8. 安全钳体；9. 导向钳；10. 导轨

图 7-23 弹性导向夹钳式安全钳

（3）π 型渐进式安全钳。此安全钳的制动元件依然是采用楔块形式，由于其弹性元件为弹性较好的厚钢板，并在其上钻出一系列相互联通的孔调整弹力，形似字母 π 而得名，其结构如图 7-24 所示。

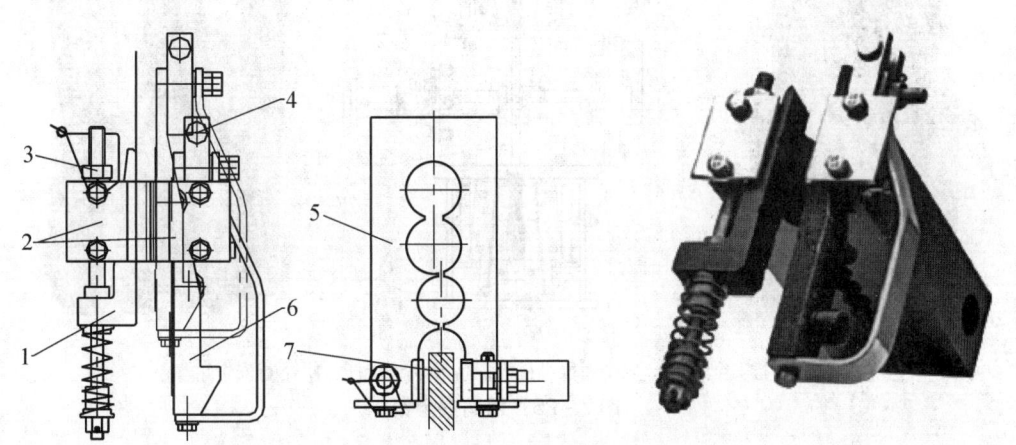

1. 定楔块；2. 盖板；3. 间隙调整螺母；4. 安全钳提拉杆；5. π 形弹性钢板；6. 动楔块；7. 导轨

图 7-24　π 型渐进式安全钳

图 7-24 中的实线位置是电梯正常运行状态，定楔块 1 与动楔块 6 之间距离大于导轨工作面厚度，即与导轨之间保持间隙状态；当电梯超速，安全钳提拉杆 4 将动楔块 6 向上提起，并使定、动楔块间距离减小，直至完全与导轨侧工作面贴合而自行楔紧；利用动楔块与导轨 7 间摩擦力的作用，动楔块自行进一步上行并压紧导轨直至将电梯制停（图中虚线所示位置）。在动楔块的作用下，定楔块带动与其连接的 π 形弹性钢板 5 向外侧张开，使夹紧力具有相对的弹性，避免出现瞬时制动现象，保证电梯的制动减速度始终处于可接受的状态。

3. 双向安全钳

在 GB 7588—2003 中，明确指出必须对轿厢进行双向限速，于是就出现了多种型式的双向限速装置，其中与双向限速器相配合的双向安全钳产品在新装梯中得到广泛使用。

双向安全钳是电梯双向超速保护装置同用一套钳体，且上行制动力和下行制动力可以单独设定的安全钳，这种方式是当前电梯较为理想的方案。图 7-25 所示是目前较为常见的双向安全钳，无论电梯出现上行或下行超速情况时，则会分别触发处于上部的上行安全钳或下部的下行安全钳制停轿厢。双向安全钳完全可以看做两个楔块型渐进式安全钳的组合，只是两个安全钳的工作方向相反。另外，双向安全钳采用共同的操纵机构，但动作时相对独立进行，互不影响，两个安全钳的制动力可以单独调整设定。

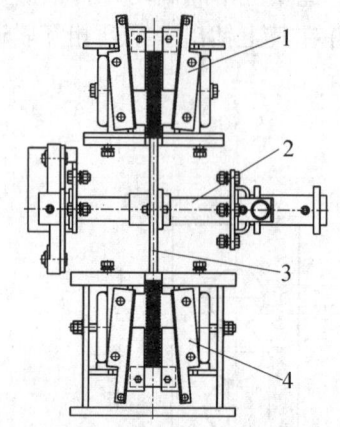

1. 上行安全钳；2. 安全钳操纵机构；3. 楔块连接杆；4. 下行安全钳

图 7-25 双向安全钳

（三）安全钳使用条件

制停减速度指电梯被安全钳制停过程中的平均减速度。过大的制停减速度会造成剧烈的冲击，使人员、货物以及电梯都受到损伤，因此安全钳对电梯制停的减速度必须加以限制。在 GB 7588—2003 中规定，滑移动作安全钳制动时的平均减速度应在 $0.2\sim1g$ 之间（g 为重力加速度 $9.8\ m/s^2$），同时还规定了各种安全钳的使用条件：

（1）电梯额定速度大于 $0.63\ m/s$，轿厢应采用渐进式安全钳；若电梯额定速度小于或等于 $0.63\ m/s$，轿厢可采用瞬时式安全钳。

（2）若轿厢装有数套安全钳，则它们应全部是渐进式的。

（3）若额定速度大于 $1\ m/s$，对重安全钳应是渐进式的；其他情况下，可以是瞬时式的。

（4）轿厢和对重的安全钳的动作应由各自的限速器来控制。若额定速度小于或等于 $1\ m/s$，对重安全钳可借助悬挂机构的断裂或借助一根安全绳来动作。

（5）不得采用电气、液压或气动操纵的装置来操纵安全钳。

四、夹绳器

根据 GB 7588—2003 的规定，曳引驱动电梯上应装设上行超速保护装置，保证当轿厢上行超速时，使电梯制停或使其速度降低至对重缓冲器的允许范围内。该装置应作用于轿厢、对重、钢丝绳系统（含曳引钢丝绳或补偿绳）、曳引轮位置上。

对于在用电梯或旧梯改造项目，显然在对重系统上再装设一套对重专用的限速器和安全钳会增加较多的成本；采用轿厢双向限速器和双向安全钳时，由于机房井道空间和安装位置等的限制，已经很难实现；作用于曳引轮位置的方式多应用在无机房电梯上，应用范围相对较窄。所以对于在用电梯的改造，非常多地采用钢丝绳制停方式，即采用夹绳器来实现上行超速保护。

夹绳器是直接将制动力作用在曳引钢丝绳上。夹绳器一般安装在机房内曳引轮和导向轮之间的曳引机机架上，也有将其安装在导向轮下部，但必须保证安装牢固可靠。根据夹绳器触发装置的不同，夹绳器又分为限速器机械式触发（闸线拉动，限速器动作机构直接带动提拉钢丝软轴使夹绳器动作）和电磁式触发（超速后限速器发出电信号，夹绳器压绳块动作，夹紧曳引钢丝绳实施制动）两种类型。

图7-26是夹绳器结构与外形图。夹绳器一般安装在曳引机底座上曳引轮和导向轮之间，曳引钢丝绳从前夹板和后夹板之间的间隙中穿过。夹绳器在工作之前，首先将复位螺杆1转动到图中虚线位置，并将螺杆端部的压块对正滑动轴4，旋动复位螺杆压迫滑动轴沿滑动轴导槽3下行，装在滑动轴两侧的压块将夹紧弹簧16压缩到位；在滑动轴两端（夹绳器外侧）套装有连杆15，连杆的另一端套装在与后夹板13相连的后夹板连接轴14上；随着复位螺杆压迫滑动轴沿滑动轴导槽3下行，连杆15推动后夹板13沿夹板导柱11移动，使前、后夹板之间间隙变大，曳引钢丝绳得以顺利从间隙中自如穿行；此时滑动轴落入滑动轴锁钩5上的半圆凹槽并勾住，滑动轴锁钩5由于其下部的锁钩支撑6的作用而不能动作；锁钩支撑6下部卡入触发拨杆8中部的锁槽内，同样不能动作（锁钩支撑6可以绕锁钩支撑转轴7转动，并在此转轴上装有扭簧迫使支撑作顺时针转动）；当此工作完成后，放松并后退复位螺杆1，并将复位螺杆1转动到图示的水平位置固定，此时夹绳器处于待机状态，电梯正常运行。当电梯出现超速运行现象时，双向限速器被触发，产生机械（或电信号）动作并通过钢丝软轴拉线，拉动触发拨杆8绕转轴9顺时针转动（或由电磁铁带动），锁钩支撑6在锁钩扭簧17的作用下绕锁钩支撑转轴7顺时针转动，使滑动轴锁钩5失去支撑，并在夹紧弹簧16张力的作用下快速绕转轴10逆时针旋转；夹紧弹簧16推动滑动轴4沿滑动轴导槽3快速复位，通过连杆15将后夹板13沿夹板导柱11压向前夹板12，将两夹板之间的曳引钢丝绳牢固可靠地夹持住，实现钢丝绳制动，解除轿厢上行超速的危险。

夹绳器在每次完成了夹绳动作后，其前、后夹板等必须重新张紧夹紧弹簧即人工复位，夹紧装置复位后复位螺杆1应旋松到规定位置并固定。

就目前使用效果来看，由于夹绳器动作是瞬时内完成，非常粗暴，冲击强烈，尤其是动作时对重常产生非常严重的跳动，动作后对夹绳块及曳引钢丝绳损伤较大，夹绳器使用寿命较短,故在电梯界存在较多争议。目前电梯界也正在探讨更合理有效的上行超速保护装置。

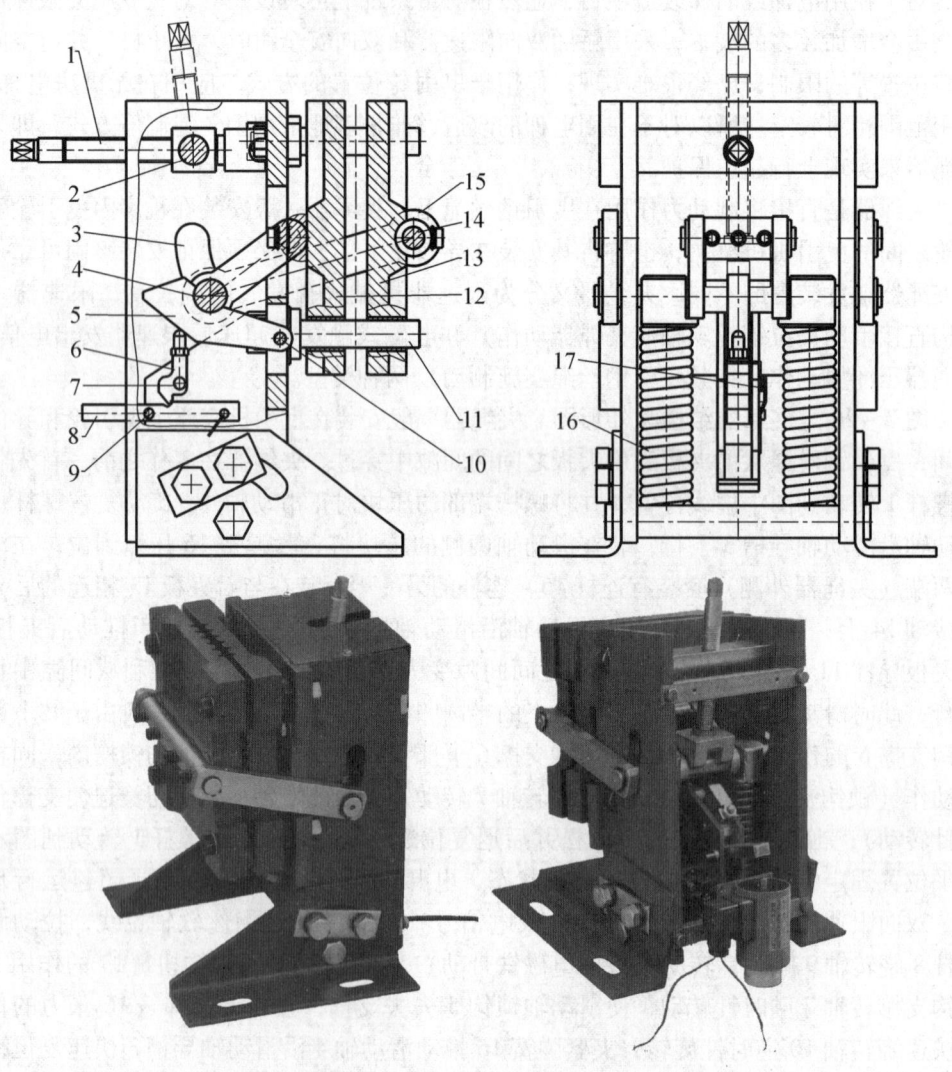

1. 复位螺杆; 2. 复位螺母及转轴; 3. 滑动轴导槽; 4. 滑动轴; 5. 滑动轴锁钩; 6. 锁钩支撑;
7. 锁钩支撑转轴; 8. 触发拨杆; 9. 触发拨杆转轴; 10. 滑动轴锁钩转轴; 11. 夹板导柱;
12. 前夹板; 13. 后夹板; 14. 后夹板连接轴; 15. 连杆; 16. 夹紧弹簧; 17. 锁钩扭簧

图 7-26　夹绳器结构和外形

五、缓冲器

缓冲器安装在井道底坑内，要求其安装牢固可靠，承载冲击能力强，缓冲器应与地面垂直并正对轿厢（或对重）下侧的缓冲板。缓冲器是一种吸收、消耗轿厢或对重的能量，使其减速停止，并对其提供最后一道安全保护的电梯安全装置。

电梯在运行中，由于安全钳失效、曳引轮槽摩擦力不足、抱闸制动力不足、曳引机出现机械故障、控制系统失灵等原因，轿厢（或对重）超越终端层站底层，并以较高的速度撞向缓冲器，由缓冲器起到缓冲作用，以避免电梯轿厢（或对重）直接蹾底，保护乘客或运送货物及电梯设备的安全。

当轿厢或对重失控竖直下落时，具有相当大的动能。为尽可能减少和避免损失，就必须吸收和消耗轿厢（或对重）的能量，使其减速并安全、平稳地停止在底坑。所以缓冲器的原理就是使轿厢（对重）的动能、势能转化为一种无害或安全的能量形式。采用缓冲器将使运动着的轿厢或对重在一定的缓冲行程或时间内逐渐减速停止。

（一）缓冲器的类型

缓冲器按照其工作原理不同，可分为蓄能型和耗能型两种。

1. 蓄能型缓冲器

蓄能型缓冲器又称为弹簧缓冲器，当缓冲器受到轿厢（对重）的冲击后，利用弹簧的变形吸收轿厢（对重）的动能，并储存于弹簧内部；当弹簧被压缩到最大变形量后，弹簧会将此能量释放出来，对轿厢（对重）产生反弹，此反弹会反复进行，直至能量耗尽、弹力消失，轿厢（对重）才完全静止。

弹簧缓冲器（图7-27）一般由缓冲橡胶、上缓冲座、缓冲弹簧、弹簧座等组成，用地脚螺栓固定在底坑基座上。

为了适应大吨位轿厢，压缩弹簧由组合弹簧叠合而成。行程高度较大的弹簧缓冲器，为了增强弹簧的稳定性，在弹簧下部设有导管（图7-28）或在弹簧中设导向杆。

电梯结构与原理

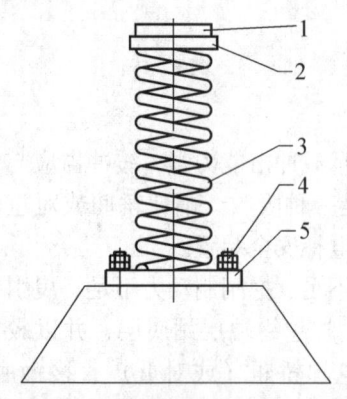 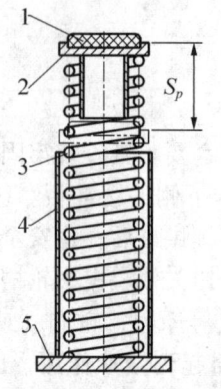 

1. 缓冲橡胶；2. 上缓冲座；3. 缓冲弹簧；
4. 地脚螺栓；5. 弹簧座

图 7-27 弹簧缓冲器

1. 缓冲橡胶；2. 上缓冲座；
3. 弹簧；4. 外导管；5. 弹簧座

图 7-28 带导管弹簧缓冲器

图 7-29 聚氨酯缓冲器

弹簧缓冲器的特点是缓冲后有回弹现象，存在着缓冲不平稳的缺点，所以弹簧缓冲器仅适用于额定速度小于 1 m/s 的低速电梯。

近年来，人们为了克服弹簧缓冲器容易生锈腐蚀等缺陷，开发出了聚氨酯缓冲器（图 7-29）。聚氨酯缓冲器是一种新型缓冲器，具有体积小重量轻、软碰撞无噪声、防水防腐耐油、安装方便、易保养好维护、可减少底坑深度等特点，近年来在中低速电梯中得到应用。

2. 耗能型缓冲器

耗能型缓冲器又被称为油（液）压缓冲器，常用的油压缓冲器的结构如图 7-30 所示。它的基本构件是缸体 10、柱塞 4、橡胶垫 1 和复位弹簧 3 等。缸体内注有缓冲器油 13。

（1）油压缓冲器结构。当油压缓冲器受到轿厢和对重的冲击时，柱塞 4 向下运动，压缩缸体 10 内的油，油通过环形节流孔 14

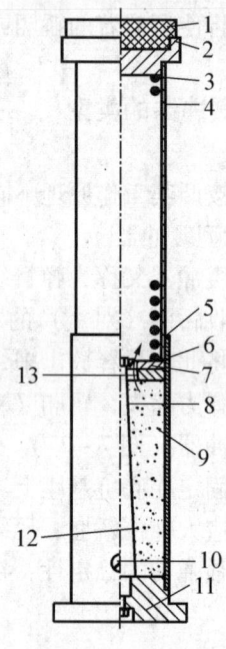

1. 橡胶垫；2. 压盖；3. 复位弹簧；4. 柱塞；
5. 密封盖；6. 油缸套；7. 弹簧托座；8. 变量棒；
9. 缸体；10. 放油口；11. 油缸座；
12. 缓冲器油；13. 环形节流孔

图 7-30 油孔柱式油压缓冲器

喷向柱塞腔（沿图中箭头方向流动）。当油通过环形节流孔时，由于流动截面积突然减小，就会形成涡流，使液体内的质点相互撞击、摩擦，将动能转化为热量散发掉，从而消耗了轿厢或对重的能量，使轿厢或对重逐渐缓慢地停下来。

因此，油压缓冲器是一种耗能型缓冲器，它是利用液体流动的阻尼作用，缓冲轿厢或对重的冲击。当轿厢或对重离开缓冲器时，柱塞4在复位弹簧3的作用下，向上复位，油重新流回油缸，恢复正常状态。

由于油压缓冲器是以消耗能量的方式实行缓冲的，因此无回弹作用，同时由于变量棒9的作用，柱塞在下压时，环形节流孔的截面积逐步变小，能使电梯的缓冲接近匀减速运动。因而油压缓冲器具有缓冲平稳、有良好的缓冲性能的优点。在使用条件相同的情况下，油压缓冲器所需的行程可以比弹簧缓冲器减少一半，所以油压缓冲器适用于快速和高速电梯。

（2）油压缓冲器分类及工作原理。常用的油压缓冲器有油孔柱式油压缓冲器（图7-30）、多孔式油压缓冲器（图7-31）、多槽式油压缓冲器（图7-32）等。

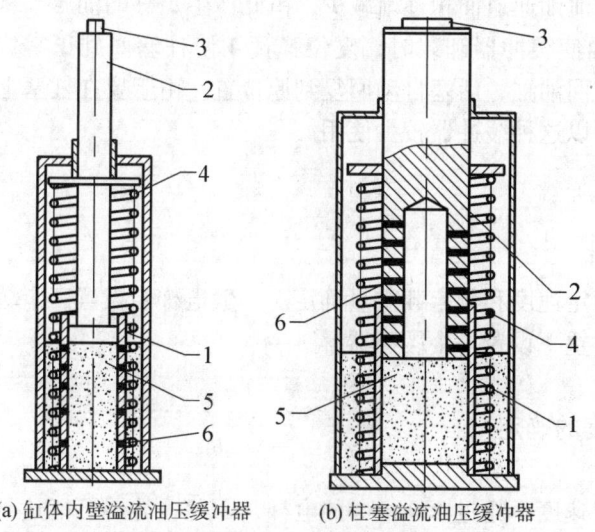

(a) 缸体内壁溢流油压缓冲器　　(b) 柱塞溢流油压缓冲器

1. 缸体；2. 柱塞；3. 缓冲垫；
4. 复位弹簧；5. 缓冲器油；6. 泄油孔（槽）

图7-31　多孔式油压缓冲器

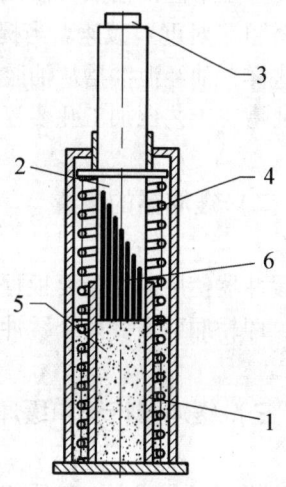

1. 缸体；2. 柱塞；3. 缓冲垫；
4 复位弹簧；5. 缓冲器油；6. 泄油孔（槽）

图7-32　多槽式油压缓冲器

以上三种油压缓冲器的结构虽有所不同，但基本原理相同。即当轿厢（对重）撞击缓冲器时，柱塞向下运动，压缩油缸内的油，使油通过节流孔外溢并升温，在制停轿厢（对重）的过程中，其动能转化为油的热能，使轿厢（对重）以一定的减速度逐渐停下来。当轿厢或对重离开缓冲器时，柱塞在复位弹簧的作用下复位，恢复正常状态。

1) 油孔柱式油压缓冲器，在前面已经介绍了它的工作原理与结构特点。

2) 多孔式油压缓冲器，分为缸体内壁溢流和柱塞溢流两种。

缸体内壁具有溢流孔的油压缓冲器如图7-31（a）所示。当柱塞2下移进入充满缓冲器油（液压油）的缸体1中，油被迫从油缸壁的泄油孔6进入外部的储油腔中，随着柱塞的下降，缸壁泄油孔数目逐渐减少，油流动的节流作用也增大，由此产生足够的油压，使轿厢的运动减速，直到平稳地停止。

柱塞上带有泄油孔的油压缓冲器如图7-31（b）所示，在柱塞2的下部有一空腔，柱塞四壁有一泄油孔6，缸体1平滑无孔。当柱塞被压下时，缸体上部渐渐盖住柱塞上的泄油孔，减少了泄油孔的数目和总泄油孔面积；油流动的节流作用也就增大，由此产生足够的油压，使轿厢的运动减速，直到平稳地停止。当提起轿厢使缓冲器卸载时，复位弹簧4使柱塞回到正常位置，这样，油经泄油孔从油腔重新流回油缸，活塞自动回复到原位置。

3) 多槽式油压缓冲器。如图7-32所示，在柱塞2上有一组长短不一的泄油槽6，在缓冲过程中泄油槽依次被挡住，即泄油通道面积逐渐减少，由此产生足够的油压，从而使轿厢（对重）减速。当提起轿厢使缓冲器卸载时，复位弹簧4使柱塞回到正常位置，这样，油经泄油槽从油腔重新流回油缸，活塞自动回复到原位置。由于要在柱塞上加工油槽，工艺比加工孔要复杂，所以这种缓冲器较少使用。

（二）缓冲器的数量

缓冲器使用的数量要根据电梯额定速度和额定载重量确定。一般电梯会设置三个缓冲器，即轿厢下设置两个缓冲器，对重下设置一个缓冲器。

（三）缓冲器行程和缓冲减速度的确定

蓄能型缓冲器由于只能用于额定速度不超过1.0 m/s的电梯，因此缓冲器可能达到的总行程应至少等于115%额定速度的重力制停距离的两倍，即缓冲行程

$$S_p = 2 \times \frac{1.15v^2}{2g} \approx 0.135v^2$$

式中：v——电梯额定速度（m/s）；

g——重力加速度（9.8m/s²）。

任何情况下，缓冲行程不得小于65 mm。

蓄能型缓冲器应能承受轿厢质量与额定载重量之和（或对重质量）的2.5～3倍的静载荷。

耗能型缓冲器能适用于任何额定速度的电梯，其可能达到的总行程应至少等于相应于115%额定速度的重力制停距离。即缓冲行程

$$S_p = 0.0674v^2。$$

在下述情况下可以降低缓冲器的行程：电梯在达到端站前，电梯减速监控装置能检查出曳引机转速确实在慢速下降，且轿厢减速后与缓冲器接触时的速度不超过缓冲器的设计速度，则可以用这一速度来代替额定速度计算缓冲器的行程，但其行程不得小于以下值：

当电梯额定速度不超过 4 m/s 时，其缓冲行程为 $0.0674v^2$ 的 50%；

当电梯额定速度超过 4 m/s 时，其缓冲行程为 $0.0674v^2$ 的 33%。

但在任何情况下耗能型缓冲器的缓冲行程不应小于 420 mm。

对于耗能型缓冲器应满足：当载有额定载荷的轿厢自由下落，并以设计缓冲器时所取的冲击速度作用到缓冲器上时，平均减速度不应大于 $1g$，减速度超过 $2.5g$ 以上的作用时间不应大于 0.04 s。

当电梯额定速度很低（如小于 0.4 m/s）时，轿厢和对重侧的缓冲器也可以使用实体式缓冲块来代替，其材料可用橡胶、木材或其他具有适当弹性的材料制成。但使用实体式缓冲器也应有足够的强度，能承受具有额定载荷的轿厢（或对重），并以限速器动作时的规定下降速度冲击而无损坏。

六、终端限位保护装置

终端限位保护装置的功能就是防止由于电梯电气系统失灵，轿厢到达顶层或底层后仍继续行驶（冲顶或蹾底），造成超限运行的事故。终端限位保护装置主要由强迫减速开关、终端限位开关、终端极限开关等三个开关及相应的碰板、碰轮和联动机构组成（图 7-33）。

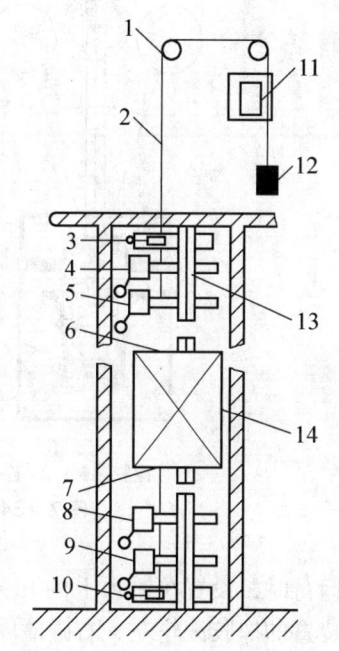

1. 导轨；2. 钢丝绳；3. 极限开关上碰轮；
4. 上限位开关；5. 上强迫减速开关；6. 上开关打板；
7. 下开关打板；8. 下强迫减速开关；9. 下限位开关；
10. 极限开关下碰轮；11. 终端极限开关；12. 张紧配重；
13. 导轨；14. 轿厢

图 7-33 终端限位保护装置

（一）强迫减速开关

1. 一般强迫减速开关

一般强迫减速开关是电梯失控有可能造成冲顶或蹲底时的第一道防线。一般强迫减速开关由上下两个开关组成，分别安装在井道的顶部和底部（图7-33）。当电梯失控，轿厢已到顶层或底层站而不能减速停车时，装在轿厢上的碰板与强迫减速开关的碰轮相接触，使接点发出指令信号，迫使电梯减速停驶。

2. 快速梯和高速梯用的端站强迫减速开关

此装置包括分别固定在轿厢导轨上下端站处的打板，以及固定在轿厢顶上且具有多组触点的特制开关装置，开关装置部分如图7-34所示。

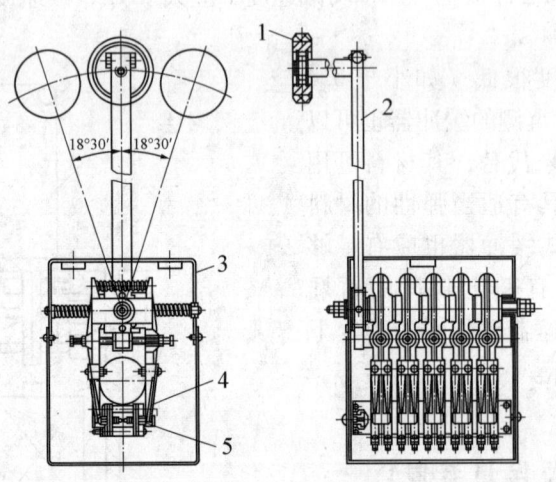

1. 橡胶滚轮；2. 连杆；3. 盒；4. 动触点；5. 定触点

图7-34 端站强迫减速开关

电梯运行时，设置在轿顶上的开关装置跟随轿厢上下运行，达到上下端站楼面之前，开关装置的橡胶滚轮左、右碰撞固定在轿厢导轨上的打板，橡胶滚轮通过传动机构分别推动预定触点组依次切断相应的控制电路，强迫电梯到达端站楼面之前提前减速，在超越端站楼面一定距离时就立即停靠。

（二）终端限位开关

终端限位开关由上、下两个开关组成，一般分别安装在井道顶部和底部，在强迫减速开关之后，是电梯失控的第二道防线。当强迫减速开关未能使电梯减速停驶，轿厢越出顶层或底层位置后，上限位开关或下限位开关动作，触发控制线路，使曳引机断电并使制动器动作，迫使电梯停止运行。

（三）终端极限开关

1. 机械电气式终端极限开关

机械电气式终端极限开关是在强迫减速开关和终端限位开关失去作用，控制轿厢上行（或下行）的主接触器失电后仍不能释放（如接触器触点熔焊粘连、线圈铁芯被油污粘住、衔铁或机械部分被卡死等）时，切断电梯供电电源，使曳引机停车并制动器制动。当轿厢地坎超越上、下端站地坎 200 mm，轿厢或对重接触缓冲器之前，装在轿厢上的碰板与装在井道上、下端的上碰轮或下碰轮接触，牵动与装在机房墙上的极限开关相连的钢丝绳，强制使极限开关动作，切断除照明和报警装置电源外的总电源（参见图 7-33）。

终端限位保护装置动作后，应由专职的维修保养人员检查，排除故障后，方可人工复位并重新投入运行。

极限开关使用机械力切断电梯总电源的方法使电梯停驶。

2. 电气式终端极限开关

电气式终端极限开关采用与强迫减速开关和终端限位开关相同的限位开关，设置在终端限位开关之后的井道顶部或底部，用支架板固定在导轨上。当轿厢地坎超越上下端站 20 mm，且轿厢或对重接触缓冲器之前动作。其动作是由装在轿厢上的碰板触动限位开关，切断安全回路电源或断开上行（或下行）主接触器，使曳引机停止转动，轿厢停止运行。

七、其他安全防护装置

电梯安全保护系统中所配备的安全保护装置一般由机械安全保护装置和电气安全保护装置两大部分组成。但是有一些机械安全保护装置往往需要和电气部分的功能配合，构成联锁装置才能实现其动作和功效的可靠性。

（一）轿厢顶部安全窗

安全窗是设在轿厢顶部的只能向外开的窗口。当轿厢因故障停在楼房两层中间时，救援工作应该从轿外开始实施,即救援人员利用安全窗,放入梯子或绳索将乘客救出,但这有相当难度。安全窗打开时,装于窗门上的触点断开,切断控制电路,此时电梯不能运行。由于控制电源被切断,可防止维修人员出入轿厢窗口时因电梯突然启动而造成人身伤害事故。当出入安全窗时还必须先将电梯急停开关按下或用钥匙将控制电源切断。为了安全,电梯司机不到非常情况不要从安全窗出入,更不要让乘客出入。因为安全窗窗口较小,且离地面有 2 m 多高,上下很不方便,停电时轿顶很黑,又有各种装置,易发生人身事故,加之部分电梯轿顶未设置护栏,则更不安全。

(二) 轿顶护栏

GB 7588—2003 规定:

(1) 离轿顶外侧边缘有水平方向超过 0.30 m 的自由距离时,轿顶应装设护拦。自由距离应测量至井道壁,井道壁上有宽度或高度小于 0.30 m 的凹坑时,允许在凹坑处有稍大一点的距离。

(2) 护拦应由扶手、0.10 m 高的护脚板和位于护拦高度一半处的中间栏杆组成。

(3) 考虑到护拦扶手外缘水平的自由距离,扶手高度为:当自由距离不大于 0.85 m 时,不应小于 0.70 m;当自由距离大于 0.85 m 时,不应小于 1.10 m。

(4) 扶手外缘和井道中的任何部件(对重(或平衡重)、开关、导轨、支架等)之间的水平距离不应小于 0.10 m。

(5) 护拦的入口应使人员安全和容易地通过,以进入轿顶。

(6) 护拦应装设在距轿顶边缘最大为 0.15 m 之内。

(7) 在有护拦时,应有关于俯伏或斜靠护拦危险的警示符号或须知,固定在护拦的适当位置。

(三) 底坑对重侧防护栅

为防止人员进入底坑对重下侧而发生危险,在底坑对重侧两导轨间应设防护栅。防护栅高度为 2.5 m,距地 0.3 m 装设,宽度不小于对重宽度两边各加 0.1 m;防护网空格或穿孔尺寸,无论水平方向或垂直方向测量,均不得大于 75 mm。

(四) 轿厢护脚板

轿厢不平层,当轿厢地面(地坎)的位置高于层站地面时,会使轿厢与层门地坎之间产生间隙,这个间隙会使乘客的脚踏入井道,发生人身伤害的可能。为此,

GB 7588—2003 规定：

（1）轿厢地坎上均必须装设护脚板，其宽度应等于相应层站入口的整个净宽度。护脚板的垂直部分以下应成斜面向下延伸，斜面与水平面的夹角应大于 60°，该斜面在水平面上的投影深度不得小于 20 mm。

（2）护脚板垂直部分的高度不应小于 0.75 m。

（五）制动器扳手与盘车手轮

当电梯运行当中遇到突然停电，造成电梯停止运行，且轿厢恰好停在两层站之间，乘客无法走出轿厢时，就需由维修人员到机房用制动器扳手和盘车手轮人为操纵使轿厢就近停靠，以便疏导乘客。制动器扳手的式样因电梯抱闸装置的不同而不同，其作用是用它将制动器的抱闸松开。盘车手轮是用来转动电动机主轴的轮状工具（有的电梯装有惯性轮，亦可操纵电动机转动）。操作时首先应切断电源，并必须由两人操作，一人操作制动器扳手，一人盘动手轮，两人需配合好，以免因制动器的抱闸被打开而未能把持住手轮，致使电梯因对重和轿厢两侧的重量差造成轿厢快速行驶。制动器扳手和盘车手轮平时应放在机房内明显位置并涂红漆使之更加醒目。

（六）电梯急停开关

急停开关也称安全开关，是串接在电梯控制线路中的一种不能自动复位的手动开关。当遇到紧急情况或在轿顶、底坑、机房等处检修电梯时，为防止电梯的启动、运行，将开关关闭，切断控制电源以保证安全。

急停开关分别设置在轿厢内操纵箱上、轿顶操纵盒上、底坑内和机房控制柜壁上，有的电梯轿厢内操纵箱上不设此开关。

（七）可切断电梯电源的主开关

每台电梯在机房中都应装设一个能切断该电梯电源的主开关，并具有切断电梯正常行驶的最大电流的能力，如有多台电梯还应对各个主开关进行相应的编号。注意，主开关切断电源时不得影响到轿厢内、轿顶、机房和井道的照明、通风以及必须设置的电源插座等的供电电路。

电梯结构与原理

复习思考题

7-1 电梯安全保护系统的基本组成是什么？

7-2 限速器的功能是什么？常见的有几种结构型式？

7-3 安全钳的功能是什么？它如何与限速器配合起来使用？

7-4 为什么要装设轿厢上行超速保护装置？

7-5 安全钳的种类有几种？各种安全钳的使用速度范围是什么？

7-6 缓冲器的功能是什么？主要有几种结构型式？使用的范围各是什么？

7-7 说明终端限位保护装置的各部分组成和作用。

7-8 其他还有哪些安全保护装置？它们分别起何作用？

第八章　自动扶梯与自动人行道

自动扶梯（escalator）是带有循环运行梯级，用于向上或向下倾斜输送乘客的固定电力驱动设备（注：自动扶梯是机器，即使在非运行状态下，也不能当做固定楼梯使用）。自动人行道（moving walk）是带有循环运行（板式或带式）走道，用于水平或倾斜角不大于12°，输送乘客的固定电力驱动设备（注：自动人行道是机器，即使在非运行状态下，也不能当做固定通道使用）。

自动扶梯由一系列的梯级与两根牵引链条连接在一起，沿事先制作成形并布置好的闭合导轨运行，构成自动扶梯的梯路。各个梯级在梯路工作段和梯路过渡段必须严格保证水平，供乘客站立，扶梯两侧装有与梯路同步运行的扶手带装置，以供乘客扶持之用。为保证乘客搭乘自动扶梯的安全，在该系统内装设了多种安全装置。

自动人行道也是一种运载乘客的连续输送机械，它与自动扶梯不同之处在于梯路始终处于平面状态（梯级运行方向与水平面夹角不大于12°），两侧装设有扶手带装置以供乘客扶持之用，同样装设有多种安全装置。

上述两种产品均具有在一定方向上大量连续地输送乘客的能力，并且具有结构紧凑、安全可靠、安装维修方便等特点。同时自动扶梯与自动人行道还能够与外界环境相互配合补充，起到对环境的装饰美化作用，因此在车站、码头、机场、商场等人流密度大的场合得到了广泛应用。

虽然自动扶梯和自动人行道等都可以承担垂直输送乘客的任务，但从定义上讲，它们不能被认定为电梯。

一、自动扶梯与自动人行道的基本参数

自动扶梯和自动人行道的基本参数有提升高度、输送能力、名义速度、名义宽度 z 及梯路倾角 α 等。

（1）提升高度（rise）。提升高度是自动扶梯或自动人行道出入口两楼层板之间的垂直距离，一般可分为小、中、大三种高度分类。

（2）输送能力。输送能力在较早时期都是用理论输送能力来评定的（GB 16899—

2011 发布之前），近来采用了最大输送能力的概念。

最大输送能力（maximum capacity）是在运行条件下可达到的最大人员流量。具体参数见表 8-1。

表 8-1 最大输送能力

梯级或踏板宽度 z_1/m	名义速度 v/(m·s^{-1})		
	0.50	0.65	0.75
0.60	3600	4400	4900
0.80	4800	5900	6600
1.00	6000	7300	8200

说明：1. 使用购物车和行李车时，将导致输送能力下降约 80%；2. 对踏板宽度大于 1.00 m 的自动人行道，其输送能力不会增加，因为使用者需要握住扶手带，其额外的宽度原则上是供购物车和行李车使用的。

对于已经弃用的理论输送能力（theoretical capacity）概念，是指自动扶梯或自动人行道每小时理论输送的人数。其计算公式是设想梯级上站满人时的输送能力，实际上即使在拥挤的情况下也不会出现全部梯级满人的情况，人们处于安全的本能，总会留出一定的空间；另外，由于受到人们反应时间的限制，速度越快，前后梯级间留下的间隙就越大。因此，理论输送能力并没有很大的实际意义，已经不再使用。

（3）名义速度（nominal speed）。名义速度是由制造商设计确定的，自动扶梯或自动人行道的梯级、踏板或胶带在空载（如无人）情况下的运行速度（注：额定速度是指自动扶梯和自动人行道在额定载荷时的运行速度）。自动扶梯或自动人行道名义速度的大小，直接关系到乘客在梯上停留的时间，速度过快则不能顺利登梯，速度过慢则影响输送效率。国家规定，自动扶梯在倾角 α 不大于 30°时，其名义速度不应超过 0.75 m/s；当倾角大于 30°且小于 35°时，其名义速度不得超过 0.5 m/s。自动人行道的名义速度不应大于 0.75 m/s，但踏板或胶带宽度不超过 1.10 m，并且在出入口踏板或胶带进入梳齿板之前的水平距离不小于 1.60 m 时，允许其名义速度达到 0.9 m/s（上述要求不适用于具有加速区段的自动人行道以及能直接过渡到不同速度运行的自动人行道）。

（4）名义宽度 z_1。自动扶梯和自动人行道的名义宽度 z_1 不应小于 0.58 m，也不应大于 1.10 m。对于倾斜角不大于 6°的自动人行道，该宽度允许增大到 1.65 m。我国目前多采用的梯级宽度单人为 0.60 m，双人为 1.00 m，另外还有 0.80 m 宽度规格。在这里要说明的是，自动人行道即使名义宽度超过了 1.00 m，其输送能力也不会增加，因为使用者需要握住扶手带，其额外增加的宽度原则上是供购物车和行李车使用的。

（5）倾斜角 α（angle of inclination）。倾斜角为梯级、踏板或胶带运行方向与水平面构成的最大角度。出于使用安全性方面的考虑，倾斜角 α 一般不大于30°。自动扶梯的倾斜角不应大于30°，当扶梯提升高度不大于6 m且名义速度不大于0.50 m/s时，倾斜角允许增大到35°；自动人行道的倾斜角不应大于12°。

二、自动扶梯的基本构造

（一）自动扶梯的类型

自动扶梯可以按不同的分类方法进行多种分类：

（1）根据驱动方式，可分为链条牵引式（端部驱动）和齿条牵引式（中间驱动）两类；

（2）按运行速度，可分为恒速式和可调速式两类；

（3）按梯级运行方式，可分为直线型、螺旋型等几类；

（4）按梯级宽度，可分为1000 mm、800 mm 和 600 mm 等几类；

（5）按倾斜角度，可分为30°、35°和27.3°等几类；

（6）按提升高度，可分为小提升高度（3～10 m）、中提升高度（10～45 m）、大提升高度（45 m以上）等几类。

另外，根据使用场合与载荷程度，自动扶梯和自动人行道可分为公共交通型和普通型。所谓公共交通型是指该设备属于公共交通系统（包括出口和入口的组成部分），高强度地使用，即每周运行时间约 140 小时，且在任何 3 小时的间隔内，其载荷达到100% 制动载荷的持续时间不小于0.5 小时。公共交通型以外的均称为普通型。

（二）自动扶梯结构概述

图 8-1 为链条驱动式自动扶梯的结构图，它由梯级、牵引链条、梯路导轨系统、驱动装置、张紧装置、扶手装置和金属桁架结构等组成，其中梯级、牵引链条及梯路导轨系统广义上可称为自动扶梯梯路。

1. 梯级

梯级是一种特殊结构的小车，有主轮、辅轮各2只。梯级的主轮轮轴与牵引链条铰接在一起，辅轮轴不与牵引链条连接，所有梯级沿事先布置好且有一定规律的导轨运行，保证梯级在自动扶梯上层分支导轨上运行时保持水平，在下层分支导轨上运行时则倒挂运行。

梯级是扶梯中数量最多的部件，一般小提升高度的自动扶梯中有50～100 个梯级，

电梯结构与原理

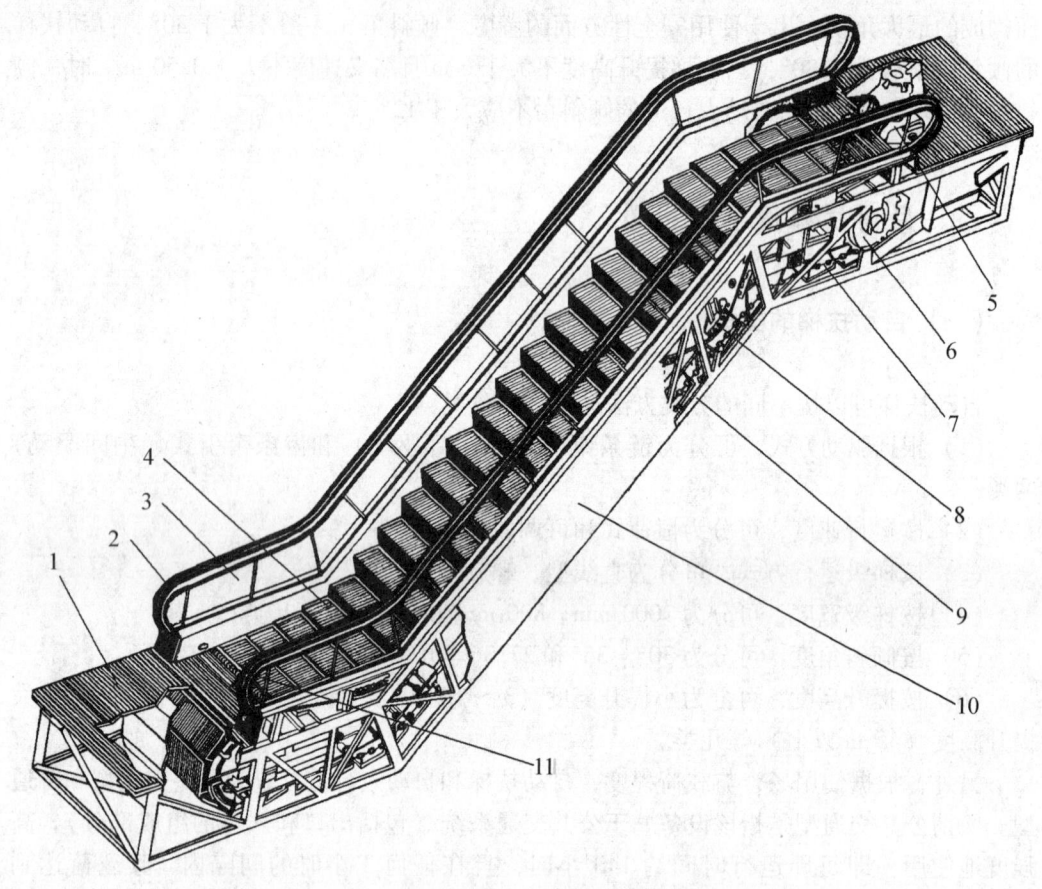

1. 前沿板；2. 扶手带；3. 护壁板；4. 梯级；5. 端部驱动装置；6. 牵引链轮；
7. 牵引链条；8. 扶手带驱动装置；9. 扶梯桁架；10. 外盖板；11. 梳齿板

图 8-1 自动扶梯结构

大提升高度扶梯中会多达 600～700 个梯级。由于梯级数量众多、工作负荷大、始终运转，所以梯级的质量决定了自动扶梯的性能和质量。一般要求梯级自重小、装拆维修方便、工艺性好、使用安全可靠等。目前自动扶梯梯级多采用铝合金或不锈钢材质整体压铸而成。

在每个梯级中，还可根据其功能区分为梯级踏板、踢板、车轮等部分，每个部分的结构如图 8-2 所示。梯级踏板表面应具有凹槽，它的作用是使梯级通过扶梯上下出入口时，能嵌在梳齿板中，保证乘客安全，防止将脚或物品卡入受伤；对梯级运行起导向作用；另外能增大摩擦力，防止乘客在梯级上滑倒。槽的节距应有较高精度，一般槽深不小于 10 mm，槽宽为 5～7 mm；槽齿顶宽为 2.5～5 mm。梯级踏面、梯级踢板或踏板两侧不应是齿槽；踢板面为圆弧面，梯级踢板做成有齿的，梯级踏板的后端也有齿，这样可以使后一个梯级踏板后端的齿嵌入前一个梯级踢板的齿槽内，使各梯级间相互进行导向。在自动扶梯的载客区域，梯级踏面应保持水平，允许在运行方向上有±1°的偏差，相邻梯级高度差不超过240 mm，梯级深度不小于380 mm。梯级、踏板和胶带应能够承受正常运行时的载荷，并应能够承受6000 N/m² 的均布载荷；梯级的踏面和踢面以及踏板要分别进行静载抗弯变形试验、动载试验和扭转试验。

车轮是每个梯级上最为重要的部分，一个梯级有四只车轮，两只铰接于牵引链条上的为主轮，两只直接装在梯级支架短轴上的为辅轮（图8-3）。扶梯梯级车轮的特点是工作转速较低（80～140 r/min）、工作载荷大（8000 N 或更大）、外形尺寸受到限制（直径70～180 mm），所以决定车轮使用寿命的主要因素是轮圈材料和轴承。轮圈材料可采用橡胶、塑料等制成，橡胶轮圈可使梯级运转平稳，减少噪声，目前较多采用聚氨酯橡胶代替过去常用的丁腈橡胶。公共交通型自动扶梯的主轮宽度一般较大，多为50 mm，以增加车轮的耐用性；普通型自动扶梯的主轮轮缘宽度约为30 mm。

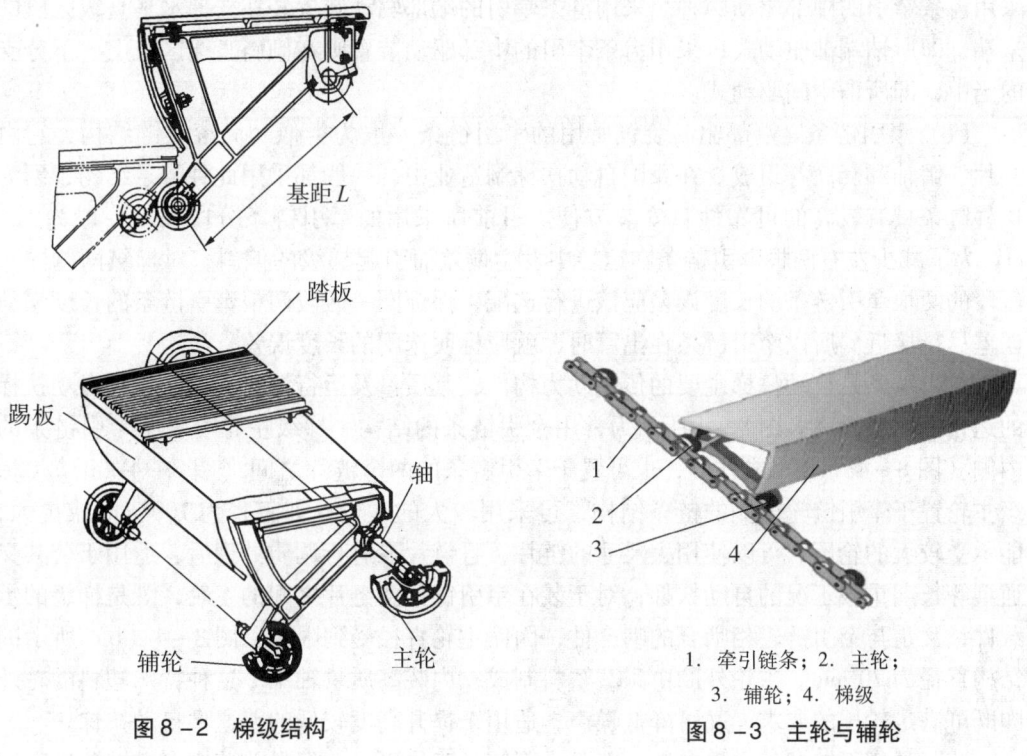

图8-2 梯级结构

1. 牵引链条；2. 主轮；
3. 辅轮；4. 梯级

图8-3 主轮与辅轮

在自动扶梯负载向上运行时，牵引链条张力将急剧地增大，在接近牵引链轮时达最大值。在梯级主轮运行至上曲线段时，主轮所受轮压达到最大值。车轮最大许用轮压

$[p]$ 为：

车轮转速 $n < 100$ r/min 时，$[p] = 50$ N/cm²；

车轮转速 $n > 100$ r/min 时，$[p] = 45$ N/cm²。

梯级有几个重要的尺寸参数：①梯级宽度：常见为 600、800、1000 mm 等；②梯级深度：梯级踏板的深度，是乘客双脚与梯级接触的部位，为保证乘客能够稳定站立，此尺寸须大于 380 mm；③梯级基距：主轮与辅轮之间的距离，一般为 310～350 mm；④轨距：梯级中两主轮之间的距离；⑤梯级间距：一般为 400～405 mm。

其中对梯级结构影响较大的参数是基距。基距一般分为短基距、长基距和中基距三种。短基距梯级制造方便，能减小牵引轮直径，使自动扶梯结构紧凑，但会带来梯级稳定性差的问题；长基距梯级避免了稳定性差的问题，运转平稳，但整体结构尺寸变大，牵引链轮直径变大。我国目前多采用中基距梯级。

2. 牵引构件

自动扶梯的驱动装置根据其安装在扶梯上的位置，分为采用链条牵引的端部驱动和采用齿条牵引的中部驱动两种。采用链条牵引的端部驱动装置装在扶梯水平直级区段的末端，即所谓端部驱动式；采用齿条牵引的中部驱动装置则在倾斜直线区段上、下分支的当中，即所谓中间驱动式。

（1）牵引链条。端部驱动装置所用的牵引链条一般为类似套筒滚子链结构，它由链片、销轴和套筒等组成。在我国自动扶梯制造业中，一般都采用此种链条结构，因为这种链条具有较高的可靠性且安装方便。目前所采用的牵引链条分段长度一般为 1.6 m。为了减少左右两根牵引链条在运转中发生偏差而引起梯级的偏斜，对梯级两侧同一区段的两根牵引链条的长度误差应该进行选配，保证同一区段两根牵引链条的长度累积误差尽量接近。所以牵引链条在出厂时，就应标明选配的长度误差。

牵引链条是自动扶梯主要的传递动力构件，其质量及运行情况直接影响到自动扶梯的运行平稳和噪声。图 8-4 所示为常用牵引链条的结构。梯级主轮可置于牵引链条的内侧（图 8-4（a））或外侧，也可置于牵引链条的两个链片之间（图 8-4（b））。梯级主轮置于牵引链轮内侧的链条结构，可采用较大的主轮，如直径为 100 mm 或更大，能承受较大的轮压，可以使用大尺寸的链片，且链片在进行调质处理后，适用于公共交通型等长期重载工况的自动扶梯；对于装在牵引链条两链片之间的主轮，既是梯级的承载件，又是与牵引链轮相啮合的啮合件，因而主轮直径受到限制，图 8-4（b）所示的结构直径为 70 mm。主轮外圈由耐磨塑料制成，内装高质量轴承。这种特殊塑料的轮外圈既可满足轮压的要求，又可降低噪声，适用于提升高度较低的普通型自动扶梯。

节距是牵引链条的主要参数。节距小则链条工作平稳，但是关节增多，链条自重和成本加大，而且关节处的摩擦损失大；反之，节距大则自重轻，价格便宜，但为保持工作平稳，链轮齿数和直径也要增大，这就加大了驱动装置和张紧装置乃至扶梯整体外形尺寸。一般自动扶梯两梯级间的节距采用 400～406.4 mm，牵引链条节距有 67.7、100、101.6、135、200 mm 等几种。大提升高度扶梯采用大节距牵引链条，如提升高度 60 m 的自动扶梯采用 200 mm 节距的牵引链条；小提升高度自动扶梯采用小节距牵引链条，如 4 m 自动扶梯采用 67.7 mm 节距链条。

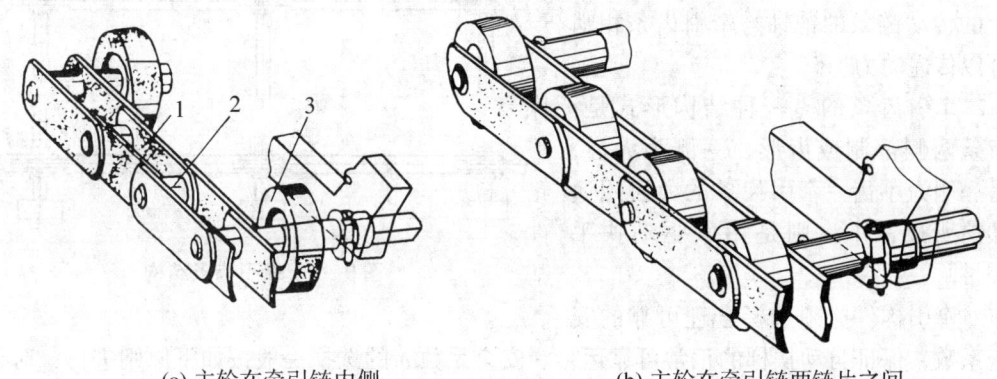

(a) 主轮在牵引链内侧　　　　　(b) 主轮在牵引链两链片之间

1. 链片；2. 套筒；3. 主轮

图 8-4　牵引链条结构

如前所述，自动扶梯向上运动时，在牵引链条的闭合环路上，牵引链条在绕入牵引链轮处受力最大，因此，在该处牵引链条断裂的可能性最大，特别是满载时。如果牵引链条在该处断裂，则该断裂处以下的梯级与牵引链条将一起急速向下移动而弯折，从而使该处产生一空洞，可能造成乘客受到伤害。这一情况必须得到有效预防。图 8-5 所示是防止牵引链条断链弯折的一种结构：与梯级主轮铰接的链片上各伸出一段相互对着的锁挡，其间隙为 1 mm，同时在梯级主轮上方装有反轨，在牵引链条上装有压链反板。当断链时，由于压链反板压着牵引链条，使它不能向上弯折，又由于两链片的锁挡相互顶着，使链条不能向下弯折，于是在断链的瞬间，牵引链条类似一个刚性的支撑物支撑在倾斜的梯路中，从而使一系列梯级基本保持在原来位置，确保乘客安全。

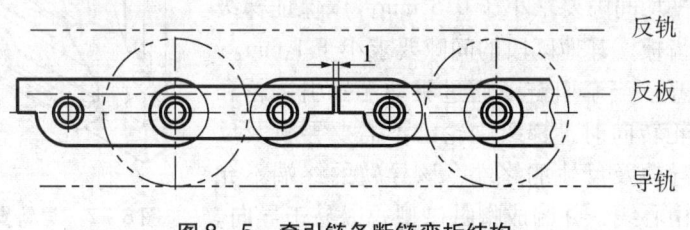

图 8-5　牵引链条断链弯折结构

(2) 牵引齿条。中间驱动装置所使用的牵引构件是牵引齿条（图8-6），它多为一侧有齿。两梯级间用一节牵引齿条连接，中间驱动装置机组上的传动链条的销轴与牵引齿条相啮合以传递动力。

牵引齿条的另一种结构形式是：齿条两侧都制成齿形，一侧为大齿，另一侧为小齿。牵引齿条的大齿用途如前所述，小齿则是用以驱动扶手胶带。

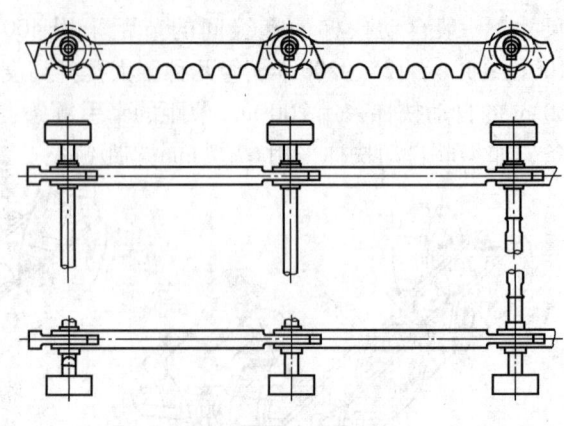

图8-6 牵引齿条结构

牵引构件必须选择合理可靠的安全系数，保证自动扶梯的正常可靠运行。安全系数 n 的选择一般按如下原则进行：对于大提升高度自动扶梯 $n=10$，对于小提升高度自动扶梯 $n=7$。我国自动扶梯标准规定安全系数 n 不得小于5。

3. 梯路导轨系统

（1）自动扶梯导轨、反轨。自动扶梯的梯级沿着金属结构内按要求设置的多根导轨运行，形成阶梯，因此从广义上讲，导轨系统也是自动扶梯梯路系统的组成部分。自动扶梯梯路导轨系统包括主轮和辅轮所用的全部导轨、反轨、反板、导轨支架及转向壁等；导轨系统的作用在于支承由梯级主轮和辅轮传递来的梯路载荷，保证梯级按一定的规律运动以及防止梯级跑偏等。

支撑各种导轨的导轨支架及异形导轨如图8-7所示，导轨的材料可用冷拉或冷轧角钢或异形钢材制作，反轨由于是处于梯级控制运行状态区域，可用热轧型钢制作。

在工作分支的上、下水平区段处，导轨侧面与梯级主轮侧面的平均间隙要求小于0.5 mm，以保证梯级能顺利通过梳齿板，其他区段的间隙要求小于1 mm。

（2）转向壁。当牵引链条通过驱动端牵引链轮和张紧端张紧链轮转向时，梯级主轮已不需要导轨及反轨了，该处是导轨及反轨的终端，该导轨的终端不允许超过链轮的中心线，并制成喇叭口型式以易于导向。

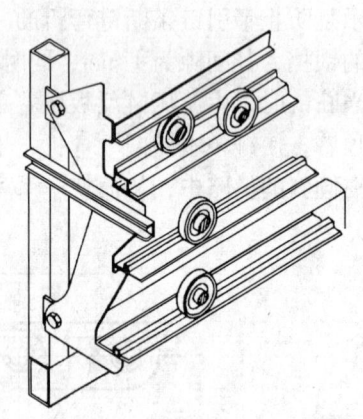

图8-7 导轨支架与异型导轨

但是辅轮经过驱动端与张紧端时仍然需要转向导轨，这种辅轮将终端转向导轨做成整体式的，即为转向壁（图8-8），转向壁将与上分支辅轮导轨和下分支辅轮导轨相连接。由于牵引链条在工作中需要连续地张紧，在转向壁上还设有张紧机构，采用压缩弹簧或重锤张紧（图8-9）。当张紧装置移动超过±20 mm前（包括牵引链条断裂），自动扶梯和自动人行道应自动停止运行。

中间驱动装置位于自动扶梯的中部，因而在驱动端和张紧端都没有链轮，梯级主轮行至上、下两个端部时，就需要经过如辅轮转向壁一样的转向导轨。这两个转向轨道通常各由两段约为1/4弧

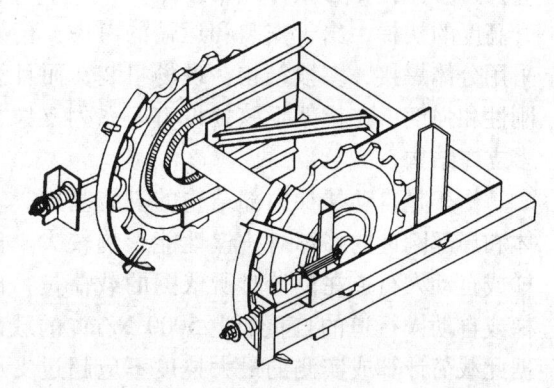

图8-8 转向壁

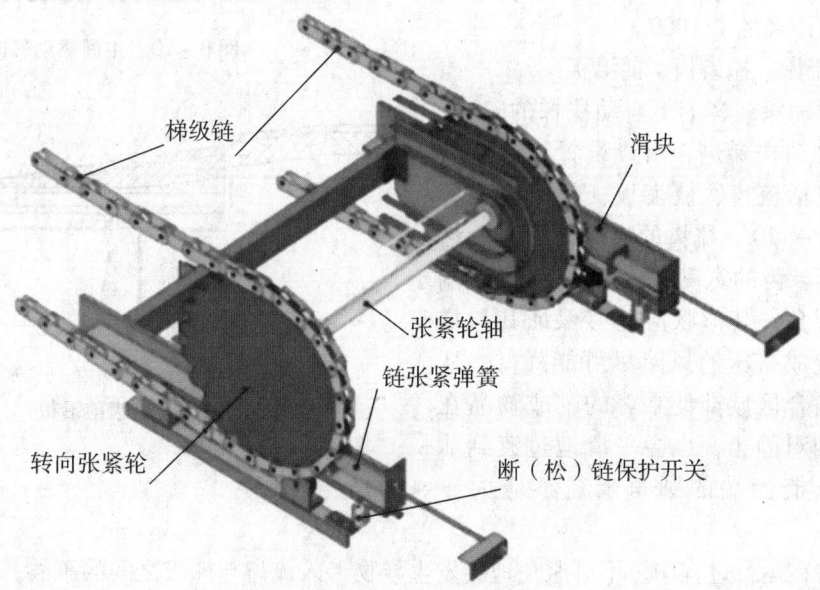

图8-9 牵引链条张紧装置

段长的导轨组成，其中下部一段需要略可游动，以补偿由于长400 mm的牵引齿条从一分支转入另一分支时在圆周上所产生的误差（图8-10）。

4. 桁架

桁架是扶梯的基础构件，起着连接建筑物两个不同高度地面、承载各种载荷及安装支撑所有零部件的作用。桁架一般用多种型材、矩形管等焊接而成。对于小提升高度的自动扶梯桁架，一般将驱动段、中间段和张紧段（端部驱动扶梯）三段在厂内拼装或

焊接为一体，作为整体式桁架出厂；对于大、中提升高度的扶梯，出于安装和运输的考虑，桁架一般采用分体焊接，多段结构，现场组装，而且为保证刚性和强度，在桁架下弦处设有一系列支撑，形成多支撑结构。

桁架是自动扶梯内部结构的安装基础，它的整体和局部刚性的好坏对扶梯性能影响较大。自动扶梯或自动人行道在设计时所依据的载荷是：自动扶梯或自动人行道的自重加上 5000 N/m² 的载荷，根据此载荷计算或实测的最大挠度不应超过支承距离的 1/750；对于公共交通型自动扶梯和自动人行道，根据 5000 N/m² 的载荷计算或实测的最大挠度不应大于支承距离的 1/1000。

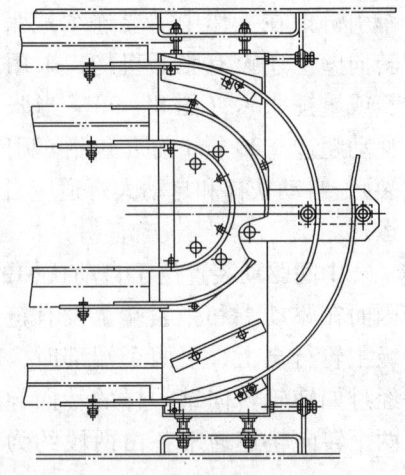

图 8-10 中间驱动转向壁

5. 梳齿、梳齿板、前沿板

为了确保乘客上下自动扶梯的安全，必须在自动扶梯进、出口设置梳齿前沿板，它包括梳齿、梳齿板、前沿板三部分（图 8-11）。梳齿的齿应与梯级的齿槽相啮合，齿的宽度不小于 2.5 mm，端部修成圆角，其形状应能够保证其与梯级之间造成挤压的风险尽可能降低，从而使在啮合区域即使乘客的鞋或物品在梯级上相对静止，也会平滑地过渡到前沿板上。梳齿端的圆角半径不应大于 2 mm。

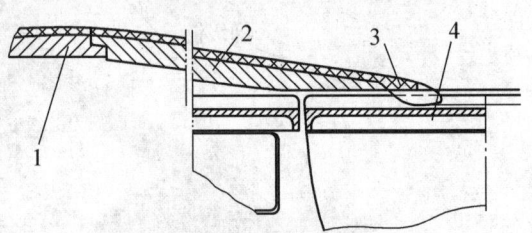

1. 前沿板；2. 梳齿板；3. 梳齿；4. 梯级踏板

图 8-11 梳齿前沿板

扶梯在运行过程中，不可避免地会发生异物卡入梳齿与梯级之间的事故。我们要求即使是异物卡入，梳齿在变形情况下仍能保持与梯级或踏板正常啮合，或者梳齿断裂。如果梳齿与梯级或踏板不能保持正常啮合或断裂，则当梳齿板与梯级或踏板发生碰撞时，自动扶梯或自动人行道应自动停止运行。所以在安装梳齿的前沿板后方，装设有微动开关，一旦梯级推动梳齿发生位移，则触发微动开关切断电路，使扶梯停止运行。梳齿的水平倾角不超过 35°。梳齿可采用铝合金压铸而成，也可采用工程塑料制作。

自动扶梯梯级在出入口处应有导向，使其从梳齿板出来的梯级前缘和进入梳齿板的梯级后缘应有一段不小于 0.8 m 的水平移动距离。如果名义速度大于 0.5 m/s 但不大于 0.65 m/s 或扶梯提升高度大于 6 m，该水平移动距离不应小于 1.2 m；如果名义速度大于 0.65 m/s，该水平移动距离不应小于 1.6 m。

（三）自动扶梯驱动装置

由于自动扶梯的使用场合和工况条件要求，自动扶梯必须具有如下特点：第一，自动扶梯应有较高的强度和刚度，以保证在短期过载的情况下使用可靠；第二，所有零部件具有较高的使用寿命，保证扶梯长期正常工作；第三，扶梯（尤其是驱动装置）因安装位置的限制，要求机构尽量紧凑，装拆维修方便。

驱动装置的作用是输出动力，并传递给梯级系统和扶手系统，它由电动机、减速器、制动器、传动链条及驱动主轴等组成。驱动装置的传动比一般为 1:48 ~ 1:46。按在自动扶梯上的安装位置不同，驱动装置可分为端部驱动和中间驱动两种类型。端部驱动适用牵引链条传动方式，又称链条式自动扶梯，驱动装置的安装处称为机房。小提升高度扶梯多使用内机房形式；在提升高度相当大或有特殊要求时，端部驱动扶梯则采用外机房形式，即将驱动装置装在扶梯金属结构外建筑物的基础上。中间驱动装置位于扶梯的中部，将动力传递给牵引齿条。中间驱动自动扶梯一般不需要机房，将驱动装置装在自动扶梯梯路中部的上、下分支之间。

1. 端部驱动装置

端部驱动是最为常用的一种驱动方式，如图 8 - 12 所示。驱动机组通过传动链条带动驱动主轴（图 8 - 13），主轴上装有两个牵引链轮、两个扶手带驱动链轮、传动链轮以及附加制动器等；牵引链条上装有所有的梯级，由主轴上的传动链条带动实现正常工作运行；主轴上的扶手带驱动链轮通过扶手带传动链条，使扶手带驱动轮驱动扶手带；另有扶手压紧装置，用以增加扶手带与扶手带驱动链轮间的摩擦力，防止打滑。

端部驱动装置常使用蜗轮蜗杆减速器。如图 8 - 14 所示的驱动机组是采用立式蜗轮减速器和双侧制动臂制动器的结构；图 8 - 15 所示的亦为立式蜗轮减速器驱动机组，与前图所不同的是采用了带式制动器。上述两种蜗轮减速器具有运转平稳、噪声及体积小等优点，但其机械效率较低，发热量大，增加能量消耗。

目前也有较多的驱动装置采用斜齿圆柱齿轮减速器。此种方式具有机械效率高、传递功率大等优点，但相应会带来传动的平稳性变差，减速装置结构不紧凑，体积及重量大，传动齿轮的数量较多，造成成本升高。另外，采用此种方式时，为了保证其传动平稳和噪音低的要求，必须提高齿轮精度，以便达到与蜗轮减速箱相同的水平，增加了制造成本和难度。

链条传动依靠链轮、链条进行动力传递，驱动力作用在链轮和链条上。由于传动链条和链轮在长期重载工作过程中会不可避免地产生磨损现象，致使传动链轮的齿槽变大，传动链条被拉伸变长，导致链条不能在理想的节圆直径上与链轮啮合；在极端情况

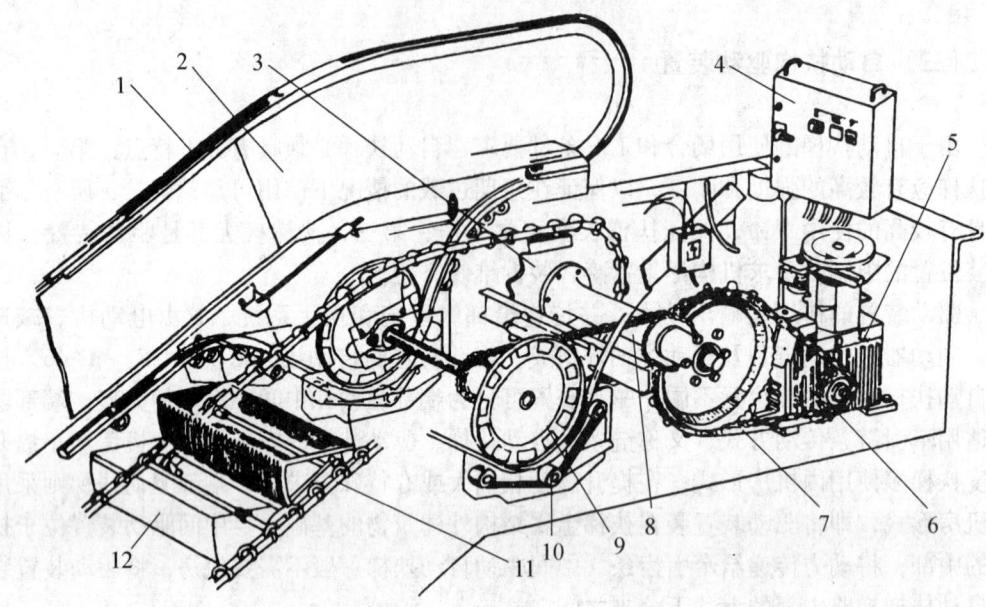

1. 扶手带；2. 护壁板；3. 牵引链轮；4. 控制箱；5. 驱动机组；6. 传动链轮；7. 传动链条；8. 驱动主轴；9. 扶手带驱动轮；10. 扶手带压紧装置；11. 牵引链条；12. 梯级

图 8-12　端部驱动扶梯结构

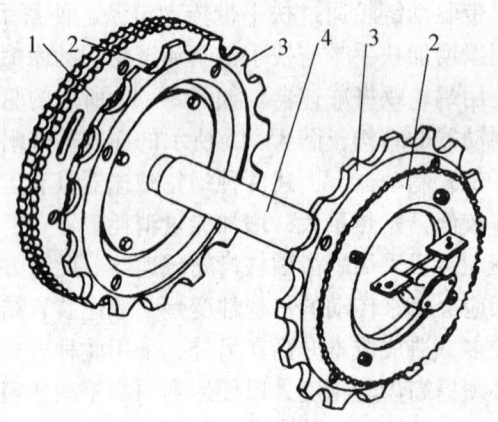

1. 传动链轮；2. 扶手带驱动链轮；3. 牵引链轮；4. 主轴

图 8-13　驱动装置主轴

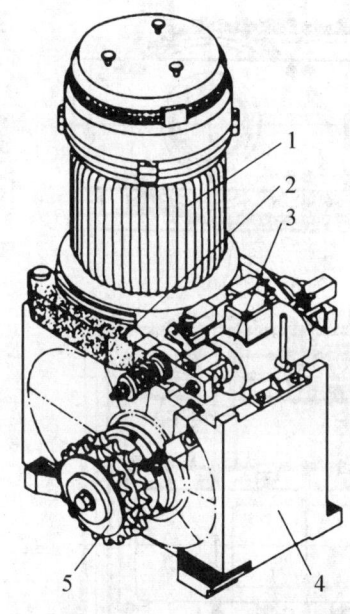 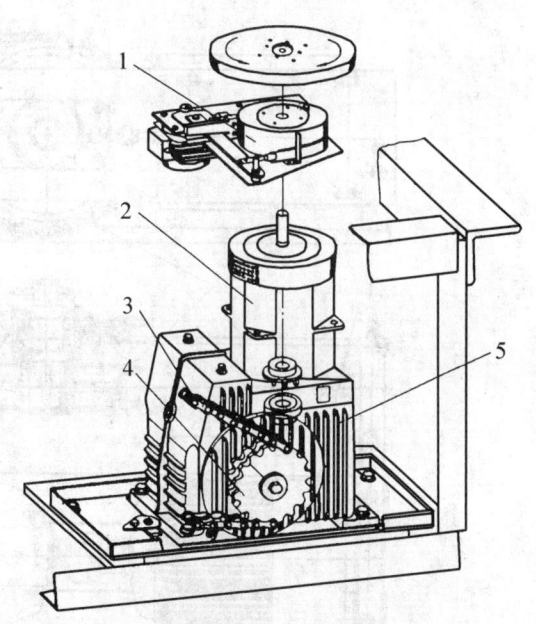

1. 驱动电机；2. 制动臂；3. 制动电磁铁；
4. 立式蜗杆减速箱；5. 传动链轮

图 8-14　蜗轮减速双侧制动臂驱动装置

1. 带式制动器；2. 驱动电机；3. 传动链条；
4. 传动链轮；5. 立式蜗杆减速箱

图 8-15　蜗轮减速带式制动驱动装置

下，传动链条在链轮的顶圆直径上啮合或传动平稳性变差，甚至传动链条会在轮齿上发生跳链现象。

为保证自动扶梯安全可靠地使用，凡是驱动机构（工作制动器）与牵引链轮之间的传动不是使用轴、齿轮、多排链条或多根单排链条等连接时，自动扶梯在紧急状态下的制动作用就必须直接作用在驱动主轴，即附加制动器必须安装并作用在驱动装置主轴上。这样即使传动链条的传动失效，也不会导致牵引链条（梯级）出现事故。

2. 中部驱动装置

中部驱动装置是将驱动机组置于上、下两分支之间，此方式省去了端部驱动装置所必需的机房结构。中部驱动装置必须采用牵引齿条方式来代替引链条牵引，图 8-16 为中部驱动装置的结构图。电动机通过减速器传递给两侧的两根构成闭合环路的传动链条，每侧的两根传动链条之间铰接一系列滚子，滚子与牵引齿条的齿相啮合，驱使自动扶梯运行。工作制动器则装在减速器的高速轴上，可有效降低制动力并缩小制动器尺寸。

中部驱动装置的特点是有可能实现自动扶梯的多级驱动，在较大的提升高度和载荷

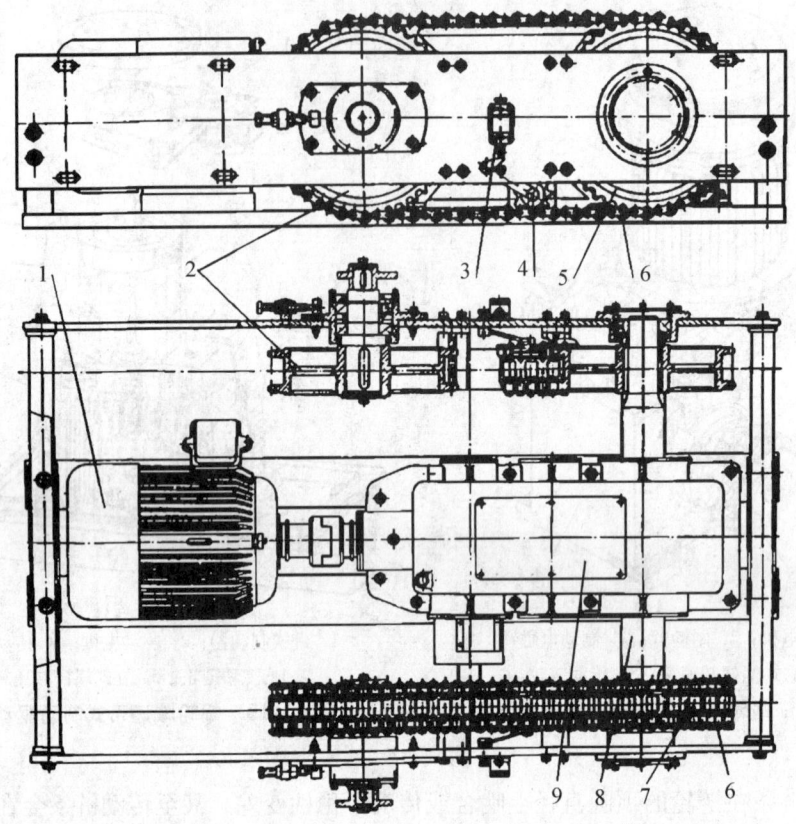

1. 驱动电机；2. 从动传动链轮；3. 传动链断链（松弛）开关；4. 传动链张紧轮；
5. 主动传动链轮；6. 传动链条；7. 齿条传动滚子；8. 主轴；9. 主减速器

图 8-16 中部驱动装置

状况下，这点是非常重要的。当自动扶梯提升高度相当大时，端部驱动的牵引链条的张力在有载分支上升时急剧地增大，牵引链条尺寸及电动机功率也必须相应加大。此时如果采用中部驱动机组并多设几组，则形成多级驱动自动扶梯，可以大大降低牵引齿条中的张力。同时，牵引齿条在驱动机组离开端受推力，在进入端承受拉力。

（四）自动扶梯制动器

由于自动扶梯所承运的是乘客，提升高度大，所以其工作的安全可靠程度就显得非常重要。自动扶梯必须保证当设备发生各种故障，或遇停电、机械故障、地震等时，能够有效并最大程度地保证人员的安全。所以自动扶梯采用了一系列安全制动装置，包括工作制动器、附加制动器和辅助制动器等。

1. 工作制动器

自动扶梯和自动人行道应设置一个工作制动器。工作制动器一般装在电动机高速轴上，它必须使自动扶梯在停车过程中，以人体能够承受的接近匀减速度停止运转，在停车后能够保持可靠的停住状态。工作制动器在动作过程中应反应灵敏迅速，无故意的延迟现象。工作制动器应能在动力电源失电、控制电路失电的情况下自动工作。工作制动器应采用机-电式制动器结构，如果不能采用机-电式制动器，则应加装附加制动器。工作制动器要求能够手动释放，应由手的持续力使制动器保持松开状态。工作制动器必须采用常闭式，即自动扶梯不工作时始终为可靠的停住状态；在自动扶梯正常工作时，通过持续通电由释放器（电磁铁装置）输出力或力矩，将制动器打开，使之得以运转；在制动器电路断开后，电磁铁装置的输出力消失，工作制动器立即制动，工作制动器的制动力必须由有导向的压缩弹簧或重锤来产生。自动扶梯的工作制动器常使用制动臂式、带式和盘式等方式。

（1）制动臂式制动器。制动臂式制动器由制动轮、制动摩擦块、制动臂和释放器等组成（图 8-14）。它在制动时，制动电磁铁 3 因失电而导致电磁力消失，制动臂 2 被制动弹簧作用，紧密地压向位于驱动电机高速轴上的制动轮外圆柱面，制动臂上安装的摩擦块和制动轮表面间产生很大的摩擦阻力，保证驱动装置不能继续运转。由于制动臂及摩擦块是成对对称安装，因而制动摩擦块压力和制动力相互平衡，制动轮轴不受弯曲载荷。这种制动器构造简单，制动与安装都很方便，因此在自动扶梯中获得广泛应用。

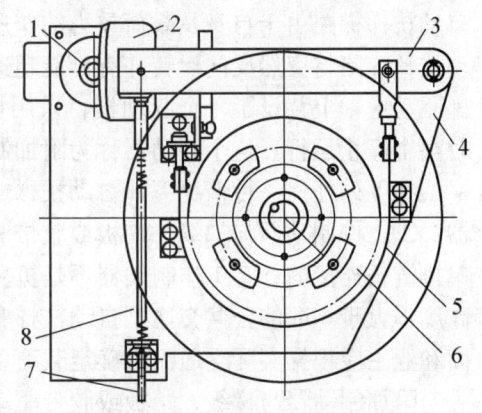

1. 小齿轮；2. 扇形齿轮；3. 转动臂；4. 机架板；
5. 钢带；6. 制动轮；7. 导杆；8. 压簧

图 8-17 带式制动器

（2）带式制动器。带式制动器（图 8-17）的制动摩擦力是依靠制动杆及张紧的钢带作用于制动轮外圆柱表面上的压力而产生的，在钢带上铆接着制动摩擦衬垫以增加摩擦力。带式制动器构造简单、紧凑、包角大，但存在着正反两个方向运转时产生的制动力矩不相等、制动轮轴上有较大的弯曲载荷等问题。带式制动器也是目前自动扶梯中常用的一种制动器。

带式制动器在工作时，通过一个专用制动电机带动小齿轮转动，小齿轮与扇形齿轮啮合，扇形齿轮固定在转动臂上。当小齿轮使转动臂逆时针转动时，压簧被压缩，制动钢带放松，此时驱动电机正常工作。当出现停电时，压簧释放，产生的弹簧力使转动臂顺时针转动，制动钢带与制动轮之间的摩擦力使驱动系统制停。

（3）盘式制动器。盘式制动器的制动力是成对并相互平衡作用，其制动力对主轴所产生的制动力矩的大小可按制动块对数多少而定。当自动扶梯在正常工作时，盘式制动器的激磁线圈通电，磁轭中环形分布的激磁线圈产生磁场，电磁力大于工作弹簧弹力时，制动器的运动部分与固定部分分离，制动器释放；当制动器的激磁线圈断电时，线圈磁场消失，工作弹簧弹力大于电磁力，衔铁被弹簧力迅速推离磁轭，使制动器的运动部分与固定部分紧压为一体，制动器呈制动状态。

盘式制动器的特点为：①结构紧凑，与块式制动器比较，制动轮的转动惯量相同时制动力矩大；②制动平稳，盘式制动器制动动作为平面压合，易于跑合；③制动灵敏，散热性能好。

2. 附加制动器

驱动机组与驱动主轴间使用传动链条传动，如果传动链条断裂，两者之间即失去联系，此时即使有安全开关使电源断电，驱动电动机停止运转，同时工作制动器动作。但自动扶梯梯路由于自身及载荷重力的作用，仍无法停止运行。特别是在有载上升时，自动扶梯梯路将突然反向运转并有可能超速向下运行，导致乘客受到伤害。所以在自动扶梯驱动主轴上装设了一个制动器，采用机械方法使驱动主轴（梯级）在发生突然事故时整个停止运行。这个制动器称为附加制动器，也称为紧急制动器。

在下列任何一种情况下，自动扶梯或倾斜式自动人行道应设置一个或多个附加制动器：①工作制动器与梯级、踏板或胶带驱动装置之间不是用轴、齿轮、多排链条或多根单排链条连接的；②工作制动器不是机－电式制动器；③提升高度大于 6 m（对于提升高度不大于 6 m 的公共交通型自动扶梯和倾斜式自动人行道也应安装附加制动器，制造商和业主应根据实际交通流量确定载荷条件和附加安全功能）。

附加制动器与梯级、踏板或胶带驱动装置之间应用轴、齿轮、多排链条或多根单排链条连接，不允许采用摩擦传动元件（如离合器）构成的连接。附加制动器应能使具有制动载荷向下运行的自动扶梯和自动人行道有效地减速停止，并保持静止状态，减速度不应超过 1 m/s^2。附加制动器动作时，不必保证对工作制动器所要求的制停距离。

附加制动器应为机械式（利用摩擦原理）工作方式，在下列任何一种情况下都应起作用：速度超过名义速度 1.4 倍之前，梯级、踏板或胶带改变其规定运行方向时。附加制动器在动作开始时应强制地切断控制电路。

3. 辅助制动器

辅助制动器的作用在于自动扶梯停车时起保险作用，尤其是在满载下降时，其作用更为显著。图 8-18 是其中一种结构形式，位于上侧的制动钢带是辅助制动器，下侧制动钢带是工作制动器，它们的结构一样，功能相同。

自动扶梯正常工作时，辅助制动的电磁铁 4 上的卡头将拉杆 5 卡住，使制动器处于释放状态，不起制动作用。需要辅助制动器动作时，监控装置发出信号，电磁铁 4 将卡头收回，拉杆 5 在弹簧 3 作用下动作，制动带拉杆 5 上的弯件 2 驱动开关 1，使自动扶梯停止运行。

在自动扶梯中，工作制动器是必备的，附加制动器则是有条件设置的。

（五）扶手带装置

扶手带装置是自动扶梯中的重要安全部件，其首先是防止乘客不慎滑落扶梯，其次由于扶手带与梯级同步运行，可以保证乘客站稳不致跌倒。自动扶梯在装备了扶手带装置后，才逐渐进入实用阶段。

扶手带装置由扶手带、驱动系统、扶手带张紧装置、护壁板及相关装饰部件等组成。扶手带装置可以看做装设在自动扶梯梯路两侧特种结构形式的胶带输送机，同时还可根据环境的特点选择彩色扶手胶带，与建筑物及装饰和谐地融为一体，成为建筑结构中的一个亮点。扶手带装置结构如图 8-19 所示。扶手带顶面距梯级前缘、踏板或胶带表面间的垂直距离不应小于 0.90 m，也不应大于 1.10 m。

自动扶梯在空载运行情况下，能源主要消耗于克服梯路系统和扶手带系统的运行阻力，其中扶手带运行阻力约占空载总运行阻力的 80%。减少扶手带运行阻力可以大幅度地降低能源消耗。

1. 扶手带

扶手带（图 8-20）是一种边缘向内弯

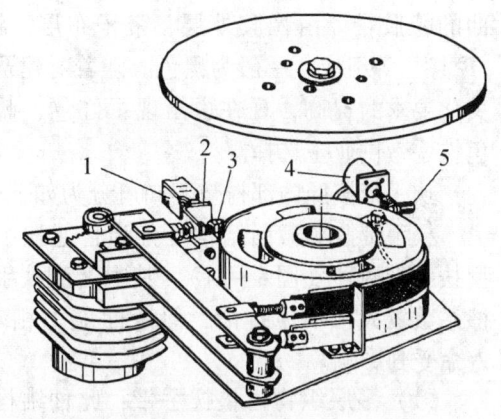

1. 开关；2. 弯件；3. 弹簧；4. 电磁铁；5. 拉杆

图 8-18　辅助制动器

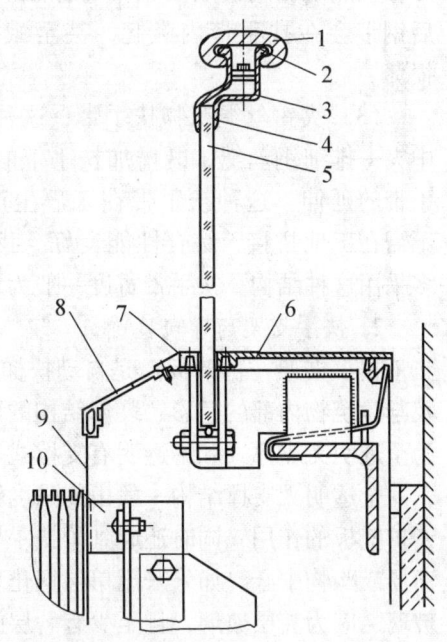

1. 扶手带；2. 扶手带导轨；3. 扶手带支架；
4. 玻璃垫条；5. 护壁板（钢化玻璃）；
6. 外盖板；7. 内盖板；8. 内盖板；
9. 围裙板；10. 围裙板防夹装置

图 8-19　扶手带装置结构

曲的橡胶带，由橡胶外层、帘子布层、钢丝层、摩擦层等组成，一般为黑色。随着对建筑物装饰美化要求的提高，现在也出现了红色、蓝色等彩色扶手带供业主选择。

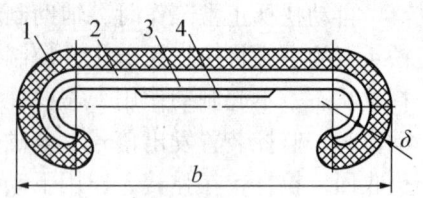

1. 橡胶外层；2. 帘子布层；
3. 钢丝层；4. 摩擦层

图 8-20　扶手带结构

扶手带按照内部衬垫不同可分为如下几种：

扶手带按照截面结构可分为普通扶手带和 V 型扶手带两种（图 8-21）。其中 V 型扶手带的摩擦系数较大，不易打滑，但弯曲应力相对较大，寿命受到影响。

（1）多层织物衬垫扶手带：此种结构具有延伸率大的特点，在使用时必须注意调整带的张紧装置。

（2）织物夹钢带扶手带：此结构在工厂生产时制成闭合环形带，不需在工地拼接，延伸率小，调整工作量小；缺点是长期使用后钢带与橡胶织物间易脱胶，脱胶后钢带会在扶手带内隆起，甚至戳穿帆布造成扶手带损坏。

（3）夹钢丝绳织物扶手带：这种结构在织物衬垫层中夹一排细钢丝绳，既增加扶手带的强度，又可控制扶手带的延伸。这种扶手带在工厂生产时制成闭合环形，不需在工地拼接，综合性能良好。我国生产的自动扶梯多采用这种结构。扶手带宽度一般为 $b = 80 \sim 90$ mm，厚度 $\delta = 10$ mm。

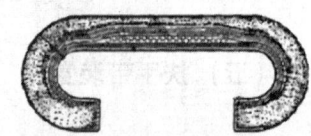

普通型扶手带

V型扶手带

图 8-21　扶手带结构

2. 扶手支架与导轨装置

扶手支架（护壁板）是自动扶梯展示给乘客的"外貌"，自动扶梯的外形美观程度及与建筑物内部的色彩、装修结构的协调性，都通过其展示出来。扶手支架结构主要分为全透明无支撑式和不透明有支撑式等，其中全透明无支撑式占绝大部分。

全透明无支撑结构一般由高强度钢化玻璃板构成（图 8-22）。钢化玻璃板既承担了护壁板的作用，同时还起到了扶手导轨支架的作用，透明通透，装饰性较强，多用在商场或购物中心。如果采用单层钢化玻璃，则玻璃厚度不应小于 6 mm；如果采用多层玻璃，应为夹层玻璃，且至少有一层的厚度不小于 6 mm。

不透明有支撑结构（图 8-23）则由于其结构强度高、耐冲击碰撞、经久耐用等特点，多用于机场、码头、车站等人流量较大且携带行李较多的场合。尤其是公共交通型自动扶梯和自动人行道基本都是此类结构。

为了进一步提高扶梯的装饰性和改善扶梯部分的照明亮度，扶手支架上还可装设一系列的照明灯具。这些照明灯具安装在扶手支架下，给扶手带和梯级照明。为防止发生

自动扶梯与自动人行道　第八章

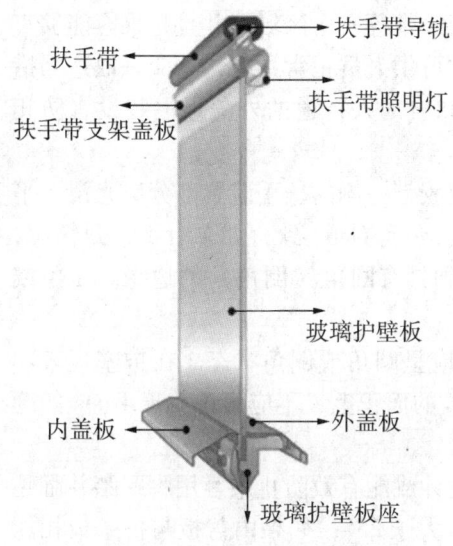

图8-22　透明扶手支架

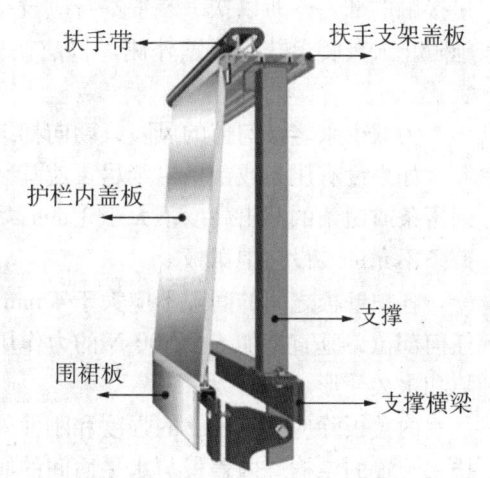

图8-23　不透明扶手支架

意外碰触，照明灯外侧必须设置透明灯罩。图8-24分别展示了带照明装置扶手支架（左侧）和不带照明的扶手支架装置。扶手导轨一般采用冷拉型材或不锈钢型材制成，安装在扶手支架上，对扶手带起支撑和导向作用。

3. 扶手装置围板

为保证乘客使用自动扶梯和自动人行道的安全，要求除使用者可踏上的梯级、踏板或胶带以及可接触的扶手带部分以外，自动扶梯或自动人行道的所有机械运动部分均应完全封闭在无孔的围板内。所以在扶手装置内设置了一系列的围板，包括内盖板、外盖板、围裙板和护壁板（图8-19），用于保护。

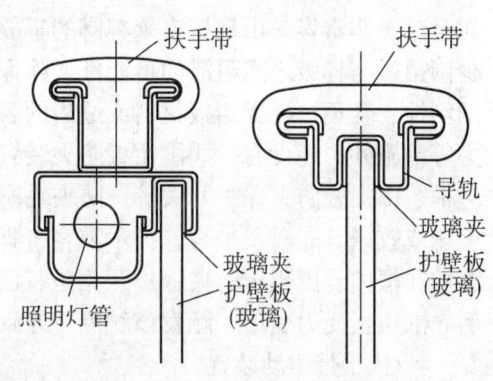

图8-24　扶手支架装置及导轨

护壁板（interior panel）：位于围裙板（或内盖板）与扶手盖板（或扶手导轨）之间的板。

内盖板（lower inner decking）：当围裙板和护壁板不相交时，连接围裙板和护壁板的部件。

外盖板（lower outer decking）：连接外装饰板和护壁板的部件。

围裙板（skirting）：与梯级、踏板或胶带相邻的扶手装置的垂直部分。

扶手装置能够有效地将乘客限定在梯级或踏板胶带等安全区域，并且是乘客能够直接接触的部件，所以扶手装置本身应没有任何部位可供人员正常站立，并应采取适当措施阻止人员爬上扶手装置外侧。目前在自动扶梯和自动人行道的外盖板上装设有防爬装置。

为减少乘客被勾拌的风险，朝向梯级、踏板或胶带一侧的扶手装置部分应光滑、平齐。如果设有压条或镶条，则尽量使其装设方向与运行方向一致；如果有不一致情况，则压条或镶条的凸出高度不大于 3 mm，要求坚固和具有圆角（倒角）的边缘。压条或镶条不允许装设在围裙板上。

各护壁板之间的间隙不应大于 4 mm，其边缘应呈圆角或倒角状态。在护壁板表面任何部位，垂直施加一个 500 N 的力作用于 25 cm^2 的面积上，不应出现大于 4 mm 的缝隙和永久变形。

内盖板除应具有足够的强度和刚性外，还应设计成能有效防止乘客用脚踩踏并翻越扶手装置的结构。内盖板与水平面间的倾斜角不应大于 25°，如果内盖板与护壁板相连接的部位存在水平部分，则水平部分的宽度不大于 30 mm（使脚无法踩踏并附着在内盖板上）。

围裙板应垂直、平滑且是对接缝的。围裙板应具有足够的强度和刚度，在围裙板的最不利部位，垂直施加一个 1500 N 的力于 25 cm^2 的方形或圆形面积上，其凹陷不应大于 4 mm，且不应由此导致永久变形。

由于围裙板是最接近梯级、踏板或胶带的部分，而且两者之间存在一定的间隙和相对运动，非常容易出现挤夹乘客脚的事故，所以还应采取一系列的防夹措施。为尽量减少围裙板与梯级之间阻滞的可能性，除保证围裙板与梯级适当的间隙、保持围裙板足够的刚性、合理选择围裙板材料或适当的表面处理以达到减少围裙板与乘客脚之间的摩擦力等措施外，还设有一些围裙板防夹装置，如防夹毛刷或胶条、梯级踏面设置黄色警示边框、围裙板防夹保护开关等。防夹毛刷或胶条的作用是当乘客脚过于接近围裙板时，毛刷或胶条首先触及乘客，提示乘客将脚移开；梯级踏面黄色警示边框则提醒乘客应将脚放在框内；围裙板防夹保护开关是装设在围裙板内侧的一个安全触点，当有异物夹入后，围裙板受力变形，触发该触点，导致自动扶梯或自动人行道断电停机。

4. 扶手带驱动装置

扶手带驱动装置的功能是驱动扶手带运行，并保证其运行方向与梯级、踏板或胶带同向。正常运行情况下，扶手带的运行速度相对于梯级、踏板或胶带实际速度的允差为 0 ~ +2%。

扶手带速度要求有检测装置。在自动扶梯和自动人行道运行时，当扶手带速度偏离梯级、踏板或胶带实际速度大于 -15% 且持续时间大于 15 s 时，该装置应使自动扶梯或自动人行道停止运行。

目前常用的扶手带驱动装置有摩擦轮驱动、压滚驱动和端部轮式驱动三种形式。

（1）摩擦轮驱动装置。摩擦轮驱动扶手带是利用扶手带驱动轮与扶手带之间的摩擦力，驱动扶手带以梯级同步的速度运行的装置，其整体布置如图8-25所示。此种方式由于扶手带会反复多次弯曲，增加了扶手带的驱动阻力，同时由于疲劳的原因还会对扶手带的寿命有较大的影响。为有效增加扶手带的驱动力，克服扶手带长期使用后出现的伸长现象，还需设置扶手带长度调节张紧装置和扶手带压紧装置（图8-26、8-27）。

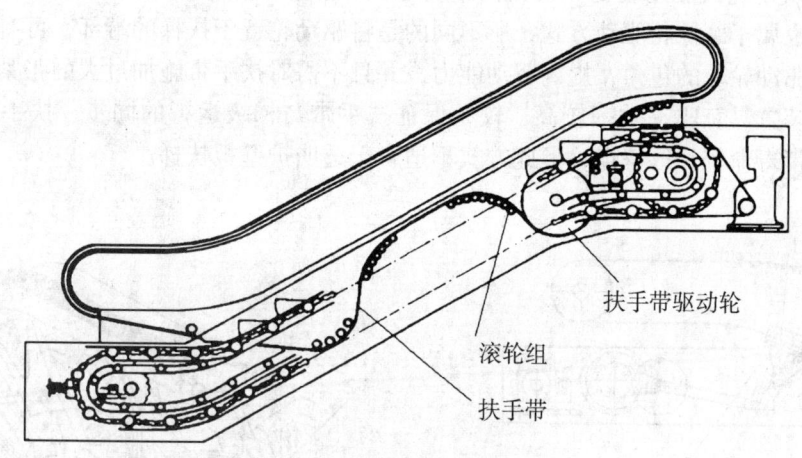

图8-25 摩擦轮驱动装置

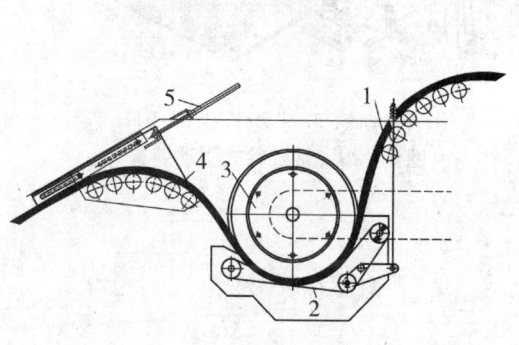

1.扶手带；2.扶手带压紧带；3.扶手带驱动轮；
4.扶手带张紧滚轮组；5.扶手带张紧装置

图8-26 扶手带张紧装置

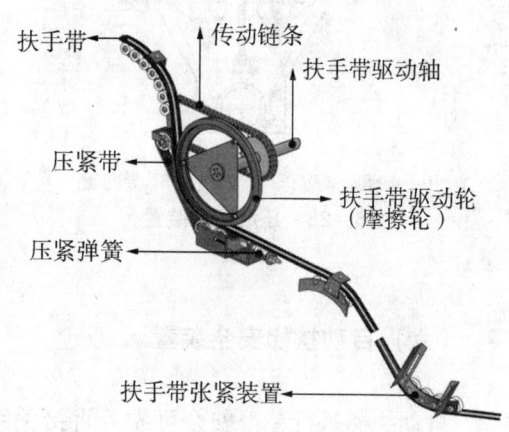

图8-27 扶手带压紧装置

（2）压滚驱动装置。这种扶手带驱动系统由包围在扶手带上、下两侧的两组压滚组成。上侧压滚组由自动扶梯的驱动主轴获得动力驱动扶手带，下压滚组从动，仅压紧扶手带（图 8-28）。这种结构的扶手带基本上是顺向弯曲，较少反向弯曲，弯曲次数大大减少，降低了扶手带的僵性阻力。由于不是摩擦驱动，扶手带不再需要张紧力，调整装置只是用以调节扶手带长度的制造误差而设，因此能大幅度减少运行阻力，同时也延长了扶手带的使用寿命。测试结果表明：这种结构型式较摩擦轮驱动型式的运行阻力减少 50% 左右。

（3）端部轮式驱动装置。其具体结构如图 8-29 所示。从工作原理上来讲，端部轮式驱动也属于摩擦轮驱动方式，所不同的是将驱动轮置于扶梯的端部，可有效地加大扶手带在驱动轮上的包角，提高驱动能力，并且不需对扶手带施加过大的张紧力。采用此种驱动装置具有驱动效率较高、较易保证扶手带与梯级运行的同步、扶手带伸长量小、扶手带寿命较长等特点，但此方式不适合于透明护壁板扶梯。

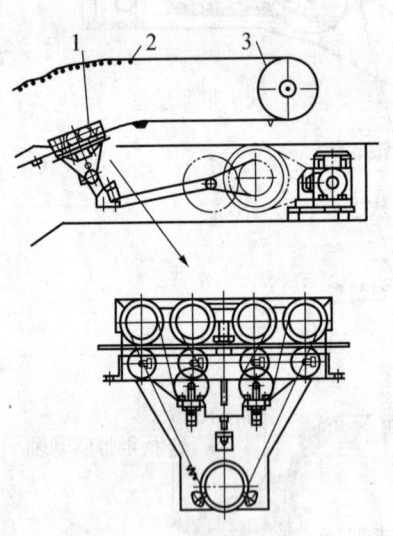

1. 扶手带驱动装置；2. 滚子组；3. 导向轮

图 8-28　压滚驱动装置

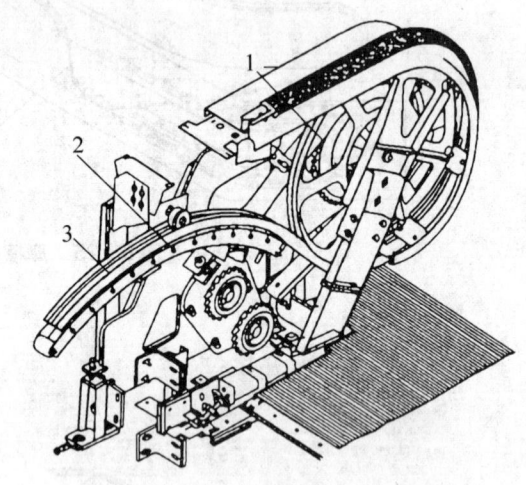

1. 驱动轮；2. 张紧弓；3. 扶手带

图 8-29　端部轮式驱动装置

（六）自动扶梯安全装置

自动扶梯运行是否安全可靠，直接关系到每一个乘员的生命安全，所以必须在设计、生产、安装、使用等过程中，将可能发生的危险情况全面周到地考虑清楚，并采用有效的措施加以防范和控制。目前在自动扶梯中设置了较多的安全装置。

自动扶梯常设置的安全装置一般可分为两大类:一类是必备的安全装置,一类是辅助的安全装置。这些安全装置在扶梯上的安装位置如图8-30所示。

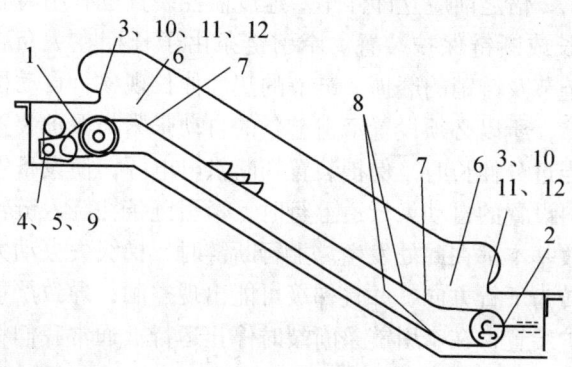

1. 驱动链安全装置;2. 梯级链安全装置;3. 扶手带入口安全装置;4. 电磁制动器;
5. 限速器;6. 裙板安全装置;7. 弯曲部导轨安全装置;8. 梯级滚轮安全装置;
9. 不反转装置;10. 急停按钮;11. 梳齿安全装置;12. 梯级滚轮安全装置

图8-30 主要安全装置安装位置示意

1. 必备的安全装置

(1) 工作制动器。工作制动器是自动扶梯正常停车时使用的制动器,一般采用制动臂式制动器、带式制动器或盘式制动器(详见本书第197页关于工作制动器的介绍)。

(2) 附加制动器。附加制动器是在紧急情况下起作用的。其具体的工作情况详见本书第198页关于附加制动器的介绍。

(3) 超速保护和非操纵逆转装置。自动扶梯和自动人行道应在速度超过名义速度的1.2倍之前自动停止运行。如果采用速度限制装置,该装置应能在速度超过名义速度的1.2倍之前切断自动扶梯或自动人行道的电源。

自动扶梯和α≥6°的倾斜式自动人行道应该设置一个装置,当梯级、踏板或胶带改变规定的运行方向时自动停止运行。

图8-31所示是速度监控装置的一种。与制动轮2同轴装有飞轮1,在飞轮下面装有磁块3。另有脉冲接

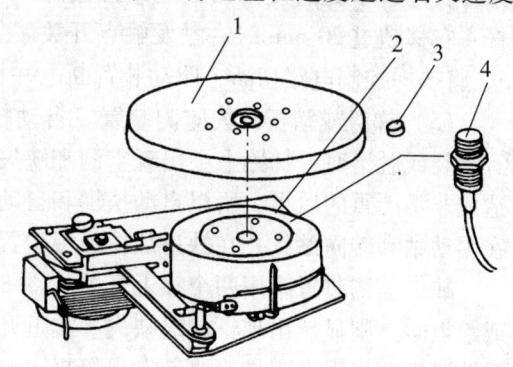

1. 飞轮;2. 制动轮;3. 磁块;4. 脉冲传感器
图8-31 速度监控装置

收器 4 装在底架上,与开关相联。飞轮转动,磁块经过脉冲接收器,接收器产生一个脉冲,根据单位时间内产生的脉冲数,就能够监控到飞轮(主机)的转速。当自动扶梯速度高于额定速度 1.2 倍之前应立即停车。速度监控装置也有用离心式的。

(4)牵引链伸长或断链保护装置。牵引链条由于长期在大负荷状况下传递拉力,不可避免地要发生链节及链销的磨损、链节的塑性伸长现象,自动扶梯和自动人行道运行状况变差甚至故障,所以必须设置牵引链条的自动张紧与保护装置,该装置能够自动补偿链条的伸长,当过分伸长时,保护装置切断供电电源,使设备停驶。

自动扶梯和倾斜设置的自动人行道上行时,牵引链条在绕入链轮啮合处承受最大的工作应力,断链事故基本都在此处发生。上行断链时,梯级失去动力,梯级在乘客重力的作用下,会突然转为下行方向,并且梯级可能出现空洞,导致严重的事故。所以扶梯还必须设置断链保护装置,在牵引链条断裂时停止运行。通常我们将牵引链条过度伸长和断链保护设置在一起,参看图 8-9 所示。

断链保护装置如图 8-32 所示。张紧链轮装设在张紧链轮轴 1 上,和拉紧螺杆 4 成为一体,形成可移动的轴承座并装设在导槽中,在张紧压簧 2 的作用下对牵引链条实施张紧。张紧力的大小可旋转调整螺母 3 进行调整。自动扶梯或自动人行道运行时,牵引链条因变形和磨损而逐渐伸长,可移动轴承座受张紧压簧 2 推动向右侧滑移,保证牵引链条始终处于合理的张紧状态。当牵引链条伸长超过事先的设定或断裂,拉紧螺杆 4 右移超过 20 mm 时,触发触点开关

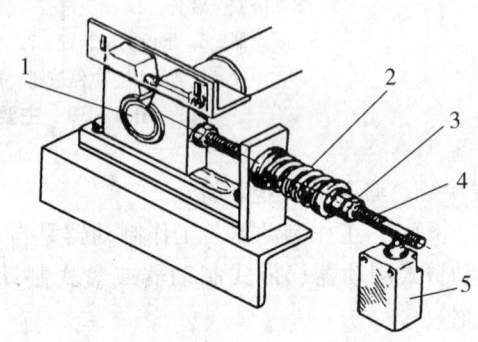

1. 张紧链轮轴; 2. 张紧压簧; 3. 调整螺母;
4. 拉紧螺杆; 5. 触点开关

图 8-32 断链保护开关

5,将扶梯控制电路切断,驱动装置断电并且工作制动器制动。

(5)梯级或踏板缺失监测装置。自动扶梯和自动人行道运行时,梯级或踏板如果有断裂或脱落时,梯路上会出现空洞和缺失,如果此空洞和缺失运行到工作面上,将会造成非常严重的后果,所以自动扶梯和自动人行道中需设置缺失监测装置。该装置装设在驱动站和转向站,并在缺口从梳齿板位置出现之前使设备停止运行。

缺失监测装置采用两个接近开关(图 8-33),如果两个开关同时没有检测到梯级或踏板时,则显然出现了梯级缺失。接近开关位于上、下两个转向机构附近,使得在梯级缺口没有出现在工作面之前发出警报,使自动扶梯停运。

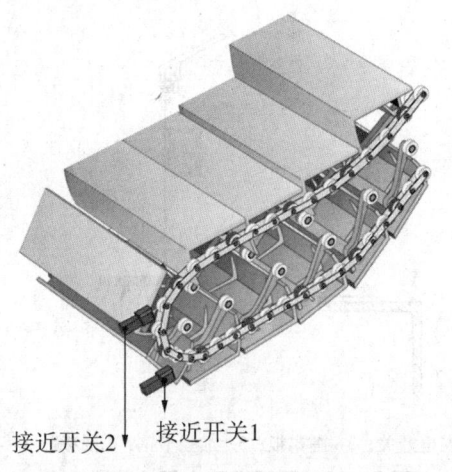 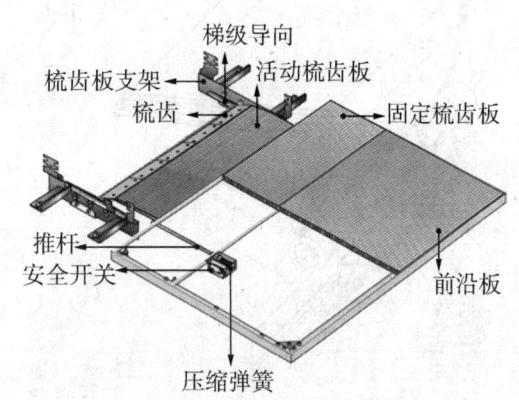

图 8-33 梯级缺失监测装置　　　　图 8-34 梳齿板安全保护装置

（6）梳齿板安全保护装置。梳齿板安全保护装置是当异物卡在梯级踏板与梳齿板之间，导致梯级无法与梳齿板正常啮合时，梯级的前进力将梳齿板抬起或移位，使安全开关动作，将扶梯控制电路切断，驱动装置断电并且工作制动器制动。梳齿板在设计时应注意，当异物卡入导致梳齿变形或断裂，未影响到与梯级或踏板啮合时，则不会使设备停机。见图 8-34 所示。

（7）扶手带入口防异物保护装置。为防止有异物随扶手带进入其入口（特别是小孩由于好奇而用手抓扶手带时，手被带入），在扶手带的入口处安装有安全保护装置。当位于扶手带入口的橡胶套受到 30～50 N 的压力时，微动开关动作，使扶梯停止运行。

（8）梯级塌陷保护装置。梯级是运载乘客的重要部件，如果损坏是很危险的。在梯级损坏而塌陷时，梯级进入水平段无法与梳齿板啮合，会导致严重的事故。图 8-35 即为此保护装置。如图所示，在梯级辅轮轴上装一角形件，另在金属结构上装一立杆，与一转轴相连，转轴下方为开关。当梯级因损坏而下陷时（如图 8-35 中虚线位置），角形杆碰到立杆，转轴随之转动，触发开关，自动扶梯停止运转。

（9）围裙板防夹保护装置。如图 8-36 所示，自动扶梯正常工作时，围裙板 2 与梯级 4 间保持一定间隙，单边为 4 mm，两边之和为 7 mm。当自动扶梯上行梯级由水平转向斜向上运行时，此间隙极易出现挤夹乘客脚的现象。为保证乘客乘搭自动扶梯的安全，在围裙板的背面安装 C 形钢，离 C 形钢一定距离处设置开关。当异物夹入围裙板与梯级之间的缝隙后，围裙板发生变形，C 形钢也随之移位并触发开关，自动扶梯立即停车。

围裙板上还装设了一个由刚性和柔性部件（如毛刷、橡胶型材等）组成的防夹装

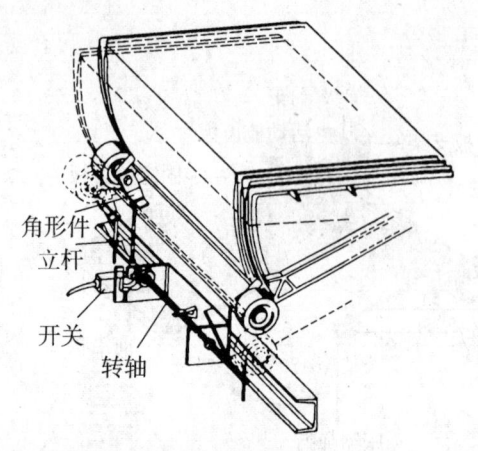

角形件
立杆
开关
转轴

图8-35 梯级塌陷保护装置

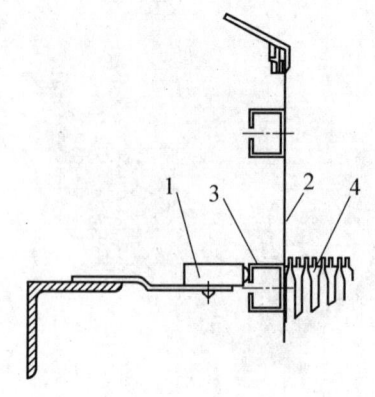

1. 安全开关；2. 围裙板；3. 加强型钢；4. 梯级

图8-36 围裙板防夹保护装置

置（图8-37）。该装置从围裙板垂直表面起的突出量为33~50 mm，其刚性部分底部距离梯级前缘连线或踏板或胶带的垂直距离不小于25 mm。当乘客的脚过于接近梯级边缘，毛刷会触及乘客的脚，提醒乘客有可能被挤夹，使之及时将脚移开。

（10）电机保护。自动扶梯和自动人行道驱动电机与电源是直接相连的，在电路中必须设置短路保护装置。直接与电源连接的电机还应设有采用手动复位的自动断路器进行过载保护，该断路器能够切断电机的所有供电。当过载检验取决于电机绕组温升时，则保护装置可在绕组充分冷却后自动闭合，必须注意的是此时的自动闭合不代表设备自动启动运行。还需设有相位保护装置，当电源相位接错或相位缺失时，自动扶梯和自动人行道应不能运行。

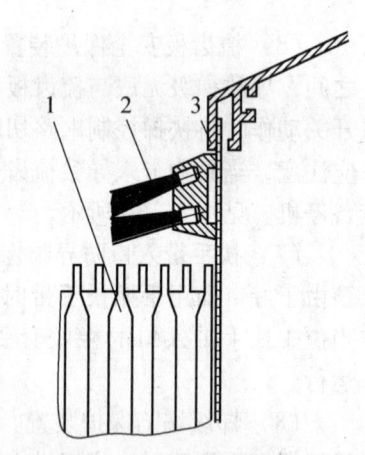

1. 梯级；2. 安全刷；3. 围裙板

图8-37 围裙板上的安全刷

（11）紧急停止开关。紧急停止开关（图8-38）设置在自动扶梯或自动人行道出入口附近、明显且易于接近的位置。紧急停止开关之间的距离对于自动扶梯不应大于30 m，自动人行道不应大于40 m。为保证上述距离要求，必要时应设置附加紧急停止开关。

（12）扶手带监控装置。自动扶梯和自动人行道扶手带要求其运行方向与梯级、踏板或胶带相同。在正常条件下，扶手带运行速度相对于梯级、踏板或胶带实际速度的允差为0~+2%。同时，如果扶手带断裂等情况发生，也会造成非常危险的局面，所以必须装设扶手带监控装置。当自动扶梯或自动人行道运行时，扶手带速度与梯级、踏板或胶带实际速度偏差大于 -15%，且持续时间超过 15 s 时，该装置使设备停止运行；当扶手带断裂、扶手带过于松弛、扶手带之间速度差异过大等情况下，同样使设备停止运行。该装置的工作原理如图 8-39 所示。

（13）制动器释放检测装置。为保证自动扶梯和自动人行道运行时工作制动器处于释放状态，必须装设一个检测装置，在自动扶梯和自动人行道启动后，监测制动系统的释放。

图 8-38　紧急停止开关

2. 辅助的安全装置

（1）梯级间隙提示。在梯路上、下水平区段与曲线区段的过渡处，逐渐形成阶梯或阶梯逐渐消失，乘客的脚踏在两个梯级结合处容易发生危险。为了避免上述情况的发生，在这个过渡处，装设有绿色荧光灯（图 8-40），灯光会通过两个梯级的结合缝隙处透射上来，提醒乘客不要将脚踩踏在此光线上，并及时调整在梯级上站立的位置，保证安全。

（2）梯级踏板黄色边框。近年来穿着橡胶软质鞋的乘客增加较多，而橡胶软质鞋与围裙板之间的摩擦系数较大，加之在自动扶梯上行入口段，梯级由水平运行开始倾斜向上运行，此时如果乘客的鞋接触了围裙板，在摩擦力的作用下乘客非常容易被挤夹受伤。因此，要求在梯级踏面边缘处设置黄色边框（图 8-41），提醒乘客不要踩踏黄色边框。同时，围裙板表面应采用合适的表面处理方式，以减少与皮革、PVC 等之间的摩擦系数。

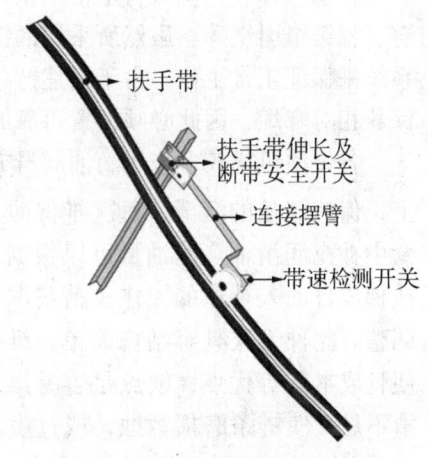

图 8-39　扶手带监控装置

（七）附属装置

在自动扶梯和自动人行道上，为保证设备更好地运行，往往还配置一些附属装置和

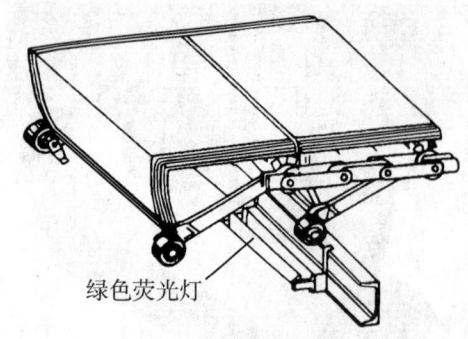

图 8-40 梯级间隙提示

图 8-41 梯级踏面黄色边框

设施,其中部分是根据客户使用场合等条件来选择配置的。

1. 润滑系统

自动扶梯和自动人行道传动系统中,基本采用链传动,有主机传动链、扶手带传动链、梯级牵引链等。虽然所采用的链条规格、型号有所不同,但都必须具备合理的润滑系统来保证正常工作。由于上述链条都处于扶梯金属结构内部,并被围板等遮盖,加油保养相对麻烦,因此必须设置可靠的润滑系统。

各传动机构较多采用滴油润滑方式,事先设定好润滑油的流量,油定时滴落在链条上,保持链条的润滑,每次维保时向油盒中补充润滑油。滴油量可以根据自动扶梯或自动人行道的工作负荷情况作出调整。此种方式具有结构简单、维护方便且成本低等优点;缺点是容易出现润滑不足,使链条磨损锈蚀,或过度润滑导致润滑油流失并污染环境,等等。

现代自动扶梯和自动人行道大多采用自动润滑的方式。自动润滑技术最初来自美国军方,是为保证恶劣环境和无暇维护情况下军用装备的润滑而设置的。自动润滑系统(图 8-42)由油箱、油泵、分配器、输油管、油刷、控制装置等构成,润滑油泵通过输油管、油刷等与润滑点相连通。设备启动时,控制装置使油泵工作,根据事先设定的用

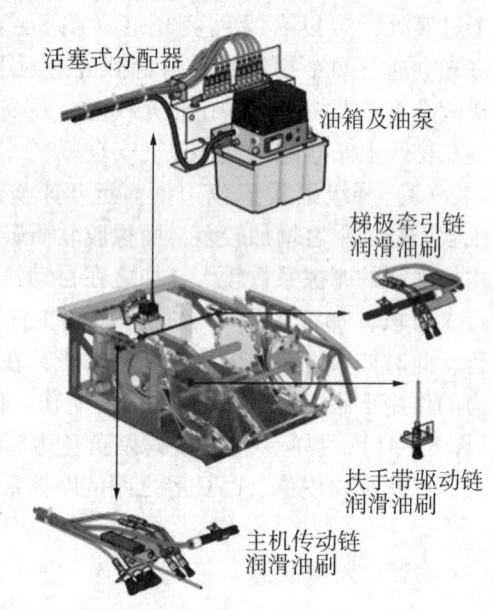

图 8-42 自动润滑系统

量，向润滑点供油。设备连续运行中，则按照事先设定的供油周期和用量，定期定量地向润滑点供油，润滑油经分配器后沿着输油管，由油刷加注到润滑点。各供油点油量和供油周期都可单独设置，只需定期向油箱补充油即可。自动润滑系统非常适合于润滑点多、润滑困难的设备使用。

2. 梳齿板照明

梳齿板照明（图8-43）是当自动扶梯和自动人行道在梳齿板处照明不足，达不到50 Lx 的照度时所加设的，目的是防止乘客在此处发生意外伤害。照明灯多采用寿命长而且节能的 LED 元件，颜色多采用橘黄色的。

3. 围裙板照明

围裙板与梯级间隙是自动扶梯和自动人行道对乘客造成伤害危险的高发区域，必须保证此处的照明足够。某些自动扶梯和自动人行道在围裙板处设置有照明装置。图8-44是提高此区域局部照明的围裙板照明设施。

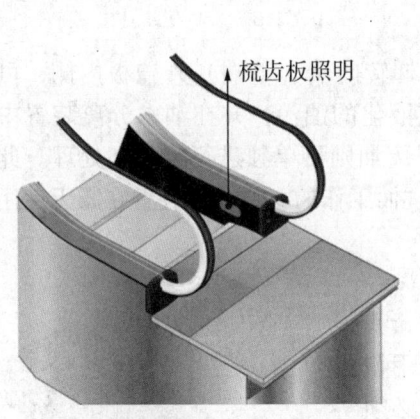

图8-43 梳齿板照明

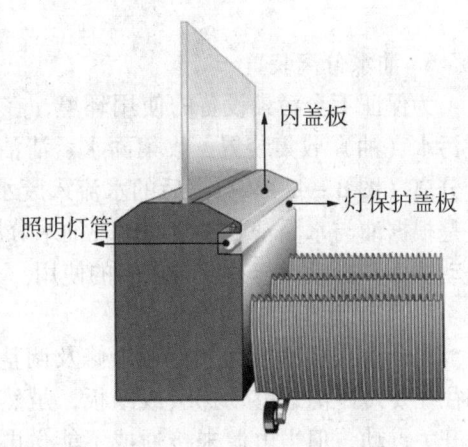

图8-44 围裙板照明

4. 扶手带及护壁板照明

荧光灯管安装在玻璃护壁板外面的照明槽内，照明槽带有一个塑料盖板（图8-45），有标准型或星光型荧光灯可供选择，借以提高扶手带处的照明亮度，保证乘客可靠扶持。

5. 消静电装置

自动扶梯或自动人行道在运行过程中，扶手带、梯级、踏板或胶带不可避免地与其他部件产生摩擦，导致静电产生。当乘客使用自动扶梯或自动人行道时，会被静电的放电现象所刺激，使乘客产生不适感，同时干扰自动扶梯控制系统。目前扶梯装设了消静电装置，即用一个金属丝制成的毛刷，固定安装在梯级或踏板上下回路中间的桁架上

(图8-46)，当梯级或踏板循环经过此刷时，金属丝将产生的静电荷有效地导引到接地装置，起到消除静电的作用。

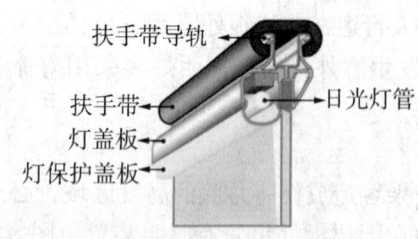

图8-45 扶手带及护壁板照明

图8-46 消静电装置

6. 油水分离装置

为保证不会污染设备的使用环境，在自动扶梯转向端（下端）外盖板内侧，可设置污水（油）收集装置，收集雨水、清洁用水或液化的油污，并在油水分离装置中进行分离（图8-47）。分离后的水流入废水管道，废油则可单独进行收集和处理。此装置是根据油与水因密度不同而出现油水分层的原理而工作的。目前此装置在露天使用的自动扶梯和自动人行道上有较多的使用。

7. 手动盘车装置

在自动扶梯和自动人行道维修及调整过程中，我们往往要短距离地移动梯级或踏板，虽然可以使用检修开关点动，但当电源未接通或不能送电时，就必须采用手动盘车的方式来进行。

手动盘车装置是在驱动电机轴上，装设无辐条（孔）盘车手轮，使用时用一个持续力打开工作制动器电磁铁松闸手柄，同时转动手轮，对自动扶梯或自动人行道进行手动盘车。盘车手轮往往涂成黄色以示警告。对于可拆卸的手动盘车装置，必须装设一个电气安全开关。当手动盘车装置装上驱动主机时，该开关必须切断控制电路，保证此时驱动主机不能得电运转，避免该盘车装置伤及维护人员。

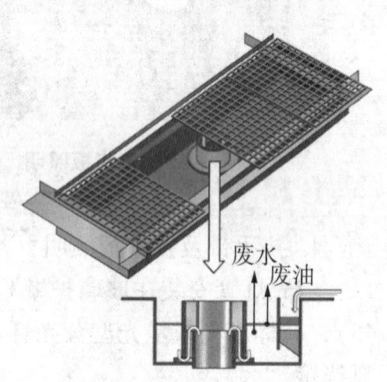

图8-47 油水分离装置

8. 自动启动或加速自动扶梯或自动人行道

在乘客流量不均衡的自动扶梯或自动人行道使用场合，往往会出现某段时间无人使用,自动扶梯或自动人行道空转的情况,造成很大的能源浪费和设备磨损。为避免这种情况,某些自动扶梯或自动人行道采用了一些节能技术,即自动扶梯或自动人行道无人使用时,自动转入停机或低速运行的待机运行(stand-by operation)状态;当使用者走到自动扶梯或自动人行道的入口处时,触发感应开关,设备投入正常运行;待完成输送且没有新的使用者到达时,设备再度转入停机或低速运行的待机运行状态。

由使用者进入而自动启动的自动扶梯或自动人行道的运行方向,应预先设定并明显标识、清晰可见的指示灯(图8-48),向使用者指明设备是否可用及其运行方向。如果使用者能够从预定运行方向相反的方向进入时,设备应按照预先设定的方向启动,运行时间应不少于10 s。

图8-48 运行方向指示灯

(八)自动扶梯常见布置方式

自动扶梯的布置方式与其输送能力有非常密切的关系。在不同的使用场合,必须采取不同的布置方式,使设备的效率达到最大。为满足各类建筑对输送乘客的要求,可采用以下几种布置方式。

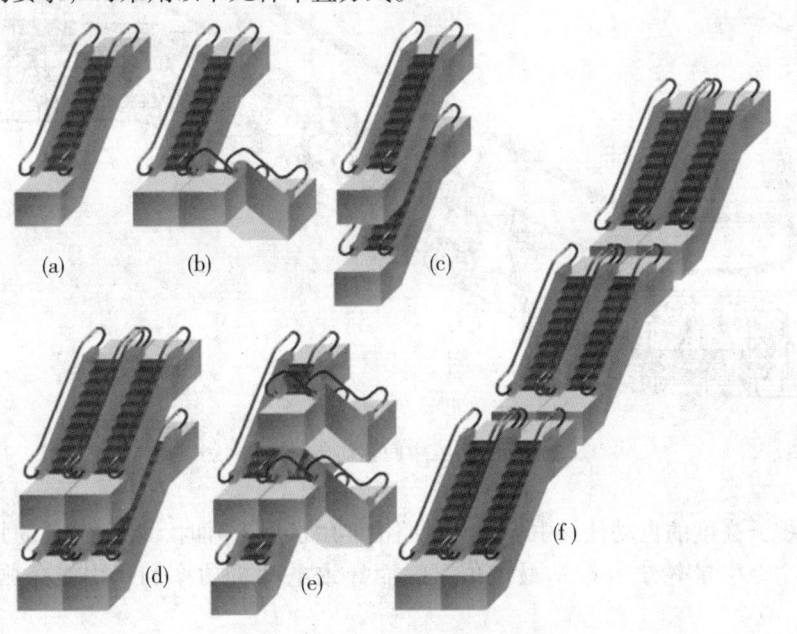

图8-49 自动扶梯常见布置形式

图 8-49 是常见的几种布置方式，其特点如下：

（a）单台布置：适合于小型的商场、酒楼或商铺，能引入更多人流进入上层空间。

（b）单列连续布置：可迅速引导人流向高层空间运行。

（c）单列重叠布置：适合在有限的空间内往单一方向输送乘客的扶梯，但输送效率较低。

（d）双列平行布置：多用于商场内，既美观又方便顾客寻找适用的扶梯前往各楼层。

（e）双列交叉布置：在主要用自动扶梯完成迅速输送乘客的商场内，是非常适用的。乘客在到达某层时可迅速更换到另一扶梯，换乘步行距离最短。

（f）双列连续布置：同样能够使乘客换乘步行距离做到最短，但占用空间较大。

（九）多级驱动自动扶梯简介

为了减轻自动扶梯自重，节约能耗，充分利用自动扶梯本身所占空间，使其布置更为紧凑，将前述的中间驱动装置放置于自动扶梯上、下分支的中间，即为中间驱动自动扶梯（图 8-50）。充分利用这一空间即可省去金属结构上端的内机房所占的空间。

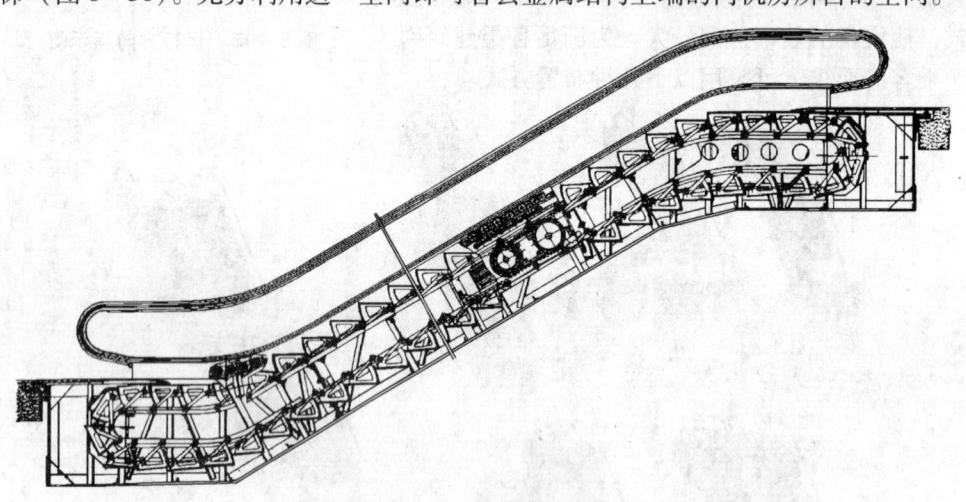

图 8-50　中间驱动自动扶梯

在大提升高度的自动扶梯中，有载梯路沿倾斜区段上升时，牵引链条的张力急剧地增加，在主牵引链轮绕入端达最大值，因而导致电动机功率和牵引链条强度尺寸的增大。

中间驱动装置提供了自动扶梯采用多级驱动的可能性。对于大提升高度自动扶梯，采用多级驱动可使牵引构件张力大大地降低，从而减小牵引构件尺寸，降低电动机功率。图 8-51 为两级驱动自动扶梯。

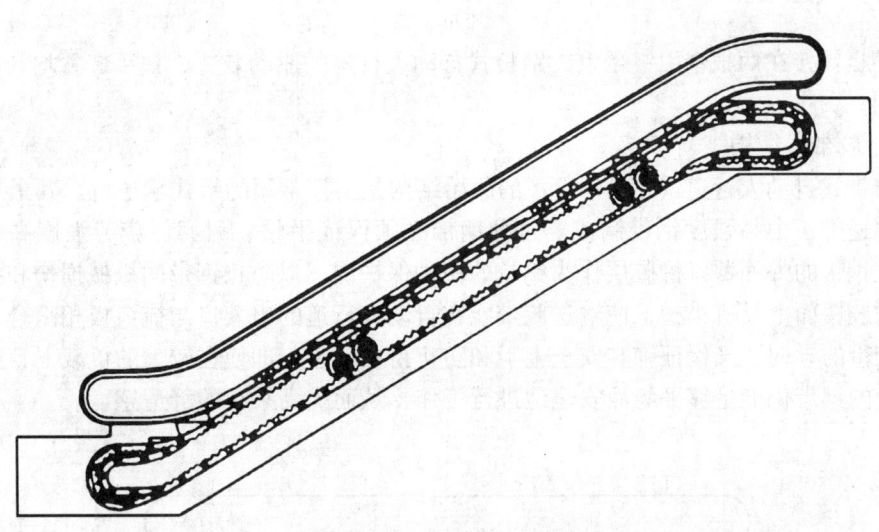

图 8-51　两级驱动自动扶梯

三、自动人行道简介

20 世纪初以来，人们就提出要使用自动人行道来解决城市交通问题，并提出了多种方案。但是直到 50 年代以后，自动人行道才在美国得以应用。60 年代以后，法国、德国及日本等国相继使用自动人行道。

自动人行道的倾角为 0~12°，输送长度在水平或微斜时可达到 500 m。名义速度不得大于 0.75 m/s。如果踏板或胶带的宽度不大于 1.10 m，并且在出入口踏板或胶带进入梳齿板之前的水平距离不小于 1.60 m 时，自动人行道的名义速度最大允许达到 0.9 m/s。

自动人行道基本可分为以下三种结构：踏板式结构，带式结构和双线式结构。

1. 踏板式结构

此类自动人行道的结构，可以看做将普通的自动扶梯的倾角减到 0~12°，将自动扶梯所用的特种形式梯级改为普通平板式小车——踏板，各踏板形成一个平坦的路面，就成为踏板式自动人行道。自动人行道两旁各装与扶梯相同的扶手装置，踏板车轮没有主轮与辅轮之分，因而踏板在驱动端与张紧端转向时不需要使用作为辅轮转向轨道的转向壁，使结构大大简化，自动人行道的结构高度也得以降低，这是自动人行道的最大特点。另外，由于自动人行道表面是平坦的，所以童车、购物车等可以方便地放置在它的上面。

踏板铰接在两根牵引链条上，踏板式自动人行道的驱动装置、扶手装置均与自动扶梯相同。

2. 胶带式结构

胶带式自动人行道（图8-52）的原始结构是工厂常用的带式输送机。其最重要部件是输送带，由高强度钢带制成。这种钢带必须保证平整、耐磨、疲劳强度高、寿命长，在钢带的外面覆以橡胶层作为钢带的一种保护层，以防止钢带的机械损伤和抵御潮湿；橡胶覆面上具有小槽，使输送胶带能在自动人行道的出入口与梳齿板相啮合，既保证了胶带的导向，又保证乘客安全上下和防止挤夹伤害。即使在较大的负载下，这种橡胶覆面的钢带仍能足够平稳而安全地进行工作，从而提高乘客的舒适感。

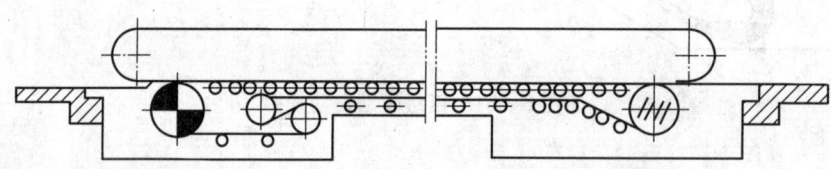

图8-52 胶带式结构自动人行道

钢带的支承可以是滑动的，也可以是用托辊的。如果使用滑动支承，钢带的另一面不要覆盖橡胶；使用托辊时，钢带的另一面也覆盖橡胶，但托辊间距一般较小。

胶带式自动人行道的长度一般为300~350 m；当自动人行道长度为10~12 m时，可采用滑动支承。

3. 双线式结构

双线式自动人行道（图8-53）的结构是使用销轴垂直放置的牵引链条构成一水平闭合轮廓的输送系统，不同于踏板式结构的链条则构成垂直闭合轮廓系统；牵引链条两分支即构成两台运行方向相反的自动人行道，一系列踏板的一侧装在该牵引链条上，踏板另一侧的车轮自由地运行于它的轨道上。这种自动人行道的驱动装置装在它的一端，并将动力传递给轴线垂直的大链轮，驱动电动机、减速器等就装在两条自动人行道之间；张紧装置装在自动人行道另一端的转向大链轮上。

双线式自动人行道的特点是结构的高度低，可以利用两台自动人行道之间的空间放置驱动装置，且可以直接固接于地面之上。因而，在房间高度不够以及在高度特别紧凑的地方（如隧道或某些通道中）可采用这种自动人行道。

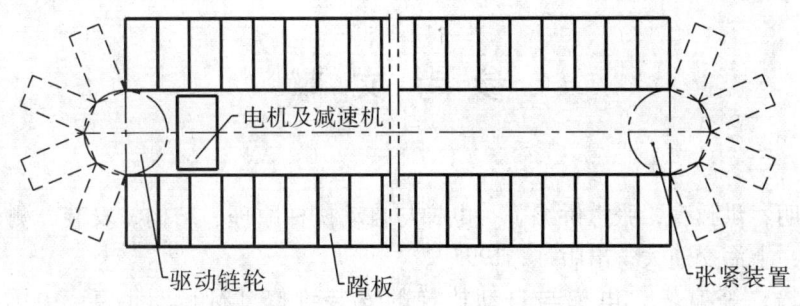

图 8-53 双线式自动人行道

复习思考题

8-1 自动扶梯由哪些主要部件组成？它主要用在何种场所？

8-2 自动扶梯的主要安全装置有哪些？

8-3 自动扶梯的主要参数有哪些？

8-4 自动扶梯驱动装置由哪些部件组成？

8-5 自动扶梯对制动系统有哪些技术要求？

8-6 自动扶梯与自动人行道的主要区别在哪里？

8-7 自动人行道分为哪几种基本结构？

参 考 文 献

[1] 朱昌明，洪致育，张惠侨编著．电梯与自动扶梯原理、结构、安装、测试［M］．上海：上海交通大学出版社，1995

[2] 张元培，等编著．电梯与自动扶梯的安装维修［M］．北京：中国电力出版社，2006

[3] 吴国政主编．电梯原理·使用·维修［M］．北京：中国电力出版社，1999

[4] 李秧耕，何乔治，何峰峰编著．电梯基本原理及安装维修全书［M］．北京：机械工业出版社，2005

[5] 陈家盛主编．电梯结构原理及安装维修［M］．北京：机械工业出版社，2002

[6] 王宝强，杨春帆，姜雪松编著．最新电梯原理使用与维护［M］．北京：机械工业出版社，2006

[7] GB 16899—2011 自动扶梯和自动人行道的制造与安装安全规范［S］．北京：中国标准出版社，2011

[8] 张琦主编．现代电梯构造与使用［M］．北京：清华大学出版社，北京交通大学出版社，2004